农村安全知识百问百答

主　编　张兴凯　徐志刚　张英喆

副主编　殷德山　赵　军　郑瑞臣

应急管理出版社

·北　京·

内 容 提 要

　　农村安全是安全发展、科学发展的重要内容，也是全面建成小康社会的基础和保障。本书针对农村生产生活中普遍存在的安全关切，从政府职能、政府监管和安全知识三个方面提出 100 个问题，并采用一问一答的形式进行解答。主要内容包括农机安全、渔业安全、房屋安全、交通物流安全、校园安全、大型群众聚集活动安全、森林草原防火安全、建筑防火安全、居家安全等。

　　本书适合基层政府管理人员、社区（村）管理人员、村民朋友及广大读者阅读。

PREFACE 前 言

乡村是具有自然、社会、经济特征的地域综合体，兼具生产、生活、生态、文化等多重功能，与城镇互促互进、共生共存，共同构成了人类活动的主要空间。乡村兴则国家兴，乡村衰则国家衰。当前我国农村已经完成脱贫攻坚战，并吹响了乡村振兴的号角。然而，在优先发展城市的过程中，农村安全基础十分薄弱，这既是乡村民众追求美好生活的主要矛盾，又是建设美丽乡村、实施乡村振兴战略的弱项和短板。为提高农村安全水平，助力乡村振兴，本书从农村基层管理人员、村民朋友的视角提出并解答了身边的100个安全问题，以增强大家对农村安全的认识和理解。

本书立足大安全的理念进行编写，问题涉及领域不仅涵盖农、林、牧、渔等传统农业领域，也包括乡村休闲旅游、乡村物流、屋顶光伏等新业态、新领域，力图客观全面地解答农村生产生活中的困惑和难点。本书的编写对农村安全生产监督管理、农村生产生活中安全知识的普及具有重要意义。

本书分为三个部分：政府职能篇、政府监管篇和安全知识篇。其中，政府职能篇主要阐述基层政府在整个政府系统中针对农村安全工作的职能定位问题；政府监管篇阐述主要行业领域监督管理的重点内容；安全知识篇阐述乡村民众生产生活所需要的安全知识。

张兴凯、徐志刚、张英喆编写政府职能篇、政府监管篇和安全知识篇53~79问答；殷德山、赵军、郑瑞臣编写安全知识篇80~100问答。全书由张兴凯统稿。

本书在编写过程中引用了许多资料，在此向相关文献的作者表达真挚的谢意。感谢中国安全生产科学研究院基本科研业务基金（2022JBKY11、2021JBKY13）的资助。

由于编者水平有限，不妥之处在所难免，恳请读者批评指正。

编　者

2023 年 9 月

CONTENTS 目 录

安 全 知 识 篇

政府职能篇

一、乡镇政府安全生产监督管理有哪些优势？

1. 安全生产监督管理的概念

按照政府转变职能的要求，政府不应干预企业内部的生产经营活动，但安全生产作为生产经营活动的重要环节，与可以由市场调节的其他环节和要素不同，直接关系到从业人员的生命，也关系到公共安全，必须由政府这只"看得见的手"来发挥监督管理的作用。

国家应急管理部门和县级以上地方各级人民政府应急管理部门负责安全生产综合监督管理和工矿商贸行业安全生产监督管理等职能。各级政府其他部门依据本部门的"三定"方案，对有关行业、领域的安全生产工作实施监督管理。具体监管形式包括：依照有关法律、法规的规定，对有关涉及安全生产的事项进行审批；依法对生产经营单位执行有关安全生产的法律、法规和国家标准、地方标准、行业标准的情况进行监督检查；按照国务院规定的权限组织对生产安全事故的调查处理；对违法行为依法给予行政处罚等。

2. 乡镇政府安全生产监督管理的优势

大量小微企业集中在乡镇，是安全生产监督管理的重点和难点。乡镇政府最熟悉当地生产经营单位的情况，通过加强自身安全生产监管能力、积极探索优化基层监管执法模式，能够直接发挥属地管理优势。因此，《中华人民共和国安全生产法》2014 年修正、2021 年修正的内容，均体现了强化安全生产监管能力建设，特别是加强基层安全生产监管能力建设。近些年一些地区出台了安全生产地方性法规，规定"乡镇人民政府和街道办事处接受上级政府有关部门委托或者授权实施安全生产监督管理工作"，监管体制得到进一步理顺，并取得了良好成效。

二、乡镇政府应急管理部门的职责有哪些？

1. 乡镇政府安全生产监督管理职责

依据《中华人民共和国安全生产法》（第九条、第八十条）、《生产安全事故应急条例》（第三条第四款、第五条）的规定，乡镇政府的安全生产监督管理职责可以概括为以下 6 个方面。

（1）明确负责安全生产监督管理的有关工作机构及其职责。

（2）加强安全生产监管力量建设。

（3）乡镇人民政府应当针对可能发生的生产安全事故的特点和危害，进行风险辨识和评估，制定相应的生产安全事故应急救援预案，并依法向社会公布。

（4）协助上级人民政府有关部门或者按照授权依法履行生产安全事故应急工作职责。

（5）按照职责对本行政区域内生产经营单位的安全生产状况进行监督检查。

（6）协助上级人民政府有关部门或者按照授权依法履行安全生产监督处罚职责。

2. 乡镇政府应急管理部门的职责

乡镇政府应急管理部门的职责可以概括为以下 16 个方面。

（1）拟定本乡镇安全生产工作计划、目标任务和工作措施，分解安全生产目标任务，对责任单位进行督促检查和考核工作。

（2）指导协调和监督乡镇其他部门安全生产管理工作，指导行政村安全生产、防灾减灾救灾等工作。

（3）建立完善本行政区域内生产经营单位安全生产基础信息台账，并及时更新、分析、上报。

（4）组织开展经常性的安全检查，对企业落实主体责任和贯彻执行安全生产法律、法规、政策、标准等情况进行监督管理，督察整改事故隐患。重点加强对小微企业和一般工贸行业领域安全检查。

（5）配合本辖区内安全生产打非治违工作。

（6）对上级有关部门向本行政区域内生产经营单位发出的安全生产隐患整改指令进行督办，协助上级有关部门进行事故调查。

（7）发现重大事故隐患或遇重大问题及时报告当地政府及上级有关部门。

（8）负责应急管理、安全生产宣传教育和培训工作。

（9）使用统一的应急管理信息系统，建立监测预警和灾情报告制度。

（10）指导协调火灾、水旱灾害、地震和地质灾害等防治、救援工作。

（11）组织协调灾害救助工作，承担灾情核查、损失评估、救灾捐赠工作，管理、分配救灾款物并监督使用。

（12）建立健全应急预案，采取实战演练、桌面推演等方式，有针对性组织开展群众广泛参与、处置联动性强的单项与综合相结合的应急演练。

（13）统筹乡镇应急救援工作，推进森林防火队、防汛抗旱队、民兵、志愿者和社会救援等应急力量建设，配备必要装备，开展教育培训，强化协调联动，提高综合应对和自我保护能力。

（14）加强应急物资保障，建立健全应急物资储备管理制度，抓好应急物资品种、数量、质量和经费的落实，并加强动态管理，确保随时调用。

（15）承担自然灾害和事故灾难应急、安全生产、防灾减灾救灾等议事协调机制的日常工作。

（16）完成乡镇党委、政府和上级有关部门交办的其他安全生产相关工作。

三、村委会在应急管理方面应发挥的作用与职责有哪些？

1. 村委会的应急管理地位与作用

依据《中华人民共和国安全生产法》第七十五条，"居民委员会、村民委员会发现其所在区域内的生产经营单位存在事故隐患或者安全生产违法行为时，应当向当地人民政府或者有关部门报告"，村委会在安全生产方面应履行报告义务。

依据《中华人民共和国村民委员会组织法》第二条，"村民委员会是村民自我管理、自我教育、自我服务的基层群众性自治组织"，应当教育和推动村民履行法律规定的义务。

村委会作为基层群众性自治组织，是最接近其所在区域内生产经营单位的一级组织机构，许多村民也会选择在这些生产经营单位就近就业，比较容易获知所在区域内生产经营单位存在事故隐患或者安全生产违法行为的相关信息。为了保障本村及周边村庄的村民生命和财产安全，法律赋予村民委员会对所在辖区内的生产经营单位存在事故隐患或者安全生产违法行为时的报告义务。村民委员会发现辖区内生产经营单位存在事故隐患或者安全生产违法行为时，有义务向当地人民政府或者有关部门（如负有安全监督管理职责的部门，乡镇安全生产监督管理机构、县应急管理局等）报告。

2. 村委会的应急管理职责

（1）防灾减灾职责。①针对本地区多发的自然灾害，制定防灾减灾规划，分灾种编制应急预案，明确村干部的防灾减灾职责与分工；②组织对村民进行防灾知识宣传教育，组织志愿者队伍并进行培训和演练；③实施本村范围内的防灾工程，如水利堤防、应急避难场所、避雷设施建设，危旧房屋改造等；储备一定数量的救灾物资与器材装备；④在发生重大自然灾害时及时报告，争取上级救援并组织村民进行抗灾，对困难村民进行救援，发生不可抗拒特大自然灾害时迅速组织村民撤离避险；⑤组织灾后生产恢复与生活救助，公平放发救灾物资等。

（2）安全生产职责。①宣传、贯彻国家有关安全生产的各项方针、政策、法律、法规和地方政府的有关文件，组织开展安全教育，提高村民的安全生产意识；②制订安全生产工作计划，对本村生产经营单位进行安全生产检查，发现隐患及时整改，发现重大危险源要立即上报并采取防范措施；③编制各项生产事故的应急预案，发生重大事故要立即采取应急处置措施，并如实上报乡镇政府。

（3）交通安全职责。①配合当地交通公安部门，宣传普及农村道路、水上交通安全知识；②教育村民以及本村汽车、拖拉机、船舶驾驶员严格遵守交通法规和规章，保护本村内的交通设施不被破坏，协助交通部门及时整改和消除交通隐患，在本村重点路段、水域设置警示标志。

（4）消防安全职责。①指定专人负责全村的消防工作，编制重大林地或草地、村舍、粮库等不同场所火灾应急预案；②对村民进行消防安全的宣传教育与防火知识技能培训，组织制定村民防火公约；③定期排查，及早消除火灾隐患；④在重要场所配备消防器材，并加强现场消防管理；⑤发生重大火灾时迅速报警，组织村民配合消防救援队伍采取扑救措施和安全避险措施。

四、乡村安全文化建设的组织保障措施有哪些？

1. 乡村文化的定义

乡村文化是村民在生产劳动与日常生活实践中逐步形成并固化下来的风俗习惯、是非标准、行为方式、理想追求等，表现为乡村的民俗民风、生活规律、行动章法等，以言传身教、潜移默化的方式影响人，反映了村民的处事原则、人生理想以及对社会的认知模式。乡村文化是村民生活的主要组成部分，也是村民赖以生存的精神依托和意义所在。

在中国古代社会，乡村文化是与庙堂文化相对立的一种文化，乡村文化在乡村治理中发挥着重要作用。在人们的记忆中，乡村是安详稳定、恬淡自足的象征，故乡是人们魂牵梦绕的地方。回归乡里、落叶归根是人们的选择和期望。

在现代社会，乡村文化依然是与城市工业文化相对立的一种文化，许多城里人生活在都市却处处以乡村为归依，有所谓"乡土中国"的心态。

2. 安全文化的定义

从安全管理的实际需要来看，安全文化是一个组织为了达到预防事故的目标，保障其组织内部的人员能够安全、舒适、高效地从事劳动，从而采取的文化管理方法。文化管理强调"以人为中心进行管理"，管理的重点从人的行为层次上升到人的观念层次，用群体价值观去影响和激励组织成员积极工作，发挥出高度的工作热情和首创精神，从而形成配合默契的团队，这是一个组织的竞争力、内聚力和活力的真正源泉。如此，可以将安全文化视为一种文化管理，它关注的是人的安全观念和群体决策，增强人的自主保障安全能力，达到预防事故的目的。

乡村安全文化建设，其目的在于增强村民的安全意识，养成一定的安全习惯、安全行为、安全理念。

3. 乡村安全文化建设的组织保障措施

乡村安全文化建设是一个系统工程，良好的运行机制是确保乡村安全文化建设取得良好效果的组织基础。在乡村安全文化建设过程中，要努力构建"党委政府牵头领导、相关部门协调保障、乡镇村庄配合实施、媒体积极响应、群众广泛参与"的乡村安全文化建设新格局。

县乡政府要加强对农村安全文化建设的组织领导，将其作为乡村振兴文化建设的重要内容，纳入乡村振兴整体规划，列入平安乡村建设总体布局，同其他工作同步规划、同步实施、协调推进。要加大对农村安全文化建设的资金投入，确保各项活动顺利开展。要加强安全宣传教育，特别是对乡镇干部和村干部定期进行安全知识培训与教育，培养安全意识，树立安全发展理念。引导乡镇企业、广大农民对安全文化的关注和参与，逐步提高农民的安全素质。

应急管理部门作为安全生产综合监督管理部门，要在综合分析农村安全现状的基础上，制定本地区农村安全文化建设规划，加强对农村安全文化建设的指导、监督和检查。各有关部门要发挥自身优势，下大力气抓好农村重点领域的安全教育培训和技术服务工作。

行政村作为乡村安全工作的基层单位，是乡村安全文化建设的主阵地。要自力更生、积极行动，将乡村安全文化建设作为乡村安全工作的重要内容来抓，建立工作制度，明确负责人，利用村民集会、文艺演出、宣传册、挂图、横幅、标语、电子屏、微信公众号、微博等形式，深入开展安全文化教育。

广播、电视、报纸等新闻媒体要通过发挥其信息传播、舆论监督、教育引导、解释沟通的功能与作用，参与到安全生产工作中去，推广乡村安全文化建设的成功经验，传播安全常识，推广安全文化，实施舆论监督，推动乡村全员安全教育。

农民是乡村安全文化传播的主角。乡镇、部门要着力培养和激励"乡土艺术家"，积极扶持业余文艺队，结合当地实际，开展富有乡土特色的文化活动，组织安全文艺演出队到乡镇、农村开展演出，把安全知识融入相声、小品、曲艺等群众喜闻乐见的艺术形式中，使农民在歌声、笑声中接受安全知识教育，切实有效地推动乡村安全文化建设，使农民不仅是乡村安全文化的受惠者，更是乡村安全文化的建设者、推动者。

五、乡镇政府、村委会对辖区内景区有哪些安全责任与义务？

1. 乡镇政府对辖区内景区的安全责任与义务

乡镇街道政府机关是安全生产工作的重要基层组织，针对各地经济技术开发区、工业园区、风景区的安全监管体制不顺、监管人员配备不足、事故隐患集中、事故多发等突出问题，《中华人民共和国安全生产法》明确规定了乡镇人民政府以及街道办事处、开发区管理机构等地方人民政府的派出机关的安全职责。

《中华人民共和国安全生产法》第九条第二款规定："乡镇人民政府和街道办事处，以及开发区、工业园区、港区、风景区等应当明确负责安全生产监督管理的有关工作机构及其职责，加强安全生产监管力量建设，按照职责对本行政区域或者管理区域内生产经营单位安全生产状况进行监督检查，协助人民政府有关部门或者按照授权依法履行安全生产监督管理职责。"第八十条第二款规定："乡镇人民政府和街道办事处，以及开发区、工业园区、港区、风景区等应当制定相应的生产安全事故应急救援预案，协助人民政府有关部门或者按照授权依法履行生产安全事故应急救援工作职责。"

以上两个条款规定了乡镇人民政府以及街道办事处、开发区管理机构的安全生产监督管理和事故应急救援职责。据此，乡镇人民政府对辖区内的景区安全责任与义务有以下5点。

（1）明确负责景区安全监督管理的有关工作机构及其职责，加强景区安全营运监管力量建设。

（2）按照职责对本行政区域或者管理区域内景区经营单位的安全生产状况进行监督检查。

（3）制定辖区内景区的生产安全事故应急救援预案。

（4）协助上级人民政府有关部门或者按照授权依法履行景区安全营运监督管理职责。

（5）协助人民政府有关部门或者按照授权依法履行景区营运事故应急救援工作职责。

2. 村委会对辖区内景区的安全责任与义务

（1）对事故隐患或者安全生产违法行为报告的义务。

依据《中华人民共和国安全生产法》第七十五条，村委会有对辖区内景区开展安全检查，并将其存在的事故隐患和安全生产违法行向镇政府或相关部门报告的义务。

对景区定期进行安全生产检查，发现事故隐患或者安全生产违法行为时及时督促整改；对于不能及时整改的事故隐患或者安全生产违法行为，应当及时向当地人民政府或者有关部门报告。

（2）配合镇和有关县级部门开展本辖区各项安全生产工作。

依据《中华人民共和国村民委员会组织法》第九条和《中华人民共和国安全生产法》第七十五条，村委会负有景区安全政策法规宣贯、事故隐患或者安全生产违法行为报告等义务。

村民委员会应积极宣传、贯彻国家有关景区游览安全生产（含景区交通安全、消防安全）的各项方针、政策、法律、法规和地方政府的有关文件，组织开展景区游览的安全教育，提高村民的景区安全意识。

依据《中华人民共和国村民委员会组织法》第五条，"村民委员会协助乡、民族乡、镇的人民政府开展工作"。村民委员会还应协助当地政府开展事故预防、报告和应急救援等工作。

 ## 六、村镇规划建设要注意哪些安全问题？

1. 平安乡村的建设要求

2018年，党中央、国务院印发《国家乡村振兴战略规划（2018—2022年）》（简称《规划》），部署重大工程、重大计划、重大行动，确保乡村振兴战略落实落地。《规划》是指导各地区各部门分类有序推进乡村振兴的重要依据。《规划》专门部署了"建设平安乡村"和"加强农村防灾减灾救灾能力建设"工作任务，明确指出："健全农村公共安全体系，持续开展农村安全隐患治理。加强农村警务、消防、安全生产工作，坚决遏制重特大安全事故。""落实乡镇政府农村道路交通安全监督管理责任，探索实施'路长制'。""大力推进农村公共消防设施、消防力量和消防安全管理组织建设，改善农村消防安全条件，推进自然灾害救助物资储备体系建设。开展灾害救助应急预案编制和演练，完善应对灾害的政策支持体系和灾后重建工作机制。在农村广泛开展防灾减灾宣传教育。"

2. 村镇规划与安全生产

按照《中华人民共和国安全生产法》第八条第一款规定，安全生产规划应当与国土空间规划等相关规划相衔接。村镇规划、建设时要综合考虑人口分布、经济布局、国土利用、生态环境保护等因素，与安全生产密切相关。例如产业布局、道路交通安全设施等要求，应当与村镇规划、建设，村民生产生活要求相衔接，保证从规划初期就充分考虑科学布局生产空间、生活空间、生态空间等方面要求。

3. 村镇规划与防灾减灾

村镇规划与灾害风险有很大关系，例如地质断裂带附近发生地震时极易造成房屋倒塌；沿河低洼地容易遭受洪水侵袭或积水成涝；缺乏水源的地区旱灾风险更大；地质结构不稳定山区的坡脚容易遭受滑坡、泥石流的侵袭；林区和草原村庄火灾风险较大等。

村镇规划还要统筹房屋、道路、树木与公共服务设施的布局。房屋之间应留出合理的间隔，道路宽度应不影响消防车进出。公共建筑应位于村镇的中心位置和交通枢纽地区，以利于迅速召集村民。村镇内应留出足够面积的空地与绿地，以利于发生紧急情况时疏散村民。

村镇防洪工作应统筹考虑水土保持、农田基本建设、造林、河道整治、排涝等各项工程。

4. 村镇规划与消防安全

伴随乡镇发展的持续加快，农村开展公共消防工作的重要性变得愈发突出，因为乡镇中生产、生活、休闲设施逐渐增多，如果不能构建完善的公共消防设施，一旦发生火灾，所造成的危害相对较大。

消防专项规划是提高消防设施建设水平的保障，只有将乡镇消防规划工作同消防设施建设工作有效纳入整个乡村规划体系，才能切实提升乡村公共消防设施的基础建设水平，有效发挥初期火灾的早期处置作用。

村镇专项消防规划、建设包括村镇消防站、消防水源与输水设备、消防通道、消防通信与消防器材的数量和分布等。

村镇消防站建设方面，应以满足 15 分钟消防时间为依据合理布局。

消防通道方面，村镇内兼作消防通道的道路宽度应大于 4 米，消防车道上空 4 米以下范围内不应有障碍物，这样消防车才能通过。

消防水源方面，村镇内应设消防专用水源，没有自来水管网的村镇应利用附近的河、湖、池塘和出水量大的水井作为消防水源。

5. 村镇规划与小型救灾物资储备库的配置

尽管国家和地方政府建有救灾物资储备仓库，但对于偏远的乡村来说，灾害发生时大型储备库的物资往往不能第一时间到达，按照第一时间救灾原则，这就需要村镇根据所在地的灾害种类规划一些小型的救灾物资储备库。

为满足乡村多灾种初期处置的要求，储备库应至少储备以下四类物资。

（1）灭火物资：主要包括灭火器、灭火毯、沙土、破拆工具等。

（2）防震物资：主要包括挖掘与起重机械、医疗急救药品与用品、应急电源与照明设备、应急通信设备、帐篷与板材、方便食品与饮用水等。

（3）防洪物资：主要包括水泵、编织袋、沙土与石料、医疗急救药品与用品、冲锋舟或简易船只、救生圈、绳索、应急照明设备等。

（4）抗旱物资：主要包括应急水源、机井抢修器具、应急输水车、应急灌溉设备、饮用水消毒剂等。

湖南某乡镇应急救灾物资储备库如图1-1所示。

图1-1　湖南某乡镇应急救灾物资储备库

 七、如何开展地震应急演练？

1. 地震应急演练的定义

地震，又称地动、地振动，是地壳快速释放能量过程中产生的振动，期间会产生地震波的一种自然现象。地震常常造成严重人员伤亡，常见的次生灾害包括海啸、滑坡、崩塌、地裂缝、建筑物损坏，此外还能引起火灾、有毒气体泄漏、细菌及放射性物质扩散等生产安全事故。我国幅员辽阔，同时也是世界上地震损失最严重的国家之一，对于部分地区来说，地震更是经常发生，因此，开展地震应急演练显得尤为重要。

地震应急演练是指各级人民政府及其部门、企事业单位、社会团体等组织相关单位及其人员，依据有关应急预案，模拟应对地震事件的活动。地震应急演练是检验地震应急准备能力的重要手段，也是检验人员、设备、预案准备情况的重要方法。

2. 地震应急演练的流程

开展地震应急演练的流程大致如下。

（1）演练策划。在演练策划阶段，要明确演练指导思想，确定演练目的和原则，进行演练场地选址，确立演练主要内容。针对目前的震情形势，认真分析破坏性地震发生后需要开展的相关应急救援工作，确定演练科目，在此基础上进行演练场地选址。确定演练场地后，还要确定开展演练的参与单位、参与人员等。

（2）实勘场地，推演指导。在确定演练场地后，要针对演练场地建筑物的特点，对其内部结构进行分析，对装修材料进行甄别，明确有效避险点，进行应急避险指导，并结合疏散场所平面图了解各通道、出入口位置，对疏散线路进行现场推演和指导。

（3）设置演练组织机构。演练策划完毕并经相关领导批准后，设置演练机构，成立演练指挥部。任命演练的总指挥以及指挥部其他组成人员，演练指挥部负责演练时地震发生及疏散时的信号发出，以及对现场秩序的总指挥。同时，演练指挥部还应该设置物资医疗组（准备医疗器械和药品，负责将伤员运送到指定安全区，进行简单救治）、广播摄影组（负责音响设备和摄影）、疏散组（指挥疏散过程，避免拥挤踩踏）等相关负责小组。

（4）编制实施方案，保证演练有序进行。演练策划报批后进入准备阶段。准备阶段的主要工作包括：制定演练计划，编制演练方案，召开会议进行动员部署，安排演练各项保障工作等。编制方案时要突出以下几个环节：一是确定演练流程。以时间顺序为轴，对演练过程中应急响应与处置各环节的实施步骤进行串联，将各个科目各个环节有机组合在一起，使演练各科目间既相对独立又有机统一。二是明确任务分工。将演练任务目标简单化、具体化，力争明确"由谁在什么条件下完成什么任务，依据什么标准，取得什么效果"。根据演练方案确定的内容，将演练任务明确分工到有关部门、单位。三是明确保障措施。主要包括人员食宿车辆后勤保障、经费保障、场地保障、物资器材保障、通信保障、安全保障、材料保障和宣传保障等八项保障措施。

（5）演练过程安排。演练开始后，假定突发破坏性地震，警报声第一次响起，参演人员熟知12秒避震自救机会，牢记周围的承重墙及承重柱，引导其余人员在就近的有效避险点躲避，并提示其余人员保护头部和身体。一分钟后，警报声第二次响起，参演人员按照预案上分配的疏散路线，从指定的疏散通道和安全出口逃生，保持护头低姿有序跑向指定安全区域。演练协调组和演练疏散组成员负责在各楼层出口处引导，保证畅通，防止踩踏，待本区域无人后迅速撤离；演练警戒组按照"准出不准入"原则保证各通道及出入口畅通。所有人员全部疏散到指定安全区域后，演练医疗组对地震中的受伤人员进行及时有效的包扎救护，演练警戒组负责外围警戒。

（6）专家评估。演练总指挥主持演练总结，可邀请相关专家进行现场点评，填写地震应急疏散演练情况评价表。演练完成后，对演练中出现的不足及问题进行分析调整，再次修订完善《地震应急疏散（演练）方案》，为下一次演练做好准备。

（7）总结、分析与完善。演练结束后，要对演练组织过程中出现的问题进行分析并认真总结经验，对地震应急演练的关键环节进行探索和研究，分析地震应急演练从演练策划、演练准备到演练组织、演练实施等全过程。对演练中暴露出来的问题及时采取措施制订计划予以改进，切实促进地震应急准备工作落到实处。

3. 地震应急演练时的注意事项

在地震应急演练过程中还需要注意其他相关事项，一方面，重视客观环境因素，排除隐患。综合多次演练经验，发现楼梯、门口等区域在演练过程中很可能出现瞬时人流增大情况。因此，为防范演练过程中人流量过大带来的隐患，演练组织方必须通过控制参加演练的人数，开展演练前的宣传教育，在容易发生拥堵的区域采取增设疏导人员等方式开展风险防控。另一方面，重视人的因素，做好演练准备和评估总结工作。据观察，参加演练人员对演练本身的重视程度往往对演练的效率、效果、安全性等多个方面有重要影响。例如，参与演练的人员可能会出现疏散时不遵守秩序、嬉笑打闹等问题，演练的组织人员也可能对自身职责认识不足、重视程度不高，这些问题都会对演练效果造成影响。

 八、事故抢险救援应该做什么？

1. 事故抢险救援的定义

事故抢险救援，指相关部门或者组织（如公安、消防等）处置各类灾害事故，以及危急情况下救助生命等应急救援的特殊勤务。

2. 事故抢险救援的基本任务

进行事故抢险救援是为了通过有效的应急救援行动，尽可能地降低事故后果，包括人员伤亡、财产损失和环境破坏等。事故抢险救援的基本任务包括以下几个方面。

（1）立即组织营救受害人员，组织撤离或者采取其他措施保护危害区域内的其他人员。抢救受害人员是应急救援的首要任务，在应急救援行动中，快速、有序、有效地实施现场急救与安全转送伤员是降低伤亡率，减少事故损失的关键。由于重大事故发生突然、扩散迅速、涉及范围广、危害大，应及时指导和组织群众采取各种措施进行自身防护，必要时迅速撤离危险区域或可能受到危害的区域。在撤离过程中，应积极组织群众开展自救和互救工作。

（2）迅速控制事态，对事故造成的危害进行检测、监测，测定事故危害区域、危害性质及危害程度。及时控制住造成事故的危险源是应急救援工作的重要任务，只有及时控制住危险源，防止事故继续扩展，才能及时有效进行救援。特别对发生在城市或人口稠密地区的化学事故，应尽快组织工程抢险队与事故单位技术人员一起及时控制事故继续扩展。

（3）消除危害后果，做好现场恢复。针对事故对人体、动植物、土壤、空气等造成的现实危害和可能的危害，迅速采取封闭、隔离、洗消、监测等措施，防止对人的继续危害和对环境的污染。及时清理废墟和恢复基本设施，将事故现场恢复至相对稳定的基本状态。

3. 事故抢险救援的开展

事故救援处置应当按照"救人第一、统筹安排、科学施救"的方针和策略，梯次化地展开救援行动，按照灾害情况调集救援力量和装备、快速到场救援、现场环境检查、现场警戒、人员车辆疏散、确定救援方案、现场救援、伤员处置、现场保障和对事故现场进行再次复查等程序，其大致抢险救援过程如下。

（1）调集救援力量和装备。事故发生后及时上报，同时应详细了解事故发生的时间、地点、灾害类别和人员伤亡等情况。力争第一时间出动，迅速调集相关救援车辆、出发人员，并根据实际情况调集照明车、排烟车和防化洗消车等特种车辆；同时要求公安、医疗、卫生和公路等有关部门到场协助救援。

（2）快速到场救援。在救援力量出发前，必须认真选择到达路径，还应注意与公路、交通、隧道管理部门建立联动机制，协调交警、路政等部门组织车辆疏散人员、实行交通管制和提前疏通道路。救援车辆一时无法接近事故现场时，救援人员应携带轻便的破拆、救生和起重等装备赶往事发现场救援。

（3）现场环境检查。救援人员到达现场后，应查明事故发生地情况，查明事故类别、事故点位置；如果有危险化学品泄漏，则应查明危险化学品的种类、名称、数量、浓度和扩散范围，并利用有毒气体探测仪、军事毒剂侦测仪等侦检器材进行动态侦检；同时搜寻遇险和被困人员的位置、数量。

（4）现场警戒。到达现场后需在第一时间让交通部门封锁事故现场路段的交通，用警戒带隔离围观群众，根据侦检情况确定警戒范围、设立警戒标志、布置警戒人员，严格控制人员、车辆出入，严禁无关车辆及人员靠近事故现场。发生危险化学品泄漏时，要根据泄漏物质的种类和特性确定警戒范围，并实施动态检测，随时调整警戒范围。如果灾害事故比较严重，则应同时设置警戒线，防止次生爆炸等其他事故伤人。

（5）人员、车辆疏散。到达事故现场后，应根据事故发生情况、事故严重程度以及有无其他事故发生的可能性及时对周围人群和车辆进行疏散，以便救援工作的进一步进行，同时也是为了防止事故进一步扩大。

（6）确定救援方案。在充分调查后，根据现场情况制定出可行的救援方案，对战斗力量和装备进行合理分工和调派，及时将方案报指挥部批准。

（7）现场救援。根据确定的救援方案，对人员展开救援。

（8）伤员处置。对伤员进行简单的现场急救，如伤口包扎、压迫止血等，或交由现场医护人员处理。对一些稍有神智、受伤较轻的伤员可尝试用语言进行现场安抚，鼓励他们配合救援，但原则上不应让受伤人员帮助救援，特别是情绪激动下对亲属和车辆的拍打和移动。同时，应尽量避免回答伤员提出的"我的家属是否还活着"之类的问题，尽量给伤员活下去的勇气和决心。

（9）现场保障。做好事故现场的照明和通信联络；加强装备给养等后勤保障工作，确保救援行动长时间不间断进行；作战时间较长时，应有后备力量，定时组织参战人员轮换。

（10）对事故现场进行再次复查。营救工作完成后，要对事故现场进行再次检查，确定再无伤员和次生灾害后安全返回。

 九、临时务工人员有哪些人身安全保障措施？

1. 临时务工人员的定义

临时务工人员，又称临时工，是指计划经济时代相对于"合同工"而言的一种用工形式，并不是严格意义上的法律术语。

临时工无试用期标准直接上岗入职，一般家政服务行业比较多。与正式工相对，临时工就是临时招聘的工人，不像正式的劳工能够享有退休金与每月最低工资保障。

2. 临时务工人员的安全保障现状

临时工，虽然是一个法律意义上并不存在的用工形态，但社会上仍大量存在。临时工往往拿着偏少的工资，享受着偏低的福利待遇和社会保险，大量分布在建筑、餐饮、保洁、护理等低端劳动力市场，甚至存在于国有企业、机关、事业单位。由于其无升职、年终奖等要求，又能合理规避短时工作期间岗位职业病危害的企业责任，因而很受企业欢迎。

以下两个案例中，事故受伤人员就是因为没有与用工单位签署正式劳动合同，导致工伤赔偿依据不足，无法得到相应的赔偿。

【案例1】2014年初，在××公司打工的孔先生在一次登高作业时，不慎从梯子上摔了下来导致骨折。他要求公司承担手术及住院费用并支付受伤期间的生活费用。对此，××公司回应称，孔先生只是临时工，并非正式员工，不予赔偿。

孔先生遂向市人力资源和社会保障部门咨询，其给出的答复是：由于没有劳动合同，所以无法判定孔先生何时就职；但如果公司不承认劳动关系，孔先生要认定工伤，需要提供工资条、工作服、找公司要赔偿的录音等可以证明劳动关系的证据，证据确定后再进行工伤鉴定。

【案例2】吴某某系某公司包装工人，其一对儿女在2004年暑假期间跟随她到该公司做零工，他们的工作量记录在其母亲的计工单上。8月12日下午，台风导致工棚突然倒塌造成母子三人受伤。之后，吴某某之子罗某向市人力资源和社会保障部门申请工伤赔偿，得到答复：由于罗某及其妹妹罗某某与某公司之间的劳动关系不清，认定工伤依据不足。

3. 临时务工人员的安全保障措施

依据《中华人民共和国劳动法》《中华人民共和国劳动合同法》等相关法律法规及相关具体事件案例，为保障临时务工人员的人身安全可以从以下几方面着手。

（1）劳动合同的签订。根据《中华人民共和国劳动合同法》的规定，建立劳动关系，应当订立书面劳动合同，劳动合同应当在用人单位与劳动者建立劳动关系时签订，或自用工之日起一个月内签订书面劳动合同，否则用人单位应向劳动者支付每月两倍工资。如果用人单位未按规定与劳动者签订合同，劳动者可向劳动保障监察部门投诉。很多时候，受伤人员都是因为没有与用人单位签订相关劳动合同，导致后续工伤认定依据不足而无法享受相应赔偿。对此，临时务工人员在为某一单位工作服务时，需要签订能够证明劳动关系的合同。

（2）工伤保险购买。《工伤保险条例》第二条规定，中华人民共和国境内的各类企业、有雇工的个体工商户应当依照本条例规定参加工伤保险，为本单位全部职工或者雇工缴纳工伤保险费。中华人民共和国境内各类企业的职工和个体工商户的雇工，均有依照本条例的规定享受工伤保险待遇的权利。第六十一条对"职工"进行了说明，该条例所称职工，是指与用人单位存在劳动关系（包括事实劳动关系）的各种用工形式、各种用工期限的劳动者。因此，企业、个体工商户应当为其职工参加工伤保险。其"职工"范围包括临时工、劳务工或者短期派遣工。而参加工伤保险的前提条件是签订劳动合同，如果企业与个人没有签订劳动合同，或者不具备劳动关系，就不能参加社会保险，包括工伤保险。

（3）上岗前安全教育和安全培训。很多企业在临时性、季节性岗位上都使用临时工（或称短工），一旦工作结束，即行辞退。由于临时性工作一般周期短任务重，企业在安全教育培训方面不够重视。很多时候，这些工作人员只是上岗前学习一些简单的操作知识，没有学习岗位安全知识。这在一定程度上也会导致安全事故发生。因此，用人单位应当按照相关标准对临时性务工人员进行上岗前安全培训，使其了解本岗位的相关危险、危害因素及其安全措施，掌握基本的自救技能。

（4）防护设施配备。用人单位必须为劳动者提供符合国家规定的劳动安全卫生条件和必要的劳动防护用品，对从事有职业危害作业的劳动者应当定期进行健康检查。

（5）用人单位规章制度建设。用人单位必须建立、健全劳动安全卫生制度，严格执行国家劳动安全卫生规程和标准，对劳动者进行劳动安全卫生教育，防止劳动过程中出现事故，减少职业危害。

 十、农村安全宣传与安全教育的形式有哪些？

1. 安全宣传、安全教育的定义

安全宣传，指通过相关的宣传措施和宣传形式向不同的人群宣传有关安全知识（如事故预防、伤害救治等知识）的宣传活动。这种活动旨在通过对相关安全知识的宣传，使不同人群都能具备一定的安全知识，建立起一定的安全意识，防止事故发生。安全宣传能在一定程度上起到预防事故发生和减少事故严重程度的作用。

安全教育，就是跟安全有关的教育，主要是通过相关的课程教育、学习去培养和学习自我保护，建立良好的应急心态，远离危险。通常包括思想行为安全教育、事故预防安全教育和事故警示性教育。安全教育的主要目的是增强思想的重视程度和安全技能。在一般生产企业的日常管理中，安全教育也称安全生产教育，是一项为提高职工安全技术水平和防范事故能力而进行的教育培训工作，也是为实现安全文明生产、进行智力投资、全面提高企业素质的一项重要工作。

2. 农村安全宣传、安全教育的主要内容

随着国家对国民安全知识的宣传和普及，农村安全生产水平有了一定程度的提高，但仍呈现出事故多样、总量较高的特点。火灾事故、溺水事故和交通事故等都是我国农村地区频发的事故。农村安全宣传、安全教育包括以下几方面内容。

（1）消防安全和电气安全知识。近年来，农村火灾起数居高不下。2012—2016 年的统计数据显示，全国农村火灾占全国火灾总数的近 1/3，消防安全形势严峻。其中电气设备火灾占全国农村火灾的 1/4，是农村火灾事故发生的主要原因。此外，部分农村地区家用电器线路存在线路老化、线路走"明线"现象，极易导致触电事故发生。加强消防安全和电气安全知识的宣传、教育很重要。

（2）防溺水安全知识。我国农村地区溺水事故频发，特别是夏季炎热时期，溺水事故更是极其易发多发。根据国家卫生健康委员会的统计，近年来，农村居民溺水状况处于严峻态势。防溺水知识宣传尤为重要。

（3）交通安全知识。农村、山区公路仍是重特大交通事故的集中多发地，农村等级公路的交通事故更是屡屡发生。以 2015 年为例，全国范围内农村、山区公路共发生 7 起重特大交通事故，占全国重大交通事故的 58.3%，加强交通安全知识的宣传、教育对防止交通事故具有重要意义。

（4）农药中毒及其他中毒急救知识。目前，我国生产和使用的农药种类有上千种，其中含有剧毒、高毒成分如甲胺磷、对硫磷、甲基对硫磷、久效磷等的农药占我国农药使用量的 70% 左右。广泛使用的剧毒、高毒农药给农村地区的土壤、水体、空气及农副产品造成了严重污染，农业从业人员也普遍面临慢性中毒的危险。此外，我国农村部分农户对自家地窖、沼气池进行作业时也有可能导致中毒事故。故此，了解相关中毒急救知识对事故防范意义重大。

（5）农业机械使用安全知识。农业机械主要涉及拖拉机、联合收割机等，存在操作失误、无证驾驶、未年检和无牌照行驶等行为，这些行为是引发农机事故的主要原因。加强农业机械使用者的安全意识，对于防止伤害产生有积极意义。

（6）地质灾害安全知识。我国地形地貌地质条件复杂，东南、华南沿海地区极易遭受强台风袭击，降水在时间、空间上分布极不均匀。西南地区地震活动频繁，各类工程活动对地质环境影响增大，农村生产生活场所中存在大量地质灾害隐患。应加强对地质灾害隐患的识别及预防宣传、教育知识。

3. 农村安全宣传、安全教育的主要形式

安全宣传和教育的形式是多种多样的，不同地区可以根据自身的实际情况采取不同的宣传形式。农村地区可以开展的安全宣传、安全教育形式一般有以下几种。

（1）开展讲座。可以通过邀请相关专家和组织开展定期或者不定期的安全讲座，以具有针对性的安全知识讲座向村民宣传有关的安全知识，提高村民的安全意识。

（2）张贴挂图。张贴挂图作为一种较为传统的安全宣传形式，在今天仍然适用。可在农村部分较为显眼的位置张贴挂图宣传安全知识，如在村庄公示栏、出入口等显眼部位广泛张贴相关提示海报，动员群众关注安全、学习相关知识。

（3）实际演练。对于部分地区，可以通过现场操作来让村民了解相关的安全知识，比如邀请当地消防部门或者其他相关救援组织等开展现场的消防灭火演练、受伤急救等，让村民加入，自己学习如何实际操作灭火器，如何对初期火灾进行扑灭和其他相关的急救知识。

（4）印发相关手册、传单。可以设计印刷相关安全知识宣传手册下发到村民手中，并派遣相关人员深入进行宣传和讲解，持续推进日常安全生产宣传教育。

（5）组织观看相关警示教育片。对于部分有条件的地区，可以组织村民集体观看有关的事故警示教育片，让村民深刻认识了解到事故可能带来的严重后果。

（6）新型平台的使用。可以通过手机等相关平台向村民推送有关事故防范和人员急救的相关知识。

（7）农村相关广播设施的使用。部分农村地区还在使用集体广播，可以通过广播的方式来宣传相关知识。在夏季等溺水事故多发季节，可以着重宣传有关防溺水和溺水急救的知识。

（8）开展相关趣味活动。可以定期或不定期地开展安全趣味活动，如安全知识问答、安全技能比赛等活动，让更多村民参与到安全教育的活动中来。

政府监管篇

十一、农村自建房建设安全应该管什么？

1. 农村自建房的定义

农村自建房是指在农村拥有自有土地的单位和个人，自己组织并通过雇佣他人施工而建造的房屋和建筑。自建房是我国传统建造方式的主流，尤其在我国农村地区，农村居民几乎都是通过自建房方式来满足各自的居住需求。

2. 农村自建房典型安全隐患

长期以来，我国农村低层房屋都是农民自建、自用、自管，由于没有统一的建造规范，使用过程中容易出现安全隐患。特别是 20 世纪八九十年代开始大规模建设的自建房，经过几十年的使用，这些房屋逐步进入老化期，安全形势严峻。经调研分析，当前造成群死群伤的农村房屋主要有以下三类：用作经营的农村自建房，人员聚集使用的房屋，经过改建扩建的房屋。据排查，全国仅用作经营的农村自建房就达 800 余万户，这些农房大多为房主自行委托工匠建设，无专业设计、无章可循，且这些房屋主要集中在城乡接合部、城中村、乡村旅游地区，经营者盲目追求利益，租赁行为频繁，经营和使用主体混乱，擅自违规改扩建，更是增加了事故发生的风险。

农村自建房的安全隐患列举如下。

（1）施工承包队伍不具备专业资质和能力，没有专业施工作业人员，施工人员特别是钢筋工、架子工大多数没有接受过专业培训。

（2）施工承包队伍没有施工专用工具机械等。

（3）选址不当，未避开水沟、池塘和有滑坡等地质灾害的地方。

（4）无施工图纸，房屋建设结构不合理。

（5）施工承包队伍施工中偷工减料导致房屋结构不够坚固。

（6）脚手架、防护网搭建不规范，有的甚至根本就不搭。

（7）业主为省钱考虑导致建筑材料（如钢筋、混凝土、梁柱等）质量不佳，建筑过程省工省料。

（8）施工人员酒后作业、不戴安全帽、不穿防滑鞋。

（9）施工人员未投保人身意外伤害保险等。

（10）不考虑房屋结构的承重随意加高、扩建。如 2020 年 8 月 29 日，山西襄汾县聚仙饭店"8·29"重大坍塌事故就是一起典型案例。据媒体报道，聚仙饭店原本是农民住宅，只有两座小楼和一个院子，后来屋主在院子上加盖了一层预制板房顶，不久又在上面架设了一层简易彩钢板顶棚，形成两层结构，自建房变成了宴会厅。

（11）农村自建房的安全监管存在缺失。"重审批、轻监管"现象比较普遍。农村自建房改成经营场所无审批、无许可、无验收的现象比较普遍，而地方有关部门的关注重点主要放在是否侵占了耕地、面积是否超标等方面，在施工建设、入住、使用等阶段缺乏必要监管，更谈不上经常性进村入户、排查安全风险。

3. 农村自建房事故预防对策

（1）建立一套符合农村建房实情的监管体制。政府部门严格监管和审核承建者的资质、宅基地选址、房屋设计以及施工过程。建设、国土、应急、环保等部门应定期对农村自建房进行监督、检查和抽查，对发现的问题进行整改；健全农村建筑工匠安全培训制度和专业施工资格制度，提高安全生产管理水平，确保农村住房质量安全。

对农村自建房从事经营活动的，要严格检查，建立准入评估机制，对不符合安全设计要求的房屋要予以取缔或停建，或不予准许。尤其应监督自建房的改扩建过程，严格审批、许可和验收环节。

（2）对农村建房施工队进行规范管理，明确责、权、利，对他们进行建房规范、规章制度、安全规程的统一培训，同时还应加强对农村工匠的管理、安全教育和培训，包括基础施工、墙体砌筑、建筑材料的质量验收、防水层施工等重要过程的质量监督，以及施工管理、验收过程的知识培训，提高农村建房施工队的安全意识和技术水平。

（3）为优化农村住房的功能和结构，政府有关职能部门应免费提供农村建设标准图集。相关设计单位可以提供一些经济、安全、适用、功能合理的农村小康住宅总图等设计咨询服务，为各地农民提供农村住房建设选择，使农村住宅建筑更加规范。

（4）业主应把工程发包给有资质的专业建筑队，并签订建房合同，明确彼此的权利义务，以及风险责任承担方式；同时，业主在施工过程中应提供充分的资金保障，不为省钱而偷工减料。

（5）施工队施工前，要制订严格规范的施工方案，施工时不可随意变更。在进行高空作业前，更要落实所有安全技术措施。在施工过程中，严格遵循安全操作规范，随时检修加固脚手架，消除隐患。

（6）政府部门和村委会应强化农村住房质量安全宣传，提高农民的住房质量安全意识，终结主动"偷工减料"现象。

可以在农村建立农村建房技术服务点，吸收懂建造技术的志愿者，定期由村志愿者及专业人员走访农民，讲解相关知识，促使建房业主重视住宅建设质量安全，在进行自建房的拆、改、建时遵守建筑法律法规要求，履行相关手续，选择具备相应资质的施工队伍，确保人身及财产安全。

4. 农村自建房建设涉及的安全责任主体

（1）市、县地方党委政府应落实地方党政领导干部安全生产责任，督促农业农村、自然资源、住建等部门和下级政府认真开展农村住房安全隐患排查整治等工作。

（2）乡镇地方党委政府应落实地方党政领导干部安全生产责任，审核批准农村村民住宅用地，加强事中事后监管，全面落实"三到场"要求，组织农业农村、自然资源、住建等部门认真开展实地审查和验收工作。

（3）住房和城乡建设部门履行指导农村住房建设和技术服务工作职责，落实"未通过竣工验收的农房不得用于从事经营活动"的要求；指导开展农村住房安全隐患排查整治工作。

（4）农业农村、自然资源部门履行农村宅基地用地建房审批管理职责。

（5）村"两委"履行农民集体所有土地经营管理职责，认真组织开展农村自建房申请材料审查，农村住房安全隐患排查整治。

（6）农村自建房业主承担安全生产主体责任，遵守房屋建设、使用、经营的各项相关法律法规，严格执行各项审批手续；选择有资质的专业施工队伍并签订完善的施工（安全）合同。

（7）农村自建房施工队伍和施工工匠接受住房和城乡建设部门的施工指导和培训，按要求取得施工相关资质，提高建设施工能力，配备充分完好的施工设备和机具，遵守建筑安全法律法规和规章制度，按标准施工，保障建筑工程质量。

5. 农村自建房建设的安全监管重点

（1）监管审批手续，选址是否合适？是否与业主签订了规范全面的施工合同？

（2）监管施工队伍，是否有资质？施工工匠是否经过专业培训？

（3）审查施工图纸，是否有设计图纸？设计是否合理？

（4）脚手架、安全网搭设是否及时？质量是否满足要求？有没有偷工减料行为？

（5）监管施工机具，是否完好有效？是否定期维护保养？有没有安全隐患？

（6）关注是否经过加高、扩建？是否改变了使用用途？改建是否合理？是否存在安全隐患？

十二、农村老旧房屋的拆除安全应该管什么？

1. 农村老旧房屋的定义

农村老旧房屋主要是指建成使用超过 20 年，客观使用和安全标准已逐渐不能满足住户现代生活的物质及精神需求的住宅建筑。建筑内由于建筑结构存在安全隐患、建设年代久远、使用时间较长等原因造成房屋"衰老"，同时还存在住宅区功能和配套设施不完善、居住环境脏乱差、建筑设备锈蚀破损等人居质量及公共安全问题。

2. 农村老旧房屋安全现状与拆除需求

我国服役期超过 30 年的房屋占既有房屋总量的 30% ~ 40%，老旧房屋由于建设阶段质量问题、使用阶段问题、灾害或环境影响等，存在安全隐患。近几年我国老旧房屋倒塌等事故频频出现，给人民生命财产造成了损失，因此亟须对房屋进行质量评估与拆除。

房屋拆除是一项劳动密集型、技术要求高、风险大的工作，也是生产事故的高发区。随着新农村建设的发展，拆迁改造房屋工程日渐增多。房屋拆除与新建工程相比，更具危险性和复杂性。为了保证人民生命和财产安全，房屋拆除必须严格遵循《中华人民共和国安全生产法》《中华人民共和国建筑法》《建设工程安全生产管理条例》及相关技术规范、规程的规定。

3. 农村老旧房屋拆除典型安全隐患

此类安全隐患主要包括：

（1）拆除队伍无资质或个人承揽拆除工程或违法将拆除工程发包、承包、转包。还有的工程业主自行组织拆除，管理混乱。

（2）拆除工程未报建设行政主管部门备案，形成了监管真空。

（3）未制定拆除方案或擅自更改方案。

（4）拆除工程施工方案和设计计算存在缺陷。

（5）业主"以料抵工""以料抵款"，导致冒险拆除、违章作业，给房屋拆除造成了极大的安全隐患。

（6）违反拆除程序进行拆除作业，如先拆除承重结构导致坍塌。

（7）采取了错误的拆除方法。如多层砖混结构房屋拆除，不是自上而下逐层拆除，而是数层同时交叉拆除；不是逐件拆除结构构件，先板、梁、后墙、柱；平房外的建筑采用推（拉）倒拆除的方法。

（8）作业人员未经过安全教育和技术培训，安全意识差，缺少拆除安全技能。

（9）拆除作业未考虑气候如暴风雨的影响。

（10）对待拆的建筑物暂停时未采取加固措施，也未采取警戒隔离措施。

（11）盲目追求拆除进度冒险作业。

（12）拆除工程施工时，场内电线和市政管线未予切断、迁移或加以保护。

（13）拆除工程施工时，未设安全警戒区和派专人监护。

（14）拆除施工中，作业面上人员过度集中。

（15）采用掏挖根部推倒的方式拆除工程时，掏挖过深，人员未退出至安全距离以外。

（16）采用人工掏挖、拽拉、站在被拆除物上猛砸等危险作业模式。

（17）拆除施工所使用的机械其工作面不稳固。

（18）被拆除物在未完全分离的情况下，采用机械强行吊拉。

（19）在人口稠密和交通要道等地区采用火花起爆拆除建筑物。

（20）爆破拆除时操作的程序、爆破部位的防护及爆破器材的储、运安全管理不到位。

这方面的事故有：

【案例1】湖南长沙某地砖混住宅楼拆除时，违反基本的拆除程序，把所有的横墙拆完，仅留下一堵孤立的纵墙，恰遇暴风雨天气，导致墙体坍塌，造成13人死亡、7人重伤、10人轻伤。

【案例2】贵州遵义某地工程队在违章拆除过程中被监管部门勒令停止作业，但对已凿开的楼板未采取任何加固和安全措施，导致三层楼板坍塌，造成2人死亡、21人受伤。

4. 农村老旧房屋拆除的预防措施

施工队伍应严格遵守《中华人民共和国安全生产法》《中华人民共和国建筑法》《建设工程安全生产管理条例》及相关技术标准、规程的规定，具体来讲有以下几方面。

1）前期准备工作要充分

（1）加强对拆除施工企业及现场的监管。业主应选择有专业资质的拆除队伍，杜绝无资质企业和个人承揽拆除工程，业主本人也不得自行组织拆除。

（2）业主必须对房屋拆除安全负责，与施工方共同承担安全风险，确保拆除安全。拆除工程应报建设行政主管部门备案，并制定完善的拆除方案。

（3）施工单位应确认周围环境、场地、道路、水电设备管道、危房等情况，检查被拆除房屋和毗邻房屋内的地上地下管线情况，将电线、煤气管道、上下水管道、供热设备等干线、通向建筑物的支线切断或迁移，经确认管线已全部切断或迁移后方可施工。

（4）政府应建立建筑从业人员技能及安全教育培训机制。开工前，要组织技术人员和工人学习安全操作规程以及针对该拆除工程编制的施工方案或组织设计。

（5）现场施工人员根据作业种类和特点，配备相应的劳保用具，如安全帽、水裤、防扎及防滑鞋、手套、雨衣等。

（6）作业所用的施工通道、脚手架平台应搭设完成、验收合格并挂牌。

（7）对施工机具进行安全检查，确保使用的机械、工器具、钢丝绳、便携式电动工器具等检测合格。

（8）向周围群众出示安民告示，在拆除危险区时设置警戒区标志，周围应设立围栏、安全防护网和防护棚，挂警告牌，并派专人监护，严禁无关人员逗留。在居民密集点、交通要道附近，脚手架须采用全封闭围护，并搭设防护隔离棚。

（9）现场设专人指挥、专人监护。

（10）关注气象变化，一旦有危及工程和人身财产安全的气象灾害预兆时，立即采取有效的防护措施确保安全。遇有六级以上风力、雷暴雨、大雾、冰雪等恶劣气候影响拆除施工安全时，施工单位应暂停施工，及时对拆除房屋及其围护、毗邻的建筑物、构筑物和地上地下管线等进行加固或者拆除，并撤离施工现场人员。

（11）电气设备设专人操作，施工场地动力、照明线路严格按规程架设，保证各种导线绝缘良好；配备必要的灭火和救生设施，并随时检查保养，使其始终处于良好的待命状态。

2）人工拆除安全技术措施

（1）当采用手动工具进行人工拆除建筑时，施工程序应从上至下、分层拆除，作业人员应在脚手架或稳固的结构上操作，被拆除的构件应放置在安全的场所。

（2）拆除施工应分段进行，不得垂直交叉作业，作业面的孔洞应封闭。

（3）人工拆除建筑墙体时，不得采用掏掘或推倒的方法，楼板上严禁多人聚集或堆放材料。

（4）拆除建筑的栏杆、楼梯、楼板等构件，应与建筑结构整体拆除进度相配合，不得先行拆除。建筑的承重梁、柱，应在其所承载的全部构件拆除后，再进行拆除。

（5）杆件、扣件拆除时应自上而下顺序进行，拆下的杆件、扣件应向下吊运。

（6）拆除横梁时，确保其下落有效控制时，方可切断两端的钢筋，按顺序将两端缓慢放下。

（7）拆除柱子时，应沿柱子底部剔凿出钢筋，使用手动倒链定向牵引，保留牵引方向正面的钢筋。

（8）拆除管道和容器前，应检查管道和容器中介质的种类、化学性质，采取中和、清洗等措施进行清除，防止燃烧、爆炸或者中毒事故发生。

（9）楼层内的施工垃圾，应采用封闭的垃圾袋运下，不得向下抛掷。

（10）被拆建筑物的楼板平台上不允许有多人聚集和堆放材料，以免楼盖结构超载发生倒塌。

（11）焊机外壳、罩棚装设接地线并检测合格，配电盘安装合格的漏电保护器。

（12）从事高处切割作业前应检查确认下方及周边无易燃易爆物品，还应办理必要的审批手续并设专人监护。切割作业时应设置遮挡措施，防止高温铁渣飞溅。

（13）氧乙炔气瓶分开存放并安装减压阀，乙炔气瓶出口同时安装止回阀。

3）机械拆除安全技术措施

（1）当采用机械拆除建筑时，应从上至下，逐层、逐段进行；先拆除非承重结构，再拆除承重结构。对只进行部分拆除的建筑，必须先将保留部分加固，再进行分离拆除。

（2）施工中必须由专人负责监测被拆除建筑的结构状态，并应做好记录。当发现有不稳定的趋势时，必须停止作业，采用有效措施，消除隐患。

（3）机械拆除时，严禁超载作业或任意扩大使用范围，供机械设备使用的场地必须保证足够的承载力，作业中拆除机械不得同时回转、行走，机械不得带故障运转。

（4）当进行高处拆除工作时，对较大尺寸的构件或沉重的材料，必须采用起重机具及时吊下。拆卸下来的各种材料应及时清理，分类堆放在指定场所，严禁向下抛掷。

（5）拆除框架结构建筑，必须按楼板、次梁、主梁、柱子的顺序进行施工。

（6）钢屋架拆除应符合下列规定：①先拆除屋面的附属设施及挂件、护栏；②采用双机抬吊作业时，每台起重机载荷不得超过允许载荷的80%，且应对第一吊进行试吊作业，作业过程中必须保持两台起重机同步作业；③拆除吊装作业的起重机司机，必须严格执行操作规程，信号指挥人员必须按照国家标准《起

重机 手势信号》（GB/T 5082—2019）的规定作业；④拆除钢屋架时，必须采用绳索将其拴牢，待起重机平稳后方可进行气焊切割作业。吊运过程中，应采用辅助绳索控制被吊物处于正常状态。

（7）作业人员使用机具时，严禁超负荷使用或带故障运行。

4）爆破拆除安全技术措施

（1）严格遵守《土方与爆破工程施工及验收规范》（GB 50201—2012）中关于拆除爆破的规定，编制爆破施工方案，按规定报相关部门审批后实施。

（2）必须持有爆炸物品使用许可证，承担相应等级或低于企业级别的爆破拆除工程。爆破拆除设计人员、作业人员均应持证上岗，并在资质范围和等级范围内从事爆破拆除作业。

（3）爆破拆除所采用的爆破器材，必须向公安部门申请爆破物品购买证，并到指定的供应点购买，严禁赠送、转让、转卖爆破器材。

（4）运输爆破器材时，必须向公安部门申请领取爆破物品运输证。应按照规定路线运输，并派专人押运。

（5）爆破器材临时保管地点，必须经公安部门批准，严禁同时保管与爆破器材无关的物品。

（6）爆破拆除的预拆除施工应确保建筑安全和稳定，预拆除施工应采用机械和人工方法拆除非承重的墙体或不影响结构稳定的构筑物。

（7）对构筑物采用定向爆破拆除工程时，爆破拆除设计应控制建筑倒塌时的触地振动，必要时应在倒塌范围铺设缓冲材料或开挖防震沟。为保护邻近建筑和设施的安全，爆破振动强度应符合现行国家标准《爆破安全规程》（GB 6722—2014）的有关规定。建筑基础爆破拆除时，应限制一次同时爆破的用药量。

（8）建筑爆破拆除施工时，应对爆破部位进行覆盖和遮挡保护，覆盖材料和遮挡设施应牢固可靠。

（9）爆破拆除应采用电力起爆网路和非电导爆管起爆网路。必须采用爆破专用仪表检查起爆网路电阻和起爆电源功率，并应满足设计要求；非电导爆管应采用复式交叉封闭网路；爆破拆除工程不得采用导爆网路或导火索起爆方法。

（10）爆破拆除工程的实施应成立爆破指挥部，各道工序要认真细致地操作、检查与处理，并按设计确定的安全距离设置警戒。爆破拆除工程的实施必须按照现行国家标准《爆破安全规程》（GB 6722—2014）的规定执行。

（11）在人口稠密、交通要道等地区爆破建筑物，应采用电力或导爆索起爆，不得采用火花起爆；当采用分段起爆时，应采用毫秒雷管起爆。

（12）采用微量炸药方法进行的爆破控制作业，仍应采用适当保护措施以减少飞石，如对较矮建筑物采取适当覆盖，对高大建筑物爆破设置安全区，以避免对周围建筑物和人身的危害。

（13）爆破时，对原有蒸汽锅炉和空压机房等高压设备，应将其压力降到1~2个标准大气压。

（14）用爆破方法拆除建筑物部分结构时，应保证其他结构部分的良好状态。爆破后，如果发现保留的结构部分有危险征兆，应采取安全措施后方可继续工作。

5）其他措施

（1）拆除建筑物，应按自上而下的顺序进行，严禁几层同时拆除。当拆除某一部分时应采取措施防止其他部分倒塌。

（2）拆除过程中，现场照明不得使用被拆除建筑物中的配电线，应另外设置配电线路。

（3）拆除建筑物的栏杆、楼梯和楼板等，应该和整体进度相配合，不能先行拆除。对建筑物的承重支柱和横梁，要等待其承担的全部结构和荷重拆掉后才可以拆除。

（4）拆除建筑物一般不采用推倒方法，遇有特殊情况必须采用推倒方法时，必须遵守下列规定：①砍切墙根的深度不能超过墙厚度的1/3，墙的厚度小于两块半砖时，不许进行掏掘；②为防止墙壁向掏掘方向倾倒，在掏掘前要用支撑物将墙体撑牢；③建筑物推倒前应发出信号，待所有人远离至建筑物高度2倍以上的距离后方可进行；④在建筑物倒塌范围内若有其他建筑物时，严禁采用推倒方法。

（5）在高处进行拆除工程，要设置流放槽。拆除较大的或者沉重的构筑物，要用吊绳或者起重机械配合并及时吊下或运走，禁止向下抛。拆卸下来的各种构件材料要及时清理，分别堆放在指定位置。

（6）禁止在易燃易爆物品附近实施明火作业。

（7）因拆除施工危及毗邻建筑物、构筑物或者地上地下管线安全时，施工单位应当暂停施工，在采取相应的补救措施并确认安全后，方可恢复施工。

（8）施工时发现爆炸物或者不明管线的，施工单位应当暂停施工，采取必要的应急措施，并及时向有关部门报告，经有关部门处置完毕方可恢复施工。

（9）现场内禁止吸烟，易燃物周围禁止使用明火。

5. 农村老旧房屋拆除的安全监管重点

（1）监管审批手续是否齐全，拆除工程是否报建设行政主管部门备案，业主是否与施工队伍签订了规范全面的拆除施工合同。

（2）监管施工队伍，是否有相应资质，特殊工种（电焊工、架子工、爆破工等）是否持证上岗。

（3）监管周边环境安全状况，是否在拆除危险区设置了警戒区标志，周围是否设立了围栏、安全防护网和防护棚；是否派专人监护，特别是在居民密集点、交通要道附近，脚手架是否采用全封闭围护，并搭设防护隔离棚。

（4）检查被拆除房屋和毗邻房屋内的地上地下管线情况，是否将电线、燃气管道、上下水管道、供热设备等通向建筑物的管线切断或迁移。

（5）审查拆除方案，是否已经制定或拆除方案是否合理，是否满足安全要求。

（6）监管施工过程，天气情况是否影响施工安全；施工顺序是否合理；施工工人是否遵守安全规范，安全防护用品是否佩戴齐全；脚手架、安全网、隔离棚搭设是否有效并挂牌。

（7）监管危险作业（如高处电焊、爆破、大型吊装）落实情况，看是否符合规范要求，相关手续是否履行；安全措施是否充分并已落实。

（8）监管现场施工机械、机具，是否经定期检测/检验合格；是否完好有效；是否定期维护保养；有没有安全隐患。

十三、农村交通运输个体经营户的生产安全应该怎么管？

1. 农村交通运输个体经营户的定义及生产经营特点

农村交通运输个体经营户，是指从事公路、水上客货运输，装卸搬运的个体经营者。个体经营者是指由村民个人投资，以个人或家庭劳动为主，从事经营活动，依法经核准登记，取得经营资格的经营者。

农村交通运输个体经营户的生产经营特点如下。

（1）参与经营的作业人员数量少、规模小，作业地点分散，作业场所面积较小。

（2）经营人员文化水平较低，小学、初中文化占多数。

（3）作业时间不规律，随机性强。

（4）运输车辆维护保养不严格，本质安全度较低。

2. 农村交通运输个体经营户经营过程中易发生的事故类型及典型案例

事故类型主要有：

车辆伤害：指机动车辆在行驶中引起的人体坠落和物体倒塌、下落、挤压造成的伤亡事故。

物体打击：由失控物体的惯性力造成的人身伤害事故，如落物、滚石、锤击、碎裂、崩块、砸伤等造成的伤害。

机械伤害：指机械设备与工具引起的绞、辗、碰、割戳、切等伤害。

触电：电流流经人体造成生理伤害的事故，适用于触电、雷击伤害。

淹溺：因大量水经口、鼻进入肺内，造成呼吸道阻塞，发生急性缺氧而窒息死亡的事故。

火灾：造成人身伤亡的火灾事故。

容器爆炸：压力容器破裂引起的气体爆炸，即物理性爆炸。

其他爆炸：可燃性气体如煤气、乙炔等与空气混合形成的爆炸。

高处坠落：指人由站立工作面失去平衡，在重力作用下坠落引起的伤害事故。

这方面的事故有：

【案例】2020 年 6 月 26 日 8 时许，张某驾驶三轮汽车（已达到报废标准）沿洛宁县故县镇西岭村路段由西向东行驶至西岭村西侧神树坡一弯道处，与对向行驶李某驾驶的正三轮摩托车相撞（内乘何某），造成李某、何某二人受伤及车辆损坏。

3. 农村交通运输个体经营户典型生产安全隐患

（1）运输安全方面：①运输车辆故障；②超速超载驾驶；③超员载客；④驾驶员无证或酒后驾驶；⑤驾驶员不系安全带；⑥驾驶员不遵守交通信号灯等交通安全标志；⑦道路交通标识不清不全；⑧路桥面坑洼不平；⑨非法从事危险货物运输经营；⑩非法转让出租危险货物运输许可证；⑪机动车达到报废标准仍上路行驶；⑫擅自改装专用车辆等。

（2）消防安全方面：①库房货品摆放不合理；②库房没有消防应急通道或消防应急通道被占用；③没有配备消防设施或消防设施配备不足；④用火不规范；⑤违规动火；⑥安全出口被封闭或有障碍物；⑦缺少应急逃生标识；⑧应急灯故障；⑨乱扔烟头；⑩违规存放易燃易爆物品；⑪消防设施设备损坏；⑫违规燃放烟花爆竹；⑬消防报警未及时处置或处置不力等。

（3）用电安全方面：①电气产品不合格；②用电设施有缺欠；③电线私搭乱设；④插头或插座不按规定正确接线；⑤带电体外露；⑥电器超过使用年限使

用；⑦电器使用不规范（如改变使用用途、超时使用、功率不匹配等）；⑧电线老化；⑨用湿手或湿布触摸电器；⑩在架空线上放置或悬挂物品；⑪用铜丝、铁丝、铝丝等代替保险丝或用额定电流大的保险丝代替；⑫误将导电器物连接到带电接线板或插座上等。

（4）搬运装卸安全方面：①作业人员超能力搬运；②搬运尖锐物品时不佩戴防护手套；③货品堆放超高；④搬运人员之间配合协调不够；⑤搬运姿势不对等；⑥装运储存压缩气体和液化气体的压力钢瓶容器时，车厢内沾有油脂污染物及强酸残留物，未拧紧瓶帽，钢瓶安全帽跌落，气瓶阀门缺少保护，未固定车上气瓶，气瓶超过车厢栏板高度，脱手滚瓶或脱手传接气瓶，钢瓶阀门漏气，不用抬架或搬运车装卸搬运，溜坡滚动钢瓶，气瓶不竖立转动，工作服和装卸工具沾有油污，高温天气未安排在阴凉时段搬运易燃气体气瓶等。

4. 农村交通运输个体经营户事故预防措施

（1）加强对交通运输个体经营户的教育培训，增强其交通安全意识。

（2）加强交通运输个体经营户的安全投入，淘汰不合格的客货车辆与营运船只，提高设备设施本质安全。

（3）加强客货车辆与营运船只的检修与维修，严格按照国家有关技术规范对货运车辆进行定期维护，确保货运车辆、营运船只的安全、技术状况良好并达到行业安全标准。

（4）加强货物存放、装卸管理。库内应保证通道畅通平坦，无绊脚物，不得堵塞或侵占人行道。货品摆放合理，配备充足合格的消防设施和应急疏散标识，电气敷设符合安全要求。危险货物和危化品的存放严格执行安全规定以及安全规程，做好安全警示和限量标识，规范摆放，并按规定配备检测、报警装置。

（5）规范个体经营户的作业行为，养成严格遵守安全规程的良好习惯，车辆、船只驾驶员应遵守交通法规，不酒驾、不超速驾驶、不超载运输。

（6）加强作业过程中的安全防护，配备好充足、合格的劳动防护用品。

（7）加强对个体经营户的监督检查，及时督促他们进行安全隐患整改，将事故消灭在萌芽状态。

5. 农村交通运输个体经营户的安全监管重点

（1）从业人员监管。应重点检查他们是否具备较强的安全意识和良好的安全技能，驾驶人员是否持证上岗，司乘、搬运装卸人员是否遵章守纪。

（2）运输车辆和设备设施定期维检，无安全隐患。

（3）货物库房货品码放合理，人行道通畅，消防设备设施齐全。

（4）隐患整改监管。对此类个体经营户生产经营中检查出的各种安全隐患，要督促他们及时整改，直到最后隐患消除，验证完毕。

十四、农村餐饮行业个体经营户的生产安全应该怎么管？

1. 农村餐饮行业个体经营户的定义

农村餐饮行业个体经营户，是指从事饭馆、菜馆、饭铺、冷饮馆、酒馆、茶馆、切面铺等饮食业的个体经营户。

2. 农村餐饮行业个体经营户经营过程中易发生的事故类型及典型案例

农村餐饮行业个体经营户经营过程容易发生的事故类型主要有：食物中毒、机械伤害、触电、磕碰摔伤、灼烫、火灾、爆炸、传染病等。

这方面的事故有：

【案例】2017 年 5 月 10 日下午，云南省大理州弥渡县××镇一餐馆发生一起疑似食源性食物中毒事件，在该餐馆就餐的 28 人先后出现恶心、腹痛、呕吐、腹泻等症状被送医。

3. 农村餐饮行业个体经营户典型生产安全隐患

（1）消防安全方面：①库房货品摆放不合理；②库房没有消防应急通道或消防应急通道被占用；③没有配备消防设施或消防设施配备不足；④用火不规范；⑤违规动火；⑥安全出口被封闭或有障碍物；⑦缺少应急逃生标识；⑧应急灯故障；⑨乱扔烟头；⑩违规存放易燃易爆物品；⑪消防设施设备损坏；⑫违规燃放烟花爆竹；⑬消防报警未及时处置或处置不力等。

（2）用电安全方面：①电气产品不合格；②用电设施有缺欠；③电线私搭乱设；④插头或插座不按规定正确接线；⑤带电体外露；⑥电器超过使用年限使用；⑦电器使用不规范（如改变使用用途、超时使用、功率不匹配等）；⑧电线老化；⑨用湿手或湿布触摸电器；⑩在架空线上放置或悬挂物品；⑪用铜丝、铁丝、铝丝等代替保险丝或用额定电流大的保险丝代替；⑫误将导电器物连接到带电接线板或插座上等。

（3）餐饮服务方面：①工作人员无健康体检合格证明；②食品操作间没有限制闲杂人员进出的措施；③液化气罐未按规定定期检验；④未配置燃气泄漏报警装置；⑤用完燃气后未及时关闭；⑥液化气瓶导气管老化；⑦生熟案板混用或冰箱生熟食品混放，交叉感染，造成食物中毒事故；⑧食堂地面湿滑，人员滑倒摔伤；⑨操作间消防设施不足，未配置灭火毯，不能及时消灭初始火情；⑩原材料存在"三无"产品或已经超期变质，引发食物中毒事故；⑪高温设施没有防烫伤的警示标识；⑫炊事机具没有安全连锁装置①，发生机械伤人事故；⑬用湿布擦洗或用湿手触摸电气设备；⑭插座不防水导致触电。

4. 农村餐饮行业个体经营户事故预防措施

（1）加强对餐饮行业个体经营户的教育培训，增强他们的安全意识，让他们熟悉掌握餐饮行业及设备操作的安全规程，增强他们的"不伤害自己、不伤害他人、不被他人伤害"的技能和本领。

（2）餐饮行业个体经营户应加强安全投入，尽可能淘汰落后的不安全的炊事机具等设备设施，提高设备设施本质安全。

（3）机械上的联动装置与防护装置有效、灵敏可靠，无安全隐患；转动部位必须安装防护罩，高温装置应有醒目的安全提示。

（4）电气线路敷设符合安全要求，按要求安装燃气设施报警装置并确保功能可靠。严禁餐饮行业个体经营户使用存在安全隐患或设计缺陷的机械。

（5）规范个体经营户的作业行为，养成严格遵守餐饮及厨房设备设施安全规程的良好习惯。

（6）加强对餐饮行业个体经营户的监督检查，及时督促他们进行安全隐患整改，将事故消灭在萌芽状态。

5. 农村餐饮行业个体经营户的安全监管重点

（1）从业人员监管。应重点检查他们是否具备较强的安全意识和良好的安全技能。检查他们是否有健康合格证（餐饮业），作业行为是否符合安全要求，是否违章。清洁、保养、维修机械或电气装置前，必须先切断电源，等机械停稳后再进行操作。

（2）设备设施监管。农村餐饮行业个体经营户主要的生产设备设施有冷藏设备、消毒装置、炊事机具（如烤箱、蒸箱、压面机、切面机等）、排烟道等，现场应检查这些设备设施的功能是否完好，有无安全隐患。

（3）现场环境监管。餐饮场所应配备齐全可靠的消防器材、应急灯和应急疏散逃生标识。地面有防滑措施，应急逃生通道通畅无障碍，逃生门与疏散方向一致，安全出口门内外1.4米范围内无步道、无门槛，还应有灭蝇防鼠装置。

（4）隐患整改监管。对餐饮行业个体经营户生产经营中检查出的各种安全

---

① 安全连锁装置指在危险排除之前能阻止接触危险区，或者一旦接触时能自动排除危险状态的一种装置（根据 GB 4943—2011 中 1.2.7.6 条定义）。机械加工设备（尤其是旋转的设备）中的防护罩一般都会包含安全连锁装置，如一些剪板机、起重机（司操）、加工中心等。

隐患，监管单位应督促他们及时整改，直到最后隐患消除，验证完毕。

十五、农村畜牧业生产个体经营户的生产安全应该怎么管？

1. 农村畜牧业生产个体经营户的定义及主要类别

农村畜牧业个体经营户，指人们利用那些已经成功被驯化的动物（比如猪、牛、羊、马、禽）或野生动物（比如水獭、鹌鹑、狐狸、鹿、麝）的生理机能，经过人工饲养繁育后，最终获得肉、蛋、奶、皮毛、蚕丝、药材等相关畜产品的个体经营户。主要包括农区畜牧业、牧区畜牧业、草地畜牧业个体户。

2. 农村畜牧业生产个体经营户经营过程中易发生的事故类型及典型案例

农村畜牧业个体经营户经营过程中容易发生的事故类型主要有：撕咬伤、踢伤、啄伤、摔伤、人畜共患传染病、车辆伤害、机械伤害、触电、淹溺、火灾、爆炸等。

这方面的事故有：

【案例】2019 年 5 月 19 日 8 时许，内蒙古呼和浩特土左旗沙尔营乡××养鸡场的一名男子在搅拌鸡饲料时不慎掉入饲料搅拌机受伤。

3. 农村畜牧业生产个体经营户典型生产安全隐患

（1）运输安全方面：①运输车辆故障；②超速超载驾驶；③超员载客；④驾驶员无证或酒后驾驶；⑤驾驶员不系安全带；⑥驾驶员不遵守交通信号灯等交通安全标志；⑦道路交通标识不清不全；⑧路桥面坑洼不平；⑨非法从事危险货物运输经营；⑩非法转让出租危险货物运输许可证；⑪机动车达到报废标准仍上路行驶；⑫擅自改装专用车辆等。

（2）消防安全方面：①库房货品摆放不合理；②库房没有消防应急通道或消防应急通道被占用；③没有配备消防设施或消防设施配备不足；④用火不规范；⑤违规动火；⑥安全出口被封闭或有障碍物；⑦缺少应急逃生标识；⑧应急灯故障；⑨乱扔烟头；⑩违规存放易燃易爆物品；⑪消防设施设备损坏；⑫违规燃放烟花爆竹；⑬消防报警未及时处置或处置不力等。

（3）用电安全方面：①电气产品不合格；②用电设施有缺欠；③电线私搭乱设；④插头或插座不按规定正确接线；⑤带电体外露；⑥电器超过使用年限使用；⑦电器使用不规范（如改变使用用途、超时使用、功率不匹配等）；⑧电线老化；⑨用湿手或湿布触摸电器；⑩在架空线上放置或悬挂物品；⑪用铜丝、铁丝、铝丝等代替保险丝或用额定电流大的保险丝代替；⑫误将导电器物连接到带电接线板或插座上等。

（4）机械设备方面：①机械上的各种安全防护、安全连锁、保险装置及各种安全警示装置有缺欠或失效；②裸露的旋转部位未安装防护罩；③危险部位（如运动的物体）、区域未安设防护栏、防护挡板等安全防护设施或安全防护设施失效；④特种设备无定期检定合格证书；⑤需安装的设备底座固定不牢靠（单向），稳定性差；⑥机械设备刹车机构可靠性差，存在作业失控安全隐患；⑦用电设备未接接地保护线；⑧冲、剪、压设备没有急停按钮；⑨设备危险区域缺少安全警示标志；⑩设备的加紧或锁紧装置不可靠。

（5）畜牧场所方面：①雷暴天气操作不当导致人畜被雷击；②持续暴风雪天气食物不足，导致动物冻伤、冻死或饿死；③感染人畜禽疫病（如狂犬病、禽流感、布氏杆菌病）；④不小心被牲畜踢伤、咬伤、叮伤；⑤骑马等动物时坐不稳摔伤；⑥场地不熟悉、不小心绊倒摔伤；⑦牧场粪坑没有护栏或安全警示装置导致人员坠落中毒伤亡；⑧畜禽粪沼气池受限空间通风不良中毒窒息；⑨防爆措施不当导致饲料粉尘爆炸和涉氨制冷场所氨气爆炸；⑩强降雨引发洪水事故。

4. 农村畜牧业生产个体经营户事故预防措施

（1）加强对农村畜牧业个体经营户的教育培训，增强他们的安全、防雷减灾和职业病预防意识。同时还应对他们进行安全生产、畜牧业职业病预防知识和技能的培训，使他们熟悉并掌握畜牧活动及设备操作的安全规程，按国家规定持证上岗。

（2）加强信息服务，把气象信息及时准确地传递给农村畜牧业个体经营户，延长他们的备灾时间，减少恶劣天气的灾害影响。经营户须严格按照天气预报的风险提示安排好自己的作业（放牧）时间，规避强降水和融雪引发的洪水灾害。

（3）畜牧业个体经营户应加强安全投入，提高设备设施本质安全，尽可能淘汰落后的不安全的设备设施。严禁使用不符合标准要求且存在设计缺陷的、未经过技术性能鉴定的或存在重大安全隐患的车辆、设备设施。通风除尘、防毒设备设施应完好，能正常运转、排尘排毒效果好。

（4）加强作业场所安全管理。①棚圈搭设安全完好，电气线路规范敷设，饲料粉尘涉爆和涉氨制冷场所应采取可靠的降尘、防爆措施；②饲料等物料堆放规范，满足安全要求，库存饲草应当分类、分垛储存，每垛占地面积不宜大于100平方米，垛与垛间距不小于1米，垛与墙间距不小于0.5米，垛与梁、柱间距不小于0.3米，主要通道的宽度不小于2米；③生产区域和作业场所的粉尘、噪声、有毒有害气体等职业危害要符合标准规定，疫病消毒符合卫生防疫要求；④工作场所应配备齐全可靠的消防器材。

（5）严格落实防疫要求；规范畜牧业个体经营户的作业行为，养成严格遵守安全规程的良好习惯，作业过程中要配备充足合格的劳动防护用品。进入沼气池作业加强通风监测，落实安全防范措施。

（6）加强交通运输管理，严防"三超一疲劳"现象，防止车辆机械受洪水、高温、雷电影响发生涉水、自燃、燃爆等事故。

（7）要加强对畜牧业个体经营户的监督检查，及时督促他们进行隐患整改，将事故消灭在萌芽状态。

5. 农村畜牧业生产个体经营户的安全监管重点

（1）从业人员监管。应重点检查他们是否具备较强的安全意识和良好的安全技能。检查他们的作业行为是否符合安全要求，是否存在违章行为。检查电工、焊工等特种作业人员是否持证上岗。

（2）设备设施监管。农村畜牧业个体经营户主要的生产设备设施有饲料粉碎机械、运输车辆、电气设备等，现场应重点检查这些设备设施是否符合安全要求，是否存在安全隐患。

（3）现场作业环境监管。监管人员应关注现场的作业环境，确保满足安全要求。重点检查棚圈、粉尘浓度、毒物、物料堆放、坑洼窖池等内容。

（4）隐患整改监管。对于畜牧业个体经营户生产经营中检查出的各种安全隐患，监管单位应督促他们及时整改，直到最后隐患消除，验证完毕。

十六、农村建筑业个体经营户的生产安全应该怎么管？

1. 农村建筑业个体经营户的定义及生产经营特点

农村建筑业个体经营户，是指从事土木建筑、设备安装和房屋修缮等业务的个体经营户。其生产经营特点如下：

（1）施工作业人员文化水平较低，小学、初中文化占多数。

（2）生产工具相对简单，本质安全度较低。

（3）施工作业人员安全意识和职业病预防意识较差，个体防护用品配备和佩戴不足。

2. 农村建筑业个体经营户建筑施工过程中易发生的事故类型及典型案例

事故类型主要有：高处坠落、物体打击、车辆伤害、机械伤害、触电、坍塌、火灾、传染病等。

这方面的事故有：

【案例】2017年4月17日15时许，江苏省泰兴市分界镇蒋某在某污水处理厂进行农网改造工程作业时，因操作起重机不当，导致起重机侧翻，致蒋某胸部受伤死亡。

3. 农村建筑业个体经营户施工过程安全隐患

（1）超经营范围承揽业务、电工焊工等特殊工种没有上岗资格证、施工工器具（如切割机、梯子等）有缺欠、粉尘噪声场所不佩戴防尘口罩和防护耳塞、设备（如起重设备、挖掘机等）操作不当、高处作业不系安全带或安全带无牢靠挂点、施工作业不戴安全帽等。

（2）塔吊安装拆卸不规范、脚手架搭设不合规，"四口"（楼梯口、电梯井口、预留洞口、通道口）、"五临边"（尚未安装栏杆的阳台周边，无外架防护的层面周边，框架工程楼层周边，上下跑道及斜道的两侧边，卸料平台的侧边）安全防护不到位或缺少防护。

（3）电力机械开关电器老化、变质，螺丝锈蚀，触头烧伤、接触不良，电源进出线不规范，接地保护不规范，临时电源线未经漏保直接从总开下口接线，电箱内接线不符合三相五线制要求，未做接零保护，临时配电箱放于地面，箱内受潮等。

4. 农村建筑业个体经营户事故预防措施

（1）加强对农村建筑业个体经营户的教育培训，增强他们的安全意识和职业病预防意识。提高他们的建筑施工安全、职业病防治知识和技能，让他们熟悉并掌握作业活动及设备操作的安全规程，增强他们的"不伤害自己、不伤害他人、不被别人伤害"的技能和本领。

（2）加强建筑业个体经营户的安全投入，完善建筑施工设备设施和施工机具，管理好"四口""五临边"，提高设备设施本质安全。具体来讲，就是：

① 要确保机械上的各种安全防护、保险装置及各种安全警示装置齐全（尤其是防爆、联动装置与防护装置）有效、灵敏可靠，无安全隐患；要确保传动部位必须安装可靠的防护罩；要确保盖板、梯子护栏等安全防护设施完备可靠。

② 风动工具。a）风动工具各种防松脱装置应完好、可靠；b）风动工具进风接头、过渡接头完好、牢靠，气源软管与接头应连接可靠，不得松动漏气；c）压力表应定期校验。

③ 手持式电动工具。a）手持式电动工具应具有产品合格证，并有绝缘电阻

定期检验合格标志；b）手持式电动工具的外壳、手柄、电源线及插头、保护接地线应完好无损；电源线连接正确；电源开关动作正常、灵活、无缺损破裂；机械防护装置完好；电器保护装置良好有效。

④ 焊接机械。a）焊机应有定期检验合格标志，安全防护罩、焊把、电缆线应完好，电缆线各接头牢固可靠，焊机接地可靠，漏电保护开关完好；b）焊机一次线长度不超过5米，电源进线处必须设置防护罩，实行"一机一闸"管理；c）焊机与焊钳部位应连接可靠，绝缘良好，二次侧导线应使用绝缘橡皮护套铜芯软电缆，长度不超过30米，中间不应有接头，如需短线连接，则接头不宜超过3个，接头做好防护；d）手把线、回线需要穿过道路时，应做好隔离措施，防止线路损坏，严禁使用厂房构件（栏杆、钢梯）、金属结构、轨道、管道或其他金属物搭接起来代替焊接电缆使用，不能把易燃易爆和转动设备本体用作地线回路；e）焊机所使用的输气、输油、输水管道无渗漏；f）二次回路宜直接与被焊工件直接连接或压接；g）夹持装置应确保夹紧焊条或工件，且有良好绝缘和隔热性能。

（3）规范作业，严格遵守建筑法律法规和安全规程。加强个体防护，作业过程中要配备充足合格的劳动防护用品。

（4）加强对建筑业个体经营户的监督检查，及时督促他们进行隐患整改，将事故消灭在萌芽状态。

5. 农村建筑业个体经营户的安全监管重点

（1）从业人员监管。应重点检查他们是否具备较强的安全意识和良好的安全技能，检查他们的作业行为是否符合安全要求、是否违章，检查他们是否正确佩戴防护用品。如果有违规行为要及时提醒纠正。还要检查电工、焊工等特种作业人员是否持有有效的特种作业证。

（2）设备设施监管。农村建筑业个体经营户主要的生产设备设施有吊装设备、风动工具（如气泵）、手持式电动工具、焊接设备、运输车辆等。施工现场监管人员应重点检查这些设备设施是否满足安全生产要求，是否存在安全隐患。

（3）现场作业环境。①作业场所应保证通道畅通平坦，无绊脚物，不得堵塞或侵占人行道；②施工现场的"四口""五临边"等应有牢固的防护栏或盖板，夜间应有照明；③作业场所的垃圾、污水及污物应及时清理干净，设备周边不得堆放易燃易爆物品；④工作场所应配备齐全可靠的消防器材；⑤焊接作业场所应清洁，周围无易燃易爆物品，且通风良好。

（4）隐患整改。对个体经营户建筑施工过程中检查出的各种安全隐患，要督促他们及时整改。

十七、农村服务业个体经营户的生产安全应该怎么管？

1. 农村服务业个体经营户的定义及生产经营特点

农村服务业个体经营户是指从事理发、照相、洗染、旅店、体育娱乐、信息传播、咨询服务的个体经营户（不包括餐饮服务）。

农村服务业个体经营户的生产经营特点有：

（1）参与生产的作业人员数量少、规模小，作业场所面积较小。

（2）生产人员文化水平较低，小学、初中文化占多数。

（3）服务设施相对简单，风险较低。

2. 农村服务业个体经营户经营过程中易发生的事故类型及典型案例

农村服务业个体经营户服务过程容易发生的事故类型主要有：灼烫、火灾、触电、中毒窒息、传染病、刺伤、划伤、剪伤、滑倒摔伤、磕碰等。

这方面的事故有：

【案例】2016 年 12 月 18 日 12 时 30 分许，深圳市坪山区龙田街道××社区××村××造型理发店发生一起员工燃气热水器引起的一氧化碳中毒窒息死亡事故，造成一人死亡。

3. 农村服务业个体经营户典型生产安全隐患

（1）消防安全方面：①库房货品摆放不合理；②库房没有消防应急通道或消防应急通道被占用；③没有配备消防设施或消防设施配备不足；④用火不规范；⑤违规动火；⑥安全出口被封闭或有障碍物；⑦缺少应急逃生标识；⑧应急灯故障；⑨乱扔烟头；⑩违规存放易燃易爆物品；⑪消防设施设备损坏；⑫违规燃放烟花爆竹；⑬消防报警未及时处置或处置不力等。

（2）用电安全方面：①电气产品不合格；②用电设施有缺欠；③电线私搭乱设；④插头或插座不按规定正确接线；⑤带电体外露；⑥电器超过使用年限使用；⑦电器使用不规范（如改变使用用途、超时使用、功率不匹配等）；⑧电线老化；⑨用湿手或湿布触摸电器；⑩在架空线上放置或悬挂物品；⑪用铜丝、铁丝、铝丝等代替保险丝或用额定电流大的保险丝代替；⑫误将导电器物连接到带电接线板或插座上等。

（3）人员聚集场所安全。未落实防止传染病防控措施，安全疏散通道被堵塞，室内装饰装修使用大量可燃材料，安全出口被封闭或有障碍物，天花板坠落，临时舞台搭设不满足安全要求，地面（舞台）没有防滑措施。

（4）作业场所、服务用品（如毛巾、道具衣服等）消毒不及时、不卫生等，服务材料（如染发剂、洗发剂等）不符合健康要求。

4. 农村服务业个体经营户事故预防措施

（1）加强对服务业个体经营户的教育培训，增强他们的安全意识和职业病预防意识。

（2）加强设施和工器具管理，保障服务用具用品满足安全卫生要求，配齐充足可靠的消防设备设施和安全防护设施，电气设备安全可靠。

（3）改善作业环境，及时消毒，通风良好，地面防滑，安全警示标识齐全，创造安全和谐的服务氛围。

（4）规范服务业个体经营户的作业行为，用电、用气、操作工器具等严格遵守安全规程。

（5）加强对他们的监督检查，及时督促他们进行安全隐患整改，将事故消灭在萌芽状态。

5. 农村服务业个体经营户的安全监管重点

（1）从业人员监管。应重点检查他们是否具备较强的安全意识和良好的安全技能。查看他们的作业行为是否符合安全要求，是否存在违章行为，是否正确佩戴防护用品，是否按国家规定持证上岗。

（2）设备设施监管。农村服务业个体经营户主要的服务工器具有电气设施、理发用具等。现场应重点检查这些工器具、服务用品等设备设施是否符合安全要求，是否存在安全隐患。严禁使用不合格的或存在安全隐患的设备设施。

（3）现场工作环境监管。工作场所应通风良好，满足卫生消毒要求，地面防滑，安全警示标识和应急逃生标识齐全。

（4）隐患整改监管。对服务业个体经营户生产经营中检查出的各种安全隐患，应督促他们及时整改，直至验证完毕。

十八、农村专业合作社的生产安全应该怎么管？

1. 农村专业合作社的定义及经营范围

农村专业合作社是在农村家庭承包经营基础上，同类型农产品的生产经营者或者同类型农业生产经营服务的提供者、利用者，自愿联合、民主管理的互助性经济组织。

农村专业合作社以其成员为主要服务对象，提供农业生产资料的购买，农产品的销售、加工、运输、贮藏以及与农业生产经营有关的技术、信息等服务。

农村专业合作社既不同于企业法人［设立程序和条件、终止条件、生产经营方式和目的、财产（主要是土地）处分、管理职能等方面不同］，又不同于社会团体（有部分村委会职能），也不同于行政机关（是自愿联合、民主管理的互助性经济组织），自有其独特的政治性质和法律性质。正是由于这种特殊性，决定着农村专业合作社的职能作用及其成员的资格权利等重要内容，也决定着其安全生产管理的特殊性，容易造成安全管理职责空白或交叉。

农村专业合作社的经营范围是：提供农业生产资料的购买，农产品的销售、加工、运输、贮藏以及与农业生产经营有关的技术、信息等服务，主要的业务活动涉及运输、消防、用电、搬运装卸、设备操作、仓储等。

2. 农村专业合作社容易发生的事故类型及典型案例

主要的事故类型有：物体打击、车辆伤害、机械伤害、触电、淹溺、灼烫、火灾、高处坠落、中毒窒息等。

这方面的事故有：

【案例】2020 年 6 月 20 日 15 时 30 分至 16 时 50 分，天津市北辰区双街镇××村的××奶牛养殖专业合作社场区南侧固液分离间内，发生一起硫化氢中毒事故，造成 3 人死亡。

3. 农村专业合作社典型生产安全隐患

（1）运输安全方面：①运输车辆故障；②超速超载驾驶；③超员载客；④驾驶员无证或酒后驾驶；⑤驾驶员不系安全带；⑥驾驶员不遵守交通信号灯等交通安全标志；⑦道路交通标识不清不全；⑧路桥面坑洼不平；⑨非法从事危险货物运输经营；⑩非法转让出租危险货物运输许可证；⑪机动车达到报废标准仍上路行驶；⑫擅自改装专用车辆等。

（2）消防安全方面：①库房货品摆放不合理；②库房没有消防应急通道或消防应急通道被占用；③没有配备消防设施或消防设施配备不足；④用火不规范；⑤违规动火；⑥安全出口被封闭或有障碍物；⑦缺少应急逃生标识；⑧应急灯故障；⑨乱扔烟头；⑩违规存放易燃易爆物品；⑪消防设施设备损坏；⑫违规燃放烟花爆竹；⑬消防报警未及时处置或处置不力等。

（3）用电安全方面：①电气产品不合格；②用电设施有缺欠；③电线私搭乱设；④插头或插座不按规定正确接线；⑤带电体外露；⑥电器超过使用年限使用；⑦电器使用不规范（如改变使用用途、超时使用、功率不匹配等）；⑧电线老化；⑨用湿手或湿布触摸电器；⑩在架空线上放置或悬挂物品；⑪用铜丝、铁丝、铝丝等代替保险丝或用额定电流大的保险丝代替；⑫误将导电器物连接到带电接线板或插座上等。

（4）搬运装卸安全方面：①作业人员超能力搬运；②搬运尖锐物品时不佩戴防护手套；③货品堆放超高；④搬运人员之间配合协调不够；⑤搬运姿势不对等；⑥装运储存压缩气体和液化气体的压力钢瓶容器时车厢内沾有油脂污染物及强酸残留物，未拧紧瓶帽，钢瓶安全帽跌落，气瓶阀门缺少保护，未固定车上气瓶，气瓶超过车厢栏板高度，脱手滚瓶或脱手传接气瓶，钢瓶阀门漏气，不用抬架或搬运车装卸搬运，溜坡滚动钢瓶，气瓶不竖立转动，工作服和装卸工具沾有油污，高温天气未安排在阴凉时段搬运易燃气体气瓶等。

（5）生产加工经营方面：①设备设施不完善，如旋转设备的转动部位缺少防护罩，炊事机具缺少安全连锁装置，没有急停装置等；②作业场所不符合职业病防治要求，如粉尘爆炸场所缺少通风降尘措施、有害气体场所无通风设施；③作业人员违规作业，如带电维修，登高作业梯子没有防滑设施，不按要求佩戴防护用品等；④餐馆工作人员未经过健康体检，无健康证明，可能会引发传染病疫情；⑤非工作人员随便出入食品操作间，有可能会发生污染食品或引发投毒事故；⑥餐馆工作人员工作不规范，不注意个人卫生、蔬菜洗涤不干净，烹饪不熟烂、炊具清洗不及时操作间苍蝇多；⑦使用液化气罐的经营者未按规定定期检验，未配置泄漏报警装置，使用时离火源近，导管老化，发生火灾或爆炸事故，烟道不及时清理；⑧用完燃气（使用者）后未及时关闭，引发火灾或爆炸；⑨用电线路混乱，私接乱拉，电器超负荷，电器老化损坏未及时更换修复引发触电或火灾事故；⑩生熟案板混用或冰箱生熟食品混放，交叉感染，造成食物中毒事故；⑪食堂地面湿滑，人员滑倒摔伤；⑫操作间消防设施不足，未配备灭火毯，不能及时消灭初始火情；⑬原材料存在"三无"产品或已经超期变质，引发食物中毒事故；⑭食堂门口、库房门口及下水道未按要求安装挡鼠板、挡鼠网，原材料被老鼠啃咬，引发鼠疫；⑮炊事机具没有安全连锁装置，发生机械伤人事故；⑯用湿布擦洗或用湿手触摸电气设备；⑰插座不防水导致触电。

（6）仓储方面：①仓库未设置防火安全标志，未在醒目处设置"禁止吸烟"标志；②仓储场所内搭建临时建筑物或构筑物；③室内仓储场所设置员工宿舍；④库房内储存物品未分类、分堆、限额存放；⑤堆垛上部与楼板、平屋顶之间的距离小于0.3米；⑥物品与照明灯之间的距离小于0.5米；⑦库房内货架未采用非燃烧材料制作；⑧仓储场所的电气设备与可燃物的防火间距小于0.5米；⑨室内储存场所内敷设的配电线路，未穿金属管或难燃硬塑料管保护；⑩随意拉接电线，擅自增加用电设备；⑪室内储存场所内使用电炉、电烙铁、电熨斗、电热水器等电热器具和电视机、电冰箱等家用电器;⑫电线漏电、老化、绝缘不良、接头松动、电线互相缠绕;⑬室内储存场所内安放和使用火炉、火盆、电暖器等取暖设备;⑭仓储场所设置的消防通道、安全出口被堵占,也未设置明显标志;⑮仓储场所内使用明火,且无禁止标志。

4. 农村专业合作社事故预防措施

(1)鉴于农村专业合作社的性质,其职能某些方面与村委会有交叉和重叠,为避免安全职责空白和交叉重复,必须明确合作社成员的安全管理责任,职责清晰,建立健全内部安全责任制,明确到人,责任到人,可以按业务活动、设备、场所进行细分。

(2)加强教育培训,增强他们的安全意识和职业病预防意识。让他们熟悉并掌握作业活动及设备操作的安全规程,增强他们的"不伤害自己、不伤害他人、不被别人伤害"的技能和本领。

(3)加强安全投入,尽可能淘汰落后的不安全的设备设施,提高设备设施本质安全度。

(4)改善作业环境,对于产生职业危害的作业场所增加降尘、减毒、降噪的设施。

(5)规范作业人员的行为,养成严格遵守安全规程的良好习惯。

(6)加强对作业人员的个体防护,作业过程中要配备好充足合格的劳动防护用品。

(7)加强对他们的监督检查,及时督促他们进行安全隐患整改,将事故消灭在萌芽状态。

5. 农村专业合作社的安全监管重点

重点关注农村专业合作社安全生产责任制的建立情况,责任制应当形成书面文件,并在醒目位置公开,相关人员应当知晓自己应负的安全责任。

在其他方面,应围绕工作(作业)人员、设备设施、作业环境等进行监督检查,发现问题及时整改关闭。

十九、"采摘园"式农家院安全应该管什么?

1. "采摘园"式农家院的定义与特点

农家院主要是以经营农家乐为主,以个体经营的形式出现,让城市里的市民们到农村来吃农家饭、住农家屋、体验农家生活,感受安详宁静的生活环境。农家院已经发展为集旅游、度假、劳动放松于一体的现代化绿色经营模式,是带动当地经济发展、建设社会主义新农村的一种重要形式。

"采摘园"式农家院是以农场体验为娱乐形式的休闲经营模式，其经营特点是：

（1）游客多以家庭为单位，老人、小孩经常随往，容易发生意外。

（2）旺季时停车难，容易发生因停车而引发的交通事故。

2. "采摘园"式农家院容易发生的事故类型及典型案例

"采摘园"式农家院容易发生的事故有：火灾、车辆伤害、触电、食物中毒、坍塌、其他伤害等。

这方面的事故有：

【案例】2021年4月10日晚，青岛平度××美食大院一包厢坍塌，造成包厢内1人死亡、4人受伤。其中，一名3岁小男孩被砸中头部死亡。

3. "采摘园"式农家院典型安全隐患

（1）居住方面：①房屋建筑有缺陷，如有裂缝、变形、倾斜等；②房屋建筑坐落在有滑坡、泥石流的危险区域；③房屋建筑未配备灭火器具；④没有防护导致不小心被动物咬伤；⑤冬季取暖设施不完善或取暖操作不规范导致一氧化碳中毒窒息；⑥用电不规范导致触电；⑦不规范吸烟或电线短路导致火灾；⑧乡间开车观察不仔细或速度过快导致交通事故；⑨随意停车或抢停车位导致交通事故。

（2）餐饮方面：①工作人员无健康体检合格证明；②食品操作间没有限制闲杂人员进出的措施；③液化气罐未按规定定期检验；④未配置燃气泄漏报警装置；⑤用完燃气后未及时关闭；⑥液化气瓶导气管老化；⑦生熟案板混用，或冰箱生熟食品混放，交叉感染，造成食物中毒事故；⑧食堂地面湿滑，人员滑倒摔伤；⑨操作间消防设施不足，未配备灭火毯，不能及时消灭初始火情；⑩原材料存在"三无"产品或已经超期变质，引发食物中毒事故；⑪高温设施没有防烫伤的警示标识；⑫炊事机具没有安全连锁装置①，发生机械伤人事故；⑬用湿布擦洗或用湿手触摸电气设备；⑭插座不防水导致触电；⑮未取得餐饮服务经营许可证，违规经营，责任不清。

（3）农场体验方面：①山间采摘不小心迷路；②防护不足，遭毒蛇、毒虫袭击；③山间摔跤被困；④采摘园电线直接绑扎在铁丝上，时间长了外皮破损，

---

① 安全连锁装置指在危险排除之前能阻止接触危险区，或者一旦接触时能自动排除危险状态的一种装置（根据 GB 4943—2011 中 1.2.7.6 条定义）。机械加工设备（尤其是旋转的设备）中的防护罩一般都会包含安全连锁装置，如一些剪板机、起重机（司操）、加工中心等。

容易造成人员触电；⑤花粉过敏；⑥不戴手套被树枝或果子（如板栗）扎手；⑦上树采摘果子不小心摔落受伤或树枝折断摔下受伤；⑧紫外线过强没有防护导致皮肤被晒伤；⑨小朋友在坑洼路面不小心摔倒受伤或被小石头绊倒摔伤；⑩不小心被收割机械伤害。

4. "采摘园"式农家院事故预防措施

（1）加强对经营者的安全教育培训，增强他们的安全意识及安全生产知识、技能和本领，让他们熟悉采摘活动的安全要求和操作要领。

（2）及时督促经营者加强安全投入，更换不安全的设备设施，配齐消防应急设施，完善安全防护设施和安全警示标识。

（3）加强食品原料采购环节的安全监管，保障食品安全。

（4）及时提醒游客加强自身的个体防护，采摘过程中穿戴（涂抹）好充足合格的个体防护用品（如遮阳帽、防晒霜、防护手套等）。

（5）加强对经营者、游客的安全宣传和安全告知，如给他们配发安全宣传单或对他们进行安全交底。

（6）加强对经营者的监督检查，及时督促他们进行安全隐患整改，将事故消灭在萌芽状态。

5. "采摘园"式农家院的安全监管重点

（1）人员监管。应重点检查经营人员是否具备较强的安全意识和良好的安全技能。

（2）设备设施监管。"采摘园"式农家院的生产设备、设施主要有：农用机械设备、炊事机械、电气燃气设施、运输车辆等。监管人员应重点检查这些设备、设施是否存在安全隐患，是否符合安全生产要求。

（3）作业环境监管。监管人员应关注"采摘园"式农家院现场（包括停车区域）环境，查看农家院居所、厨房是否坚固，周边环境是否有安全隐患，安全警示标识、安全防护设施是否齐全。

（4）隐患整改监管。对"采摘园"式农家院生产经营过程中检查出的各种安全隐患，监管人员要督促他们及时整改，直至整改验证完毕。

二十、"垂钓园""摸鱼塘"式农家院安全应该管什么？

1. "垂钓园""摸鱼塘"式农家院的定义

"垂钓园"、"摸鱼塘"式农家院是指以渔场体验为娱乐形式的农家院，以钓鱼、摸鱼为主要娱乐模式。

2. "垂钓园""摸鱼塘"式农家院容易发生的事故类型及典型案例

这类农家院容易发生的事故类型有：淹溺、火灾、车辆伤害、触电、食物中毒、其他伤害等。

这方面的事故有：

【案例】2007年8月5日，陕西省延川县高××和朋友一起到一个鱼塘钓鱼，行走中，鱼竿碰到鱼塘上方几米处的电线，电流通过鱼竿将高××击倒在地，不幸身亡。

3. "垂钓园""摸鱼塘"式农家院典型安全隐患

（1）居住方面：①房屋建筑有缺陷，如有裂缝、变形、倾斜等；②房屋建筑坐落在有滑坡、泥石流的危险区域；③房屋建筑未配备灭火器具；④没有防护或不小心被动物咬伤；⑤冬季取暖设施不完善或取暖操作不规范导致一氧化碳中毒窒息；⑥用电不规范导致触电；⑦不规范吸烟或电线短路导致火灾；⑧乡间开车观察不仔细或速度过快导致交通事故；⑨随意停车或抢停车位导致交通事故。

（2）餐饮方面：①工作人员无健康体检合格证明；②食品操作间没有限制闲杂人员进出的措施；③液化气罐未按规定定期检验；④未配置燃气泄漏报警装置；⑤用完燃气后未及时关闭；⑥液化气瓶导气管老化；⑦生熟案板混用，或冰箱生熟食品混放，交叉感染，造成食物中毒事故；⑧食堂地面湿滑，人员滑倒摔伤；⑨操作间消防设施不足，未配备灭火毯，不能及时消灭初始火情；⑩原材料存在"三无"产品或已经超期变质，引发食物中毒事故；⑪高温设施没有防烫伤的警示标识；⑫炊事机具没有安全连锁装置，发生机械伤人事故；⑬用湿布擦洗或用湿手触摸电气设备；⑭插座不防水导致触电；⑮未取得餐饮服务经营许可证，违规经营，责任不清。

（3）渔场体验方面（垂钓和摸鱼塘皆属于此类）：①未穿救生衣不小心掉入鱼塘溺水；②摸鱼时被鱼身上尖锐硬物扎伤；③鱼池边湿滑不小心摔倒受伤；④鱼塘用电线路和设施不规范导致人员触电；⑤垂钓区附近有高压线，不小心挥杆、甩杆触碰导致人员触电；⑥未佩戴防护用品被蛇、虫、鼠、蚊叮咬；⑦雨后河边湿滑掉下河溺水；⑧不小心被河边活动物（或小石头）绊倒摔伤；⑨紫外线过强没有防护导致皮肤被晒伤；⑩雷雨时躲大树下或山坡上导致雷击事故；⑪冬天天冷手指比较僵硬，在穿蚯蚓时容易划破手指；⑫冬天夜晚太冷容易将泥泞道路冻冰，早上开化时容易滑倒。

4. "垂钓园""摸鱼塘"式农家院事故预防措施

（1）加强对经营者的安全教育培训，增强他们的安全意识、安全生产知识和技能，使他们熟悉垂钓、摸鱼活动中的主要危险源和安全要求。

（2）督促经营者加强安全投入，更换不安全的设备设施，配齐消防应急设施，完善安全防护设施和安全警示标识。

（3）加强食品原料采购环节的安全监管，保障食品安全。

（4）督促游客加强自身个体防护，佩戴好充足合格的个体防护用品（如遮阳帽、防晒霜、防护手套等）。

（5）加强对经营者、游客的安全宣传和安全告知，可以给他们配发安全宣传单或进行安全交底。

（6）加强对经营者的监督检查，及时督促他们进行安全隐患整改，将事故消灭在萌芽状态。

5. "垂钓园""摸鱼塘"式农家院的安全监管重点

（1）人员监管。应重点检查经营人员是否具备较强的安全意识和良好的安全技能。

（2）设备设施监管。此类农家院的主要生产设备、设施有：鱼塘机械设备、用电器具、厨房设备设施、运输车辆等。监管人员应重点检查这些设备、设施是否存在安全隐患，是否符合安全生产要求。

（3）作业环境监管。监管人员应关注此类农家院现场环境及周边景点、鱼塘环境、附近区域架线敷设情况，检查这些环境中是否有安全隐患，农家院居所是否坚固，安全警示标识、安全防护设施、应急设施是否齐全等。

（4）隐患整改监管。对此类农家院生产经营中检查出的各种安全隐患，监管人员要督促他们及时整改，直到最后隐患消除，验证完毕。

二十一、"畜牧场"式农家院安全应该管什么？

1. "畜牧场"式农家院的定义

"畜牧场"式农家院是指以畜牧场体验为娱乐形式的农家院，以骑马、放羊、游览草原为主要娱乐模式。

2. "畜牧场"式农家院容易发生的事故类型

这类农家院容易发生的事故有：蚊虫叮咬、摔伤、感染人畜禽疫病、交通事故、火灾、中毒窒息、刺伤、食物中毒、坍塌等。

3. "畜牧场"式农家院典型安全隐患

（1）居住方面：①房屋建筑有缺陷，如有裂缝、变形、倾斜等；②房屋建筑坐落在有滑坡、泥石流的危险区域；③房屋建筑未配备灭火器具；④没有防护或不小心被动物咬伤；⑤冬季取暖设施不完善或取暖操作不规范导致一氧化碳中毒窒息；⑥用电不规范导致触电；⑦不规范吸烟或电线短路导致火灾；⑧乡间开车观察不仔细或速度过快导致交通事故；⑨随意停车或抢停车位导致交通事故。

（2）餐饮方面：①工作人员无健康体检合格证明；②食品操作间没有限制闲杂人员进出的措施；③液化气罐未按规定定期检验；④未配置燃气泄漏报警装置；⑤用完燃气后未及时关闭；⑥液化气瓶导气管老化；⑦生熟案板混用，或冰箱生熟食品混放，交叉感染，造成食物中毒事故；⑧食堂地面湿滑，人员滑倒摔伤；⑨操作间消防设施不足，未配备灭火毯，不能及时消灭初始火情；⑩原材料存在"三无"产品或已经超期变质，引发食物中毒事故；⑪高温设施没有防烫伤的警示标识；⑫炊事机具没有安全连锁装置，发生机械伤人事故；⑬用湿布擦洗或用湿手触摸电气设备；⑭插座不防水导致触电；⑮未取得餐饮服务经营许可证，违规经营，责任不清。

（3）畜牧场体验方面：①感染人畜禽疫病（如狂犬病、禽流感、布氏杆菌病）；②不小心被牲畜踢伤、咬伤；③骑马时坐不稳摔伤；④场地不熟悉不小心绊倒摔伤；⑤遭毒蛇、毒虫袭击；⑥不戴手套被荆棘枝扎手；⑦草丛着火躲避不及时被烧伤烫伤；⑧紫外线过强没有防护导致皮肤被晒伤；⑨小朋友在坑洼路面不小心摔倒受伤或被小石头绊倒摔伤；⑩不小心跌入牧民挖的粪坑摔伤或中毒窒息。

4. "畜牧场"式农家院事故预防措施

（1）加强人员教育培训，提高经营人员的安全意识和安全技能。

（2）完善设备设施，调教马匹畜类。此类农家院的设备设施有：畜牧用机械设备、厨房设备设施、电气设施、运输车辆等。经营人员应加强这些设备设施的维护保养，确保没有安全隐患，符合安全要求。同时还要对游览马匹等畜类进行调教和筛选，对于性情暴烈、容易伤人的马匹等畜类及时淘汰。

（3）改善居住和游览环境，确保畜牧场周边环境及农家院环境无安全隐患（如牧场是否有隐蔽的粪坑等），农家院居所坚固，安全警示、安全防护设施齐全。

5. "畜牧场"式农家院的安全监管重点

（1）人员监管。应重点检查经营人员是否具备较强的安全意识和良好的安全技能。

（2）设备设施和马匹监管。此类农家院的生产设备、设施有：畜牧用机械设备、厨房设备设施、电气设施、运输车辆等。现场应重点检查这些设备、设施是否符合安全要求，是否存在安全隐患。还要检查游览马匹是否温顺，是否容易伤人等。

（3）游览环境监管。监管人员应关注畜牧场周边环境及农家院环境，查看农家院居所是否坚固，是否有安全隐患，安全警示标识、安全防护设施是否齐全，牧场是否有隐蔽的粪坑等安全隐患，确保满足安全要求。

（4）隐患整改监管。对于此类农家院生产经营中检查出的各种安全隐患，监管人员要督促他们及时整改，对于短期不能整改完毕的，要督促他们制定和落实整改计划，直到最后隐患消除，验证完毕。

二十二、"景观民俗"式农家院安全应该管什么？

1. "景观民俗"式农家院的定义与特点

"景观民俗"式农家院是指以观看农村景观、欣赏民间习俗为主题的农家院。

此类农家院的经营特点如下：

（1）形式多样，娱乐休闲模式不同，危险点和安全隐患较多。

（2）旺季时车辆多，交通状况复杂，容易发生交通事故。

2. "景观民俗"式农家院容易发生的事故类型及典型案例

这类农家院容易发生的事故类型有：踩踏①、食物中毒、车辆伤害、火灾、触电、淹溺、中毒窒息、摔伤、刺伤、坍塌等。

这方面发生的事故有：

【案例】2021 年 12 月 13 日，摄影圈内小有名气的自由摄影师×××，在前不久与好友外出采风后，夜宿北京市怀柔区××镇农家院，导致一氧化碳中毒，包括该摄影师在内的两人遇难，另有一人受伤。

3. "景观民俗"式农家院典型安全隐患

（1）居住方面：①房屋建筑有缺陷，如有裂缝、变形、倾斜等；②房屋建筑坐落在有滑坡、泥石流的危险区域；③房屋建筑未配备灭火器具；④没有防护或不小心被动物咬伤；⑤冬季取暖设施不完善或取暖操作不规范导致一氧化碳中毒窒息；⑥用电不规范导致触电；⑦不规范吸烟或电线短路导致火灾；⑧乡间开车观察不仔细或速度过快导致交通事故；⑨随意停车或抢停车位导致交通事故。

---

① 踩踏，是指在聚众集会中，特别是在整个队伍产生拥挤移动时，有人意外跌倒后，后面不明真相的人群依然在前行，对跌倒的人产生踩踏，从而产生惊慌、加剧的拥挤和人员新的跌倒，如此恶性循环，最终导致群体伤害的意外事件。

（2）餐饮方面：①工作人员无健康体检合格证明；②食品操作间没有限制闲杂人员进出的措施；③液化气罐未按规定定期检验；④未配置燃气泄漏报警装置；⑤用完燃气后未及时关闭；⑥液化气瓶导气管老化；⑦生熟案板混用，或冰箱生熟食品混放，交叉感染，造成食物中毒事故；⑧食堂地面湿滑，人员滑倒摔伤；⑨操作间消防设施不足，未配备灭火毯，不能及时消灭初始火情；⑩原材料存在"三无"产品或已经超期变质，引发食物中毒事故；⑪高温设施没有防烫伤的警示标识；⑫炊事机具没有安全连锁装置，发生机械伤人事故；⑬用湿布擦洗或用湿手触摸电气设备；⑭插座不防水导致触电；⑮未取得餐饮服务经营许可证，违规经营，责任不清。

（3）景观浏览方面：①路况不熟迷路；②小孩在水边玩耍没有大人看护，掉入河中溺水或被急水冲走；③不遵守游览规则，如在旅游景区内抽烟、点火导致火灾；④擅自进入景区未开放区域，迷路或遇险；⑤一些旅游景区设施老化，得不到及时更换；⑥非开放区域的入口，没有在明显位置设立告知禁止牌；⑦人员拥挤时疏导不力引起踩踏风险；⑧水边、沟边、山边危险地带没有护栏或护栏不牢固，导致人员坠落摔伤或落水淹溺。

（4）民俗观赏方面：①人员拥挤时疏导不力引起踩踏风险；②燃放礼花、烟火躲闪不及被烧伤或引起火灾；③在不合适的地点燃放孔明灯引起火灾；④氢气球表演失控导致人员坠落或炸伤。

4. "景观民俗"式农家院事故预防措施

（1）加强对经营者的安全教育培训，增强他们的安全意识、安全知识和技能，让他们熟悉餐饮、住宿、游玩等经营活动中的安全风险和控制措施，增强他们的事故防范技能和本领。

（2）经营者应加强安全投入，更换不安全的设备、设施，配齐消防应急设施，完善安全防护设施和安全警示标识。

（3）加强食品原料采购环节的安全监管，保障食品安全。

（4）督促游客加强自身个体防护，娱乐过程中佩戴（涂抹）好充足合格的个体防护用品（如遮阳帽、防晒霜、防护手套等）。

（5）督促经营者加强对游客的安全宣传和安全告知，如给游客配发宣传单或进行安全交底。

（6）加强对经营者的监督检查，及时督促他们进行安全隐患整改，将事故消灭在萌芽状态。

5. "景观民俗"式农家院的安全监管重点

（1）人员监管。应重点检查经营人员是否具备较强的安全意识和良好的安全技能。

（2）设备设施监管。此类农家院的主要设备设施有：厨房设备设施、电器设施、娱乐休闲设施、运输车辆等。监管人员在现场应重点检查这些设备设施是否存在安全隐患，是否符合安全要求。

（3）作业环境监管。监管人员应关注农家院现场环境及周边景点、娱乐场所环境，检查是否有安全隐患，安全警示标识、安全防护设施是否齐全，检查农家院居所是否坚固，确保满足安全要求。

（4）管隐患整改。对此类农家院生产经营中检查出的各种安全隐患，监管人员要督促他们及时整改，直到最后隐患消除，验证完毕。

二十三、农村地区游乐设施及场所安全应该管什么？

1. 农村地区游乐设施的定义与分类

游乐设施是指用于经营目的，在封闭的区域内运行，承载游客游乐的设施。从规模上可分为大型游乐设施和小型游乐设施。大型游乐设施，是指用于经营目的，承载乘客游乐的设施，其范围规定为设计最大运行线速度大于或等于2米/秒，或者运行高度距离地面高于或等于2米的载人大型游乐设施。

农村地区游乐设施大致可以分为以下几类：赛马、出租车、飞行塔、赛车、自动控制飞机、电动迷你列车、水上游乐设备、蹦极、滑道等。

（1）赛马游乐设备。设备特点：座舱安装在回转盘或者支撑臂上，绕垂直轴或倾斜轴回转，或绕垂直轴转动的同时有小幅摆动。座舱绕垂直轴或倾斜轴回转的游乐设备有转马、迪斯科转盘、小飞象等。

（2）出租车式游乐设备。设备特点：车辆本身没有动力，靠提升装置提升到一定高度，然后沿起伏的轨道运行。如过山车、滑行龙、F1飞车等。

（3）飞行塔游乐设备。设备特点：悬挂式吊舱且边升降边做回转运动，吊舱采用吊挂方式。如飞行塔、空中转椅、滑翔飞翼等。

（4）赛车游乐设备。设备特点：沿地面指定的线路运行。如碰碰车、高速赛车、洛克酒吧车、托马斯等。

（5）自动控制飞机游乐设备。设备特点：一种游客可自己控制升降的现代游乐设施，由机械、气动与油压和电气系统组成，可绕垂直轴中心旋转、升降。

（6）电动迷你列车游乐设备。设备特点：乘人部分水平转动或摆动。如电池旅游小火车等。

2. 农村地区游乐设施及场所容易发生的事故类型及典型案例

容易发生的事故有：磕碰伤、高处坠落、淹溺、触电、机械伤害、物体打击等。

这方面发生的事故有：

【案例】2021 年 2 月 13 日下午 3 时 40 分许，湖南省邵阳县××镇××村某"飞椅"游乐项目在下降过程中发生故障，致 16 人受伤。其中，3 人伤势较重。

3. 农村地区游乐设施及场所典型安全隐患

（1）突然停机。

（2）机械断裂。

（3）乘人安全束缚装置失灵。

（4）站台无防滑措施。

（5）防护栏杆失效。

（6）无紧急停车装置或失灵。

（7）超人超载运行。

（8）乘客可触及之处，有外露的锐边、尖角、毛刺和危险突出物等。

（9）封闭座舱的门缺少合格的缩紧装置。

（10）非封闭座舱进出口处的拦挡物，无带保险的锁紧装置。

（11）乘客有可能在乘坐物内被移动、碰撞或者会被甩出、滑出时，无乘人束缚装置。

（12）沿架空轨道运行的车辆，无防倾翻装置。

（13）沿钢丝绳运动的游乐设施，无防止乘人部分脱落的保险装置或保险装置无足够的强度。

（14）游乐设施在运行中，动力电源突然断电或设备发生故障，危及乘客安全时，未设有自动或手动的紧急停车装置。

（15）沿斜坡向上牵引的提升系统，未设有防止乘人装置逆行的装置（特殊运行方式除外）。

（16）束缚装置的锁紧装置，在游乐设施出现功能性故障或急停刹车的情况下，不能保持其闭锁状态（采取疏导乘客的紧急措施除外）。

（17）游乐设施运行时有可能导致乘客被甩出去的危险，未设置相应型式的安全压杠。

（18）安全压杠本身无足够的强度和锁紧力，不能保证游客不被甩出或掉下，或在设备停止运行前不能始终处于锁定状态。

（19）乘客可以随意打开释放机构，或操作人员不方便和迅速地接近该位置，操作释放机构。

（20）乘坐物有翻滚动作的游乐设施，其乘人的肩式压杠未配有两套可靠的锁紧装置。

（21）游乐设施在运行时若动力源断电，或制动系统控制中断，制动系统不能保持闭锁状态（特殊情况除外）中断游乐设施运行。

（22）游乐设施周围及高出地面500毫米以上的站台上，未设置安全栅栏或其他有效的隔离设施。

（23）室外安全栅栏高度低于1100毫米，或室内儿童娱乐项目的安全栅栏高度低于650毫米；栅栏的间隙以及横向栅栏距离地面的间隙大于120毫米。

（24）游乐设施的操作室未单独设置，视野不良，活动空间狭小和照明不良。对于操作人员无法观察到运转情况的盲区，有可能发生危险时，未设监视系统等安全措施。

（25）边运行边上下乘人的游乐设施，乘人部分的进出口高出站台300毫米。其他游乐设施乘人部分进出口距站台的高度超标，不便于人员上下。

（26）乘人部分的进出口，未设有门或拦挡装置，门开启方向的安全性不好。

（27）乘员身体的某个部位，可伸到座舱以外时，未设有防止乘员在运行中与周围障碍物相碰撞的安全装置。

（28）游乐池周围及池内水深变化地点，无醒目的水深标志。

（29）游乐池同一时间容纳量超过2平方米/人。池壁不圆滑有棱角，池底不防滑。

（30）预埋件露出池底且无防护措施。

（31）在水滑梯的入口处，未设下滑方式标志牌。滑道起点处未设置规范下滑姿势的横杆。

（32）水上各种游乐设施未配备足够的救生人员和救生设备，也未设高位监视哨。

（33）水面上的各种游艇、碰碰船等未限制在不同的水域内运行。

（34）游乐设施未按要求定期安检。

（35）儿童游乐设施使用的很多塑料、喷漆等化学材料不符合安全卫生要求。

（36）儿童从滑梯口处往上爬，滑下去后未迅速离开滑梯口。

（37）儿童玩蹦蹦床无大人监护，孩子因摔倒而被别的小朋友踩伤或摔落在蹦床区域外。

（38）儿童坐过山车，孩子中途站起来或解开安全带。

（39）儿童玩碰碰车，不小心因碰撞而磕着头。

4. 农村地区游乐设施及场所事故预防措施

（1）厘清责任主体，分清管理责任，建立健全安全责任制。

（2）加强游乐设施日常的维护保养，并定期进行检验检测。

（3）加强对经营者的安全教育培训，增强他们的安全意识、责任感，以及设备设施操作、维护保养技能。

（4）督促经营者加强对游客的安全宣传和安全告知，如给游客配发宣传单或进行安全交底。

（5）加强现场管理，关键环节增加安全管理人员。确保游乐设施在运行中发生故障后，应有疏导乘客的措施。

（6）加强对游乐场所的监督检查，及时发现问题，消除安全隐患，将事故消灭在萌芽状态。

5. 农村地区游乐设施及场所的安全监管重点

（1）人员监管。应重点检查经营人员是否具备较强的安全意识和良好的安全技能，检查他们是否按安全要求严格履职履责。

（2）游乐设施监管。检查游乐设施是否定期安检，是否定期保养，是否存在安全隐患等。

（3）作业环境监管。监管人员应关注游乐场所环境，检查灯光、温度是否符合要求，查看安全警示标识、安全防护设施是否齐全，确保满足安全要求。

（4）隐患整改监管。对游乐设施运营中检查出的各种安全隐患，监管人员要督促他们及时整改，直到最后隐患消除，验证完毕。

二十四、农村水上运动安全应该管什么？

1. 农村水上运动分类

农村水上运动主要包括游泳、汽艇、漂流、划船、划竹筏、螺旋滑梯等。

2. 农村水上运动容易发生的事故类型及典型案例

容易发生的事故有：溺水、扎伤、划伤、触电、传染病、动物咬伤、晒伤皮肤、船体倾覆等。

这方面发生的事故有：

【案例】2013 年 6 月 10 日，湖南省湘阴县一条龙舟在进行水上表演时，意外翻船，船上 36 人全部落水，其中 1 名 22 岁男子遇难。

3. 农村水上运动的安全隐患

（1）游泳：①水质不满足卫生要求（酸碱度超标，清晰度差，有漂浮物等）；②周围的环境有隐患（树木、草丛中是否有昆虫、蛇之类的动物）；③如游泳池的深度不够，池边有尖锐物或突出物，池边打滑等；④野外水域水的流速过大、水深，水底有石头、流沙、淤泥或有攻击性或有毒的动物，水里有树枝等；⑤监管疏忽导致小孩在水边溺水；⑥不戴泳镜水中细菌容易入眼得红眼病；⑦泳池的电路系统漏电导致人员触电；⑧游泳过久会引起肌肉疲劳抽筋。

（2）汽艇驾驶：①汽艇技术状况和安全性能差，一些快艇船体及设备不能满足检验规范要求；②没有配备必要的航行救生设备；③日常营运中缺少必要的维修保养；④超负荷运营；⑤船员综合素质较低，没有定期培训，有的甚至无资质，安全意识差，无水上运营经历，不了解基本的水上交通、消防、救生知识；⑥船员不执行定线制规定，通航秩序差；⑦为抢客拉客或取悦游客，超速行驶，随便停靠，任意穿行，甚至相互飙船，强行追越，不仅影响自身安全，也给其他正常航行的船舶安全造成了威胁；⑧个体快艇旅游经营者大多没有安全运营管理制度，对国家相关法规要求知之甚少，也不为游客购买相关保险；⑨监管工作针对性不强，由于水上快艇旅游经营场所分散，规模比较小，尚无水上快艇旅游管理的具体政策法规，又存在多头管理的问题，相关部门的管理针对性不强，给安全监管带来一定难度；⑩在恶劣天气、夜间以及其他危及航行安全的情况下航行；⑪酒后驾驶、疲劳驾驶；⑫行驶中不穿戴救生衣。

（3）漂流运动：①漂流人员未穿着长衣长裤导致皮肤晒伤；②未佩戴防晒用品（阔檐帽、户外用头巾、防晒霜、太阳镜等）；③未带充气椅垫，船底刮到石头，石头刺破船体，导致人员受伤；④未穿沙滩鞋划伤脚部；⑤未穿救生衣；⑥漂流船漏气；⑦漂流时做危险动作，如互相打闹、抓水中的漂浮物和岸边的草木石头；⑧漂流船通过险滩时不听从船工的指挥，随便乱动；⑨与其他船只距离过近；⑩在旋涡（如滚水坝区域）、波浪、单侧的波涛及障碍（如石头和倒下的枯树）等流速过大、鲨鱼出没等危险区域漂流导致船体倾覆；⑪冷水中浸泡时间过长导致失温；⑫不小心与岩石碰撞。

（4）划船：①不穿救生衣；②在船上蹦跳打闹；③人数超载；④人员分布不均匀；⑤未带防晒用品；⑥大风、雷雨等极端天气冒险划船；⑦与其他船只距离过近导致相撞；⑧在旋涡（如滚水坝区域）、波浪、单侧的波涛及障碍（如石头和倒下的枯树）等流速过大、鲨鱼出没等危险区域划行导致船体倾覆；⑨不小心与岩石碰撞。

（5）划竹筏：①不穿救生衣；②人数超载；③人员分布不均匀，竹筏倾覆；④未带防晒用品；⑤没有站稳，在竹筏上拍照；⑥大风、雷雨等极端天气冒险划竹筏；⑦在旋涡、流速过大（如滚水坝区域）、鲨鱼出没等危险区域划行；⑧不小心与岩石、树枝等突出物碰撞。

（6）螺旋滑梯：①违反水上乐园滑梯身高和体重的限制进行游玩；②滑行姿势不正确，例如头部先朝下的滑行动作；③在游玩滑行时有打闹行为；④落水池水位不达标（过深或过浅）；⑤滑梯内玻璃钢表面胶衣层有严重的划伤、开裂、毛刺、锐边、倒突台等可能对游客产生伤害的异物；⑥水泵异常或有故障；⑦落水池中有异物；⑧滑梯内部螺栓紧固连接部位有松动。

4. 水上运动事故预防措施

（1）厘清责任主体，分清监管、管理各方的安全责任，建立健全安全责任制。

（2）加强水上游乐设施日常的维护保养和检查。

（3）加强对经营管理人员的安全教育培训，增强他们的安全意识、责任感以及设备设施操作、维护保养技能。

（4）加强对游客的安全宣传和安全告知，可以给他们配发宣传单或进行安全交底，确保游客遵守安全规定，水上运动按正常线路行走，不去危险敏感区，佩戴救生衣等防护用品。

（5）加强现场管理，关键环节增加安全管理人员，危险区域增加安全警示标识和作出告知。确保水上运动发生险情后，及时对遇险人员进行救援。

（6）加强监督检查，及时督促经营单位进行安全隐患整改，将事故消灭在萌芽状态。

5. 水上运动安全监管的重点

（1）人员监管。重点检查经营人员是否具备较强的安全意识和良好的安全技能，看他们是否按要求严格履职履责，是否对游客进行了安全提示和告知，看游客是否存在违规行为。

（2）水上运动设施监管。运动设施是否定期维护保养，是否定期检查，是否符合安全要求，是否有安全隐患等。

（3）运动场所环境状况监管。监管人员应关注水上运动场所的环境状况，看危险区域（如滚水坝区域、鲨鱼出没区域）是否有安全告知，查看安全警示标识、安全防护设施是否齐全，是否满足安全要求。

（4）隐患整改监管。对水上运动运营中检查出的各种安全隐患，监管人员要督促他们及时整改，直到最后隐患消除，验证完毕。

二十五、观潮安全应该管什么？

1. 潮汐的定义及原因

潮汐是海水时涨时落的运动。潮汐是由天体引力形成的，地球上的潮汐主要来自月球和太阳。月球、太阳和地球三点一线时引力最大，就会形成大潮。

2. 观潮容易发生的事故类型及典型案例

主要是淹溺事故或被海水卷走失踪，还有次生事故如交通事故、物体打击事故等。

这方面的事故有：

【案例】2015年8月31日，一名男子在杭州观潮时被冲上马路，不巧遭遇车辆碾压后不幸身亡。

3. 观潮的安全隐患

（1）海边危险区域缺少护栏或隔离设施。

（2）海边危险区域缺少安全提示语。

（3）游客不佩戴救生圈。

（4）游客疏忽大意，低估潮水的危险擅自进入危险区域。

（5）游客在海滩埋沙坑，如遇涨潮容易深陷其中。

（6）游客离潮水距离过近，被潮水带入深水中。

（7）游客遇到离岸流，顶流向岸边方向游动而不是沿岸边游动。

（8）发现潮汐突然反常涨落，不迅速撤离岸边。

（9）退潮后在海边滩涂淤泥区捡拾海物，涨潮时容易被困住。

（10）特殊危险区域没有巡海人员值守。

4. 观潮事故预防措施

（1）在海边危险区域设置安全警示、安全提示等标识，并设置防护栏、防护网等隔离设施，防止人员进入危险区域。

（2）按要求配置巡海人员并加强海边巡视，确保海边发生险情后，能及时对遇险人员进行救援。

（3）加强对巡海人员的安全教育培训，增强其安全意识、责任感，提高其海上救援能力。

（4）加强对游客的安全宣传和安全告知，确保游客遵守安全规定，佩戴好救生圈。游客观潮要选择安全区域和地段，注意警示标志，服从管理人员的管理；不要越过防护栏到河滩、丁字坝等上面去游玩、纳凉，更不要在江中游泳、洗澡。

（5）游客应掌握自救方法。在面临危险的情况下，不要惊慌失措，要迅速、有序地向安全地带撤退，并立即向周边的工作人员或其他人呼救。万一落水或被潮水击打，要尽量抓住身边的固定物，防止被潮水卷走。

（6）加强对观潮现场的监督检查，及时发现问题，消除安全隐患，将事故消灭在萌芽状态。

5. 观潮安全监管的重点

（1）检查安全责任是否明确清晰，是否给相关人员分配了细化的安全职责，是否安排了安全巡视人员等。

（2）检查人员状态，重点检查安全巡视人员是否具备较强的安全意识和良好的安全技能，检查其是否按要求严格履职履责、是否对游客进行了安全提示和告知。

（3）检查游客是否存在危险违规行为，是否在符合安全要求的位置观潮，是否按要求佩戴救生圈。

（4）检查海边的防护栏等安全防护设施是否齐全，是否符合安全要求，是否存在安全隐患等。

（5）检查海边安全警示设置情况。监管人员应关注海边安全氛围，查看安全警示、安全宣传是否全面、到位。

二十六、集体转移安置扶贫车间安全应该管什么？

1. 扶贫车间的定义与特点

集体转移安置扶贫车间（简称扶贫车间）是以扶贫为目的，设在乡、村的加工车间。它不以营利为目的，以带动脱贫为宗旨，解决的是农户尤其是贫困户就地就近就业问题。

扶贫车间只是加工或生产车间，不是经营主体，只负责某个产品的简单生产加工环节（工序），而不是整个生产加工过程，以劳动密集型的轻工纺织和农产品加工为主。作业人员文化程度较低，安全意识较差。

2. 扶贫车间容易发生的事故

扶贫车间容易发生的事故有：火灾、触电、机械伤害、物体打击、摔伤等。

3. 扶贫车间典型安全隐患

（1）无安全生产制度和安全操作规程。

（2）无消防手续。

（3）车间防火间距不足。

（4）车间安全出口锁闭或被堆放的物料阻挡。

（5）缺少消防器材或消防器损坏，如无消防水带、灭火器过期或无压力、消防栓未通水。

（6）电线老化、私拉乱扯。

（7）堆放易燃易爆物品物料，阻挡安全通道。

（8）车间内无警示标志。

（9）职工未进行健康体检。

（10）发放的劳动防护用品不合格。

（11）作业场所未进行职业健康危害检测。

（12）员工安全培训教育不到位。

（13）特种作业人员未持证上岗。

（14）动火作业不规范。

（15）安全出口、疏散逃生路线等安全标识不清晰。

（16）应急灯故障。

（17）安全警示标志张贴不规范、不充分。

（18）使用液化气不规范，如附近堆放易燃物品、未配备泄漏报警装置等。

（19）登高梯子摆放不稳或有质量缺陷。

4. 扶贫车间安全事故预防措施

（1）扶贫车间应建立健全全员安全生产责任制，完善安全生产制度和安全操作规程。

（2）扶贫车间应加强对设备设施如消防设施、加工机械、运输设备的安全管理，严格落实安全法律法规和规范要求，确保车间通过消防验收。加强设备采购、验收、维护、保养，确保设备完好，无安全隐患。

（3）扶贫车间应加强对作业人员的安全教育培训，增强其安全意识和责任感，提升其设备设施操作、维护保养技能。特种作业人员应按要求进行培训，确保持证上岗。

（4）加强危险作业如动火作业、临时用电、燃气使用的安全管理，杜绝安全隐患。

（5）加强车间现场管理，保证在物料堆放、设备操作等环节严格按照安全规程的要求实施。

（6）监管人员应加强对扶贫车间的监督检查，及时督促其进行安全隐患整改，将事故消灭在萌芽状态。

5. 扶贫车间安全监管的重点

（1）制度监管。检查扶贫车间是否建立健全了全员安全责任制，是否完善了安全生产制度和安全操作规程。

（2）人员监管。应重点检查扶贫车间管理人员是否具备较强的安全责任意识和良好的安全技能，检查他们是否按要求严格履职履责。还要检查现场作业人员的安全意识和作业行为，检查他们是否重视安全，是否遵章守纪。检查他们的危险作业如动火作业、临时用电、燃气使用是否规范，是否符合安全规定。

（3）设备设施监管。监管人员在车间现场应重点检查设备设施是否存在安全隐患，是否符合安全要求。

（4）作业环境监管。监管人员应检查车间环境状况，检查车间照度、温度、安全通道、安全出口、安全警示、安全防护设施是否合格、齐全、有效，检查物料堆放是否规范，还要检查车间的通风状况、空气质量（粉尘或有害气体情况），发现问题及时督促扶贫车间整改，确保车间符合作业场所职业危害限值的要求。

（5）隐患整改监管。对在扶贫车间生产中检查出的各种安全隐患，监管人员要督促他们及时整改，直到最后隐患消除，验证完毕。

二十七、村社仓储物流场所应该管什么？

1. 村社仓储物流场所的定义与特点

村社仓储物流场所是指建制村镇的邮政快递暂存及分发场所。村社仓储物流场所通常具有以下特点：

（1）存放物品杂、种类多。

（2）空间狭小。

（3）存放点周边环境复杂，有的紧邻居民区。

（4）管理人员文化程度较低，安全意识差。

（5）附近道路交通状况复杂，容易发生交通事故。

2. 厂区外的仓储物流场所容易发生的事故类型及典型案例

主要事故有：火灾、爆炸、触电、划伤、机械伤害、车辆伤害、物体打击、化学品灼伤、病毒传染等。

这方面的事故有：

【案例】2019年5月14日，浙江丽水青田县温溪镇××仓库发生大火。据悉，过火面积约6000平方米，无人员伤亡。据初步统计，8万双皮鞋被烧毁，造成经济损失约1000万元。

3. 村社仓储物流场所典型安全隐患

（1）功能布局方面：①存储火灾危险性不同或化学危险性相抵触的物品；②仓库内停放电动车（含电动自行车、电动叉车、电动铲车等，使用期间除外）；③仓库外电动车集中停放和充电的区域紧挨疏散楼梯与安全出口，或占用消防车道；④库区内设人工宿舍。

（2）安全疏散方面：①占地面积大于300平方米或地下仓库建筑面积大于100平方米的库房只有1个安全出口；②疏散通道、安全出口、公共通道等公共部位堆放杂物、可燃物；③安全出口上锁；④疏散通道未按照规范要求设置疏散指示标志和应急照明灯；⑤疏散门未使用向疏散方向开启的推闩式门锁。

（3）电气线路敷设方面：①电气线路未套用阻燃或金属管保护；②电线私拉乱接，使用不合格或破损的开关、电线、灯头、插座等电气产品；③灯具与可燃物垂直距离小于0.5米；④开关及有关用电设施下方堆放可燃物；⑤在仓库内的仓储区域设置各类充电装置。

（4）消防管理方面：①仓库内的ABC干粉灭火器每个设置点不足两具；②室内消火栓未配备水带水枪，缺少明显标识，被遮挡、占用；③下列仓库未安装自动喷淋系统和自动报警系统：占地面积大于1000平方米的棉、毛、丝、麻、化纤、毛皮及其制品的仓库，占地面积大于1500平方米或总建筑面积大于3000平方米的其他单层或多层丙类物品仓库，总建筑面积大于500平方米的可燃物品地下仓库，可燃、难燃物品的高架仓库和高层仓库；④未委托有资质的单位对安装自动喷淋系统和自动报警系统的仓库进行年度全面检测，并出具检测报告；⑤受委托的专业维保单位每月未进行一次维护保养；⑥产权人、使用人未签订消防安全责任书，明确各自消防职责；⑦在仓库区域内使用生活明火（抽烟、烧饭）；⑧未制定仓库安全管理制度，明确仓库安全管理人及职责；⑨未建立出入库登记台账；⑩仓库内员工未经过上岗前安全培训；⑪未定期组织培训和演练；⑫未在仓库门口醒目位置设置疏散平面图和消防设施布置图；⑬涉及危化品存储的，未在醒目位置标出危化品的最大存放数量、理化性质及救援方法。

（5）叉车驾驶员安全方面：①叉车驾驶员无证操作；②酒后驾驶，行驶中有闲谈、使用手机或对讲机等有碍安全驾驶的行为；③车辆起步时未查看周围有无人员和障碍物，未鸣笛；④进出作业现场或行驶途中，突然急转弯和急刹车；⑤在斜坡上调头或停车；⑥超载、偏载行驶；⑦停车后将货物悬于空中；⑧叉车在起重升降或行驶时，人员违规站在货叉上把持物件或起平衡作用；⑨叉车叉货物升降时，货叉旋转半径 1 米内有人站立；⑩将叉车停靠在紧急通道、出入口、消防设施等地方；⑪在叉车启动的情况下进行维修、装拆零部件；⑫将货物升高后（高度大于 0.5 米）做长距离行驶；⑬直接铲运危险品、用单只货叉作业、利用惯性装卸货物；⑭用货叉载人；⑮用叉车拖拽其他车辆。

4. 村社仓储物流场所事故预防措施

（1）建立健全仓储物流场所的安全责任制，制定仓储物流的安全管理制度和安全操作规程。

（2）加强设备设施和现场环境如消防应急设施、安全通道等的安全管理，合理规划，规范配置。加强运输设备和机具的采购、验收、维护、保养，确保车辆和机具完好，无安全隐患。

（3）加强对作业人员的安全教育培训，增强他们的安全意识和责任感以及设备设施安全操作、维护保养技能。叉车等特种作业人员按要求进行培训，确保持证上岗。

（4）加强库房现场管理，保证在物料堆放、车辆（含叉车）行驶、危化品存放搬运、照明用电等环节严格按照安全规程的要求实施。叉车充电、存放严格遵守安全规程。

（5）加强对经营者的监督检查，及时发现问题，消除安全隐患，将事故消灭在萌芽状态。

5. 村社仓储物流场所安全监管的重点

（1）人员监管。应重点检查库房作业人员是否具备较强的安全意识和良好的安全技能，检查他们是否按规程要求严格履职履责。检查特种作业人员是否持证上岗。

（2）设备设施监管。装卸车辆、叉车是否年检和定期维护，传送设备是否定期保养维护，是否有安全隐患。

（3）作业环境监管。监管人员应检查库房环境状况，检查车间照度、温度、安全通道、安全出口、安全警示、安全防护设施是否合格、齐全、有效，物料堆放是否规范，是否满足安全要求，还要检查库房的通风状况、空气质量是否符合作业场所职业危害限值的要求。

（4）隐患整改监管。对于在作业现场检查出的各种安全隐患，监管人员要督促经营者及时整改，直到最后隐患消除，验证完毕。

二十八、房屋屋顶光伏储能生产应该管什么？

1. 房屋屋顶光伏储能生产的定义

房屋屋顶光伏储能生产指在用户建筑物屋顶设置的屋顶光伏发电系统，也叫家庭电站，是一种小型太阳能光伏发电系统的简称，属于分布式光伏发电系统。其运行方式以用户侧自发自用、多余电量上网，且在配电系统平衡调节为特征。

2. 房屋屋顶光伏储能生产容易发生的事故类型及典型案例

主要事故有：火灾、触电、高处坠落、物体打击、其他伤害等。

这方面的事故有：

【案例1】2015年6月26日，广东中山××项目一名施工人员在连接组件阵列时，组串的端子暂时没接汇流箱就放屋顶上了，因是雨天施工，导致端子进水，施工人员因操作不当触电身亡。

【案例2】2017年11月15日，东部地区某分布式光伏项目在施工中发生登高云梯断裂事故，导致两死一伤。

【案例3】2017年12月26日8时30分许，福建省明溪县夏坊乡××村3名安装人员在农户屋顶进行光伏发电项目安装作业时，其中1人在跨过光伏板架子时不慎失足沿北斜屋面滑下，坠落至地面，造成死亡。

3. 房屋屋顶光伏储能生产典型安全隐患

房屋屋顶光伏储能生产的安全隐患大多存在于光伏电站建设、使用和维护保养过程中，具体如下：

（1）发电设施重量超过屋顶载荷压坏屋顶或导致屋顶坍塌。

（2）作业人员在屋顶站立不稳。

（3）做工不好导致屋顶漏水。

（4）在阳光下操作组件时，未戴绝缘手套，未穿橡胶绝缘鞋，未使用绝缘工具，戴金属饰品。

（5）在建筑场地附近安装光伏系统时，未用保护盒隔离安装位置上空的架空电线。

（6）屋顶高处作业未系好安全带，未戴好安全帽。

（7）在下雨、下雪或者大风的天气条件下进行安装作业。

（8）在没有佩戴个人防护装置或者橡胶手套的情况下，触碰潮湿组件的接线盒端子，触摸或操作玻璃破碎、边框脱落和背板受损的光伏组件。

（9）组件边框以及其他非用于导电的金属固定装置未连接接地装置。

（10）在有负载的情况下断开电气连接。

（11）将其他金属物体插入接插头内，或者以其他任何方式来进行电气连接。

（12）在电缆沟道内未采用防火分隔和阻燃电缆。

（13）未对管道、电缆穿屋顶电站的隔墙、楼板的孔洞、缝隙采用难燃材料或不燃材料进行严密封堵。

（14）安装时连接线不小心擦伤或者挤压组件上的背板。

（15）使用尖锐的工具去擦洗组件的玻璃或者背膜，导致在组件上留下划痕。

（16）项目安装、运行过程中出现组件隐裂。

（17）组件接线不实。

（18）逆变器没有防孤岛保护，以及过电压、过电流、过温、漏电保护等。

（19）未按要求设置并安装避雷装置。

（20）未在每年雷雨季节前对避雷装置测试并保证完好。

（21）维护前未断开所有应断开的开关，以确保电容、电感放电完全。

（22）在将光伏阵列接入系统前未断开组件和汇流箱（盒）开关。

（23）发现线路接触不良和老化时未及时更换线路。

（24）断开交流或直流电压顺序错误：首先断开直流电压，然后断开交流电压。

4. 房屋屋顶光伏储能生产安全事故预防措施

（1）加强光伏电站队伍建设，确保电站安装和维护质量，确保无违章行为。

（2）加强对电站的维护保养，消除安全隐患。

（3）加强对光伏储能用户的安全教育培训，增强他们的安全意识和安全操作技能，确保其行为符合安全规程要求。

（4）加强硬件设施建设，按要求安装防雷装置，并确保正常使用。逆变器安装防孤岛保护，以及过电压、过电流、过温、漏电保护等。

（5）监管人员应加强对电站安装、建设和使用维护过程的监督检查，及时发现问题，消除安全隐患。

5. 房屋屋顶光伏储能生产安全监管的重点

（1）人员监管。应重点检查光伏电站的安装维保人员是否具备较强的安全意识和良好的安全技能，检查其安装和维保过程是否具有良好的安全行为，是否严格遵守安全规程。其中电气作业人员应具有专业资质。还要关注光伏储能用户的安全意识，关注他们在用电过程是否有违规行为。

（2）设备设施监管。检查是否安装了防雷装置以及是否正常，光伏组件是否有缺欠，逆变器过电压、过电流、过温及漏电保护等是否正常有效，需要接地的装置是否已按要求接地。

（3）作业环境监管。监管人员应关注储能电站周边环境，查看安全警示、安全围栏、安全网等防护设施是否齐全。

（4）隐患整改监管。对于现场检查出的各种安全隐患，监管人员要督促责任人员及时整改，直到最后隐患消除，验证完毕。

二十九、人员密集场所安全应该管什么？

1. 人员密集场所的定义

人员密集场所是指公众聚集场所，如医院的门诊楼、病房楼，学校的教学楼、图书馆、食堂和集体宿舍，养老院，福利院，托儿所，幼儿园，公共图书馆的阅览室，公共展览馆、博物馆的展示厅，劳动密集型企业的生产加工车间和员工集体宿舍，旅游、宗教活动场所等。

对我国农村地区而言，人员密集场所一般有农村的集市、庙会、茶馆、集贸市场、农村地区的养老院以及学校等。

人员密集场所一旦发生意外，一般会造成较大的人员伤亡和严重的财产损失。除此之外，由于突发事件发生地点的敏感性，还会使事故后果扩大化，会造成大范围的人心恐慌、严重的政治影响甚至社会局面的不稳定，所产生的影响远远超过事故本身。据不完全统计，全世界每年有数千人在人群聚集活动发生的突发事件中丧生。

2. 人员密集场所容易发生的事故类型

通常情况下，人员密集场所容易发生的事故一般有以下几类。

（1）设备设施事故：指由于设备设施故障引起的事故，如农村有些集市或者庙会的游乐设备设施突然发生故障导致人员伤亡。

（2）治安事故：指由于治安事件引起的事故，如2014年云南"3·1"昆明火车站暴力恐怖案，此案共造成31人死亡、141人受伤。

（3）坍塌、塌陷事故：指由于地质、天气或者人为原因而导致地面塌陷、房屋坍塌的事故，如山西临汾聚仙饭店"8·29"重大坍塌事故，该事故共造成29人死亡、28人受伤。

此外还有踩踏、中毒、摔伤、触电、砸伤等事故或事件。

3. 农村人员密集场所的特点及潜在安全隐患

人员密集场所是公众经常活动的地点，具有人口相对集中、人群复杂、流动性大、相互接触频繁等特点，也是事故多发的地点。这些场所人群高度密集，一旦发生灾害，将造成严重的人员伤亡。而对于农村地区的人员密集场所而言，除了上述特点外，还有人员安全意识薄弱、人员多以农村留守儿童以及老年人为主、安全设施配备不足、缺乏相应应急预案等特点。

农村集市开设地点一般为人口较多而且交通方便的村镇，具有人群集中、人流量大、物品种类繁多、卫生环境条件较差等特点。此外，逢集时，部分地区有不少临时安装搭建的游乐设施在运行，这类游乐设施种类繁多，且一般比较陈旧，没有严格按规定检查检修，甚至有的设备带故障运行。此外，部分经营者无法出示设备检修记录、检验合格证书等资料。这些都具有很大的安全隐患，稍有不慎就会引发人身伤害事故。

相较于城市，农村地区的部分学校和养老院等场所，除了人员比较密集外还存在部分消防安全设施配备不齐全、相关设施缺少定期检查与维护而不能正常使用等现象。此外，农村地区的部分茶馆等经营性场所，很多就是对自身居住建筑进行了一部分改造，其内部的消防设计不能满足人员密集场所的相关要求，而且缺少相关的消防安全设施。加之农村地区大量青壮年外出务工，部分农村地区茶馆以中老年人居多，一旦发生火灾，很容易导致人员伤亡。

4. 农村人员密集场所安全监管的重点

在人员密集场所可能发生的所有事故中，火灾事故的发生率最高，而且事故危害程度和严重程度也最大，对社会公共安全影响也较大。农村人员密集场所的安全监管应从以下几方面出发：

（1）责任制定。区、县人民政府负责本行政区域的农村消防工作，将农村消防工作纳入国民经济和社会发展规划，统筹制定本行政区域的农村消防规划并组织实施，将农村消防经费列入财政预算。建立农村消防安全管理机制，落实农村消防工作责任制，制定工作标准和考评制度，对乡、镇人民政府和有关部门依法履行农村消防工作职责的情况进行监督检查。公安机关负责对本辖区内的农村消防工作实施监督管理。

（2）安全宣传。新闻、出版、广播、电视等单位应当通过农村题材的栏目，采取多种形式向农村居民进行消防法规、防火知识、灭火常识和逃生自救方法等内容的宣传教育。对公众开放的人员密集场所，应通过张贴图画、发放消防刊物、播放视频等多种形式向公众宣传防火、灭火、应急逃生等常识。学校、幼儿园等教育机构应将消防知识纳入教育、教学、培训的内容，落实教材、课时、师资、场地等，组织开展多种形式的消防教育活动。

（3）农村集会的安全管理。农村灯会、庙会、文艺演出、体育比赛等群众性活动的主办者应当制定灭火、疏散预案，落实消防安全措施。农村集市的主办者应当制定消防安全管理制度，配备消防管理人员和灭火器材，保证疏散通道和消防车道畅通；没有主办者的，集市的消防安全工作由所在地村民委员会负责。

（4）农村其他场所管理规定。农村地区的学校、幼儿园、敬老院、医疗机构、图书室，以及从事旅游、餐饮、娱乐、住宿等经营活动的单位和个人，应当遵守下列规定：①建立消防安全管理制度，落实消防安全责任；②制定消防安全措施和应急预案；③配备完好、有效的消防器材；④设置符合要求的应急照明设施、消防安全疏散标志和安全出口，确保疏散通道和安全出口畅通；⑤开展防火巡查和自检自查，及时消除火灾隐患；⑥对从业人员进行消防法规、防火知识、灭火常识和逃生自救方法等内容的宣传教育；⑦配合有关部门做好消防安全检查和专项治理工作。

（5）特殊时间段安全管理。在农村火灾多发季节和重大节假日期间，乡、镇人民政府应当组织开展有针对性的消防宣传教育；在重点防火场所和部位设置消防警示标志，加强消防安全检查，对发现的火灾隐患，要求相关责任人员及时整改，并实施跟踪复查。

（6）村民防火公约。村民委员会应当成立防火安全小组，设立消防安全员，健全工作制度，开展消防安全宣传和消防安全检查、巡查，及时消除火灾隐患，组织火灾扑救，建立消防工作档案。村民委员会应当组织农村居民制定规范农村居民行为的防火安全公约。防火安全公约应当包括下列内容：用火、用电、用油、用气和堆放易燃物品等行为的安全要求；保证消防车道畅通、公共消防器材设施完好有效的措施；对老弱病残人员的监护和帮助措施；根据本村实际，保证消防安全的其他内容。

（7）应急预案。农村人员密集场所应根据人员集中、火灾危险性较大和重点部位的实际情况，按照相关标准制订有针对性的灭火和应急疏散预案。人员密集场所应定期组织员工和承担有灭火、疏散等职责分工的相关人员熟悉灭火和应急疏散预案，并通过预案演练，逐步修改完善。遇人员变动或其他情况，应及时修订单位灭火和应急疏散预案。

（8）防火巡查、检查。人员密集场所应建立防火巡查、防火检查制度，确定巡查、检查的人员、内容、部位和频次。应及时纠正违法、违章行为，消除火灾隐患；无法消除的，应立即报告，并记录存档。防火巡查、检查时，应当填写巡查、检查记录，巡查和检查人员及其主管人员应在记录上签名。公众聚集场所在营业期间，应至少每2小时巡查一次。宾馆、医院、养老院及寄宿制的学校、托儿所和幼儿园，应组织每日夜间防火巡查，且应至少每2小时巡查一次。商场、公共娱乐场所营业结束后，应切断非必要用电设备电源，检查并消除遗留火种。

人员密集场所应至少每月开展一次防火检查，检查内容应包括：①用火、用电有无违章情况；②安全出口、疏散通道是否畅通，有无锁闭；安全疏散指示标志、应急照明是否完好；③常闭式防火门是否保持常闭状态，防火卷帘下是否有影响防火卷帘正常使用的物品；④消防设施、器材是否在位、完好有效，消防安全标志是否标识正确、清楚；⑤消防安全重点部位的人员在岗情况；⑥消防车道是否畅通；⑦其他消防安全情况。

（9）疏散设施和消防设施管理。人员密集场所应建立安全疏散设施管理制度，明确安全疏散设施管理的责任部门、责任人和安全疏散设施的检查内容、要求。举办展览、展销、演出等大型群众性活动前，应事先根据场所的疏散能力核定容纳人数。人员密集场所应建立消防设施管理制度，其内容应明确消防设施管理的责任部门和责任人、消防设施的检查内容和要求、消防设施定期维护保养的要求。人员密集场所应使用合格的消防产品，建立消防设施、器材的档案资料，记明配置类型、数量、设置部位、检查及维修单位（人员）、更换药剂时间等有关情况。

（10）消防演练。宾馆、商场、公共娱乐场所，应至少每半年组织一次消防演练；其他场所，应至少每年组织一次。选择人员集中、火灾危险性较大和重点部位作为消防演练的目标，每次演练应选择不同的重点部位作为消防演练目标，并根据实际情况，确定火灾模拟形式。

（11）易燃易爆化学物品管理。人员密集场所严禁生产或储存易燃、易爆化学物品。人员密集场所需要使用易燃、易爆化学物品时，应根据需求限量使用，存储量不应超过一天的使用量，并应在不使用时及时予以清除，且应由专人管理、登记。

（12）消防安全重点部位管理。人员集中的厅（室）以及建筑内的消防控制室、消防水泵房、储油间、变配电室、锅炉房、厨房、空调机房、资料库、可燃物品仓库和化学实验室等，应确定为消防安全重点部位，在明显位置张贴标识，严格管理。

（13）用火、动火安全管理。人员密集场所应建立用火、动火安全管理制度，并应明确用火、动火管理的责任部门和责任人，用火、动火的审批范围、程序和要求等内容。动火审批应经消防安全责任人签字同意方可进行。

（14）火灾隐患整改。人员密集场所应建立火灾隐患整改制度，明确火灾隐患整改责任部门和责任人、整改的程序、时限和所需经费来源、保障措施。

（15）农村学校安全管理。图书馆、教学楼、实验楼和集体宿舍的疏散通道不应设置弹簧门、旋转门、推拉门等影响安全疏散的门。疏散通道、疏散楼梯间不应设置卷帘门、栅栏等影响安全疏散的设施。集体宿舍值班室应配置灭火器、喊话器、消防过滤式自救呼吸器、对讲机等消防器材。集体宿舍严禁使用蜡烛、酒精炉、煤油炉等明火器具；使用蚊香等物品时，应采取保护措施或与可燃物保持一定的距离。建筑内设置的垃圾桶（箱）应采用不燃材料制作，并设置在周围无可燃物的位置。宿舍内严禁私自接拉电线，严禁使用电炉、电取暖、热得快等大功率电气设备，每间集体宿舍均应设置用电过载保护装置。

（16）乡镇医院的门诊楼、病房楼，老年人照料设施、托儿所、幼儿园及儿童活动场所管理。严禁违规储存、使用易燃易爆危险品，严禁吸烟和违规使用明火。严禁私拉乱接电气线路、超负荷用电，严禁使用非医疗、护理、保教保育用途的大功率电器。门诊楼、病房楼的公共区域以及病房内的明显位置应设置安全疏散指示图，指示图上应标明疏散路线、疏散方向、安全出口位置及人员所在位置和必要的文字说明。病房楼内的公共部位不应放置床位和留置人员过夜，不得放置可燃物和设置影响人员安全疏散的障碍物。老年人照料设施、托儿所、幼儿园及儿童活动场所的厨房、烧水间应单独设置或采用耐火极限不低于 2 小时的防火隔墙与其他部位分隔，墙上的门、窗采用乙级防火门、窗。

三十、校园活动安全应该管什么？

1. 校园事故的定义

校园事故是指在学校及其他教育机构内，以及虽在学校及其他教育机构外，但是在学校及其他教育机构组织的活动中发生的，导致学生人身伤害的事故。

2. 校园活动容易发生的事故类型及典型案例

容易发生的事故包括：火灾、踩踏、摔伤、交通事故、食物中毒、淹溺、其他伤害等。

这方面的事故有：

【案例 1】2010 年 12 月 27 日早上 7 点半左右，湖南省衡南县松江镇××村学生家长租用一辆农用车送孩子去附近的××小学上学，当车行驶到一条小溪附近时发生车祸，车子一头冲进溪流之中，车上 14 名小学生遇难。

【案例 2】2009 年 12 月 7 日晚，湖南省湘潭市辖内的××中学发生一起伤亡惨重的校园踩踏事件，造成 8 人遇难、26 人受伤。

3. 校园活动典型安全隐患

（1）组织与制度建设方面：①未建立健全校内安全管理机构；②未建立事故和突发公共事件的应急预案；③未明确各部门的安全责任；④未建立安全管理制度；⑤未建立以下制度：门卫制度，校内安全定期检查和安全隐患报告制度，消防、防震、防雷安全制度，用水、用电、用气等相关设施设备的安全管理制度，实验室和实训场所安全管理制度，学生安全信息通报制度，住宿学生安全管理制度，学校用车管理制度，突发地震、气象灾害预警应对制度，巡逻制度，值班制度，外来人员入校登记和验证制度，定时查铺制度，学生外出集体活动审批制度等。

（2）安全教育与演练方面：①日常安全教育课未开齐上足，不满足《中小学公共安全教育指导纲要》的要求；②未对教职工进行必要的安全培训；③在重大节假日前、开学初、放假前和重大教育教学活动前等重要时段学校未组织开展教职工和学生的全员安全教育；④未定期开展安全应急演练和自救自护演练；⑤法治教育、心理健康、生命教育未能很好地落实。

（3）"三防"建设方面：①学校保安员未配备到位；②安保器材未配备到位，视频监控与"一键报警"失效；③校园未封闭管理，未对出入人员、车辆有效核查；④学校围墙或其他实体屏障高度未达到2米或2米以上；⑤门口未因地制宜设置家长等候区域，设置隔离栏、隔离墩、减速带或升降柱等硬质防冲撞设施。

（4）教育教学活动安全方面：①课间活动、体育课、运动会未划分安全责任区、落实安全责任人，无安全保障措施；②学校组织大型集体活动或者校外活动，未落实请示报告制度，未对学生进行相应的安全教育，未制定预案；③教师组织学生从事其不宜参加的劳动、体育运动或者其他危险性活动；教师在负有组织、管理学生的职责期间，发现学生行为具有危险性，未进行必要的管理、告诫或者制止；④集中上下课期间未安排人员疏导学生有序下楼；⑤学校对特殊学生未给予全面关注，未掌握其思想动向；⑥未对有特异体质或者特定疾病的学生予以必要的注意；⑦未对在校期间突发疾病或者受到伤害的学生及时采取救治措施；⑧学生之间存在矛盾纠纷等可能导致打架斗殴的安全隐患；⑨学校没有防范在校学生自杀、他杀的措施；⑩师生矛盾未得到及时排查及调处；⑪教师在教学活动中存在体罚、变相体罚、歧视、讽刺挖苦等可能造成学生身体、心理伤害的言行，或者在履行职责过程中有违反工作要求、操作规程、职业道德及有关规定的行为。

（5）校舍安全方面：①教室、宿舍、图书室、实验室、食堂等存在墙体裂缝、墙基下陷、墙面砖脱落等现象；②围墙、厕所、挡土墙、板报墙、楼梯、门窗、屋顶存在不安全因素；③学校对临时闲置不用的危房及各类在建工程或未交付使用工程未采取措施进行封闭，未设置警示标志。

（6）设施设备、场所、物品安全方面：①体育设施（器材）、劳技器材不符合安全标准，体育器材的存放不符合安全要求；②宣传栏、旗杆等设施不牢固；③楼道内、楼层转向平台处的照明设施及应急照明装置未完好，不能正常使用；④各处场地特别是操场的场地不平整、有障碍物等；⑤校内水井、池塘等未采取有效的防护措施；⑥楼梯和走廊的护栏、宿舍床铺不符合设计标准，存在不安全因素；⑦室内吊扇、照明设施等不牢靠，阳台上有搁置物、悬挂物等；⑧教室和宿舍等公共区域安装有阻碍人员逃生和应急救援的金属护栏；⑨疏散指示标志有缺失、损坏等现象；⑩实验室易燃易爆危险化学品、剧毒品等危险物品的存放、管理及废弃物处置不符合安全要求；⑪校内供电供气供水设施、取暖供暖、锅炉等重要基础设施设备的使用、维护不符合安全要求；⑫管制刀具及其他危险物品未禁入与及时清缴；⑬将饲养的动物带入学校；⑭校内树木上的枯枝未及时清除。

（7）消防与用电安全方面：①灭火设备、消防设施不充分或失效；②消防通道未畅通，消防水源不足；③有违章用电行为，用电线路有老化、超负荷现象；④电器超期使用；⑤电器超负荷使用；⑥电源线质量不合格，如规格不符或外皮破损；⑦线路连接接触不良，导致发生升温和打火现象；⑧电气设备老化、积尘或绝缘层破坏带来漏电危险；⑨未安装漏电保护装置；⑩电器质量不合格或电器损坏，电器缺少过热、过电流保护装置，设备上缺少安全警示标识或安全提示；⑪电冰箱、洗衣机、电风扇、微机、空调等Ⅰ类电器没有安装接地保护装置；⑫未安装避雷装置。

（8）饮食安全方面：①学校未落实《学校食品安全与营养健康管理规定》《餐饮服务食品安全操作规范》；②学校食堂的防蝇、防鼠和消毒设施设备、操作规范及物品采购流程等不符合有关规定；③食堂人员没有有效的健康证；④学校食堂无卫生许可证，有"三无"商品、过期食品等；⑤学校对食堂食品安全工作的监管不到位，无留样食品等；⑥饮用水的消毒和安全措施不到位，未定期检测水质；⑦食品存在过期变质现象；⑧食堂地面湿滑。

（9）交通安全方面：①未教育学生不乘坐无牌无证车辆、货运汽车、农用三轮车、低速载货汽车、后三轮摩托车、拖拉机、报废车、拼装车等不符合规定的车辆；②学生上下学、上下车未安排人员维持秩序；③学校门口未设置减速带、人行横道线、警示标志等交通安全设施；④交通复杂路段的校门外路口未安排本校人员值勤或有交通协管人员维护道路交通秩序；⑤外来车辆的校园准入制度和管理未落实。

（10）学生到校、离校安全：①未核查学生到校离校情况，存在学生私自离校未及时发现情况；②未建立学生特别是低年级学生家校交接制度；③未做好校车接送人数核查，遗漏学生；④对学生擅自离校、不请假未到校等与学生人身安全直接相关的信息，学校未及时告知其监护人。

（11）学校周边环境安全方面：①学校门口、操场、围墙等治安重点部位的安全管理、监控报警设施及其他安防设施不完备；②校园周边存在非法经营的游商和无证摊点，有恐怖、迷信、低俗、色情的玩具、文具和非法出版物销售；③200米以内存在网吧、游戏厅；④附近存在酒吧、歌舞厅、洗浴中心等娱乐场所；⑤存在影响师生人身安全的治安状况和建筑隐患等。

4. 校园安全事故预防措施

（1）建立健全校内各项安全管理机构，明确各部门的安全责任，落实安全责任人，健全安全管理制度。

（2）加强培训教育：①对教职工进行必要的安全培训；②按照《中小学公共安全教育指导纲要》要求对学生进行日常安全教育；③在重大节假日前、开学初、放假前和重大教育教学活动前等重要时段及时组织开展教职工和学生的全员安全教育。

（3）加强校舍、硬件设备设施建设，配齐各种安全防护设施，消除安全隐患。

（4）加强食品卫生、交通、消防、用火用电安全管理，避免出现恶性群发事件。

（5）校方应加强校内安全监督检查，及时进行安全隐患整改，将事故消灭在萌芽状态。

5. 校园安全监管的重点

（1）检查校内是否建立了安全管理机构，是否建立健全了校园安全责任制，是否充分配备了安全管理人员，是否明确了安全职责分工。

（2）检查安全管理制度的建立健全，各种规章制度是否齐备。

（3）检查安全培训是否到位，教职工是否进行了安全培训，学生是否进行了安全培训，重大节假日是否进行了安全教育。

（4）检查校舍、监控报警设施、锅炉、电器、炊事用具、硬隔离、防护栏等设备设施是否符合安全要求，是否存在安全隐患。

（5）检查校园环境。进出通道规划是否合理，疏散通道、安全出口、消防车道、应急照明、疏散指示标志是否规范、齐全；学校周边环境是否安全，是否存在影响师生身心安全健康的治安状况和建筑隐患等。

（6）检查人员行为。学生活动开展（如体育课、运动会、进出校门、用餐）是否规范，是否符合安全要求；安全管理人员是否严格履责，是否有管理漏洞，集中下楼梯时是否有人维持秩序等。

（7）检查隐患整改情况。对于在校园检查出的各种安全隐患，学校应及时整改，消除隐患。

三十一、大型群众聚集活动应该管什么？

1. 大型群众聚集活动的定义

农村大型群众聚集活动，是指法人或其他组织面向社会公众举办的每场次预计参加人数达到 1000 人以上的活动，包括演唱会、展览、游园、庙会、花会、焰火晚会、迎新春、进香祈福等传统民俗活动和规模性商场促销以及现场开奖的彩票销售等活动。

2. 大型群众聚集活动容易发生的事故类型及典型案例

主要的事故类型有：火灾、踩踏、疫情传播、烫伤、高处坠落。

这方面的事故有：

【案例】2004 年 2 月 5 日北京市密云县在举行元宵节灯会时，发生一起踩踏安全事故，造成 37 人死亡、37 人受伤。

3. 大型群众聚集活动典型安全隐患

（1）承办方未制定安全工作方案。

（2）承办方未建立并落实安全责任制度，未指定安全负责人员及职责。

（3）未按照公安机关的要求，控制入场人数。

（4）未按照疫情防控要求，阻止不符合身体条件的人员入场。

（5）承办方未配备与活动相配套的体温或计数等感知设备、安检器材、硬隔离设施等。

（6）未合理规划活动现场进出通道。

（7）疏散通道、安全出口、消防车道、应急广播、应急照明、疏散指示标志等设施不符合国家和地方有关规定。

（8）安全管理人员不熟悉疏散通道、安全出口和消防车道位置。

（9）安全管理人员不熟悉如何使用消防器材。

（10）活动参与人员携带爆炸性、易燃性、放射性、毒害性、腐蚀性等危险物质或者非法携带枪支、弹药、管制器具进入活动现场。

（11）活动参与人员擅自放飞无人机以及气球等其他空飘物。

（12）在售票处、出入口和主要通道未安排专人负责安检和疏导。

（13）未安装必要的安全检查设备。

（14）未经批准使用易燃易爆等危险物品。

4. 大型群众聚集活动事故预防措施

（1）承办方应建立并落实安全责任制度，指定安全负责人员及岗位职责，并在现场安排专门的疏导人员。

（2）制定大型群众聚集活动的安全工作方案和应急疏散方案。

（3）承办方应强化资源保障，配备与活动相配套的体温或计数等感知设备、安检器材、硬隔离设施等。

（4）在售票处、出入口和主要通道、关键区域安排专人负责安检和疏导，加强进场人数控制，同时禁止不符合疫情防控要求的人员入场。

（5）加强易燃易爆物品使用管理，严格按审批手续落实。

（6）合理规划活动现场的进出通道，规范设置活动现场的人员疏散通道、安全出口、消防车道、应急照明等疏散道路、设施和指示标志。

5. 大型群众聚集活动安全监管的重点

（1）审批手续监管。检查大型群众聚集活动有无审批手续，有无安全工作方案和应急预案。

（2）安全生产责任制监管。检查安全管理人员的配备是否充分，安全职责分配是否明确。

（3）设备设施监管。检查现场是否配备了与活动安全工作需要相适应的感知设备、安检器材、硬隔离设施，这些设备设施是否符合安全要求，是否存在安全隐患。

（4）现场环境监管。检查现场人员进出通道规划是否合理，现场的疏散通道、安全出口、消防车道、应急照明等疏散道路、设施和指示标志是否设置规范、齐全。

（5）人员行为监管。检查危险作业（如涉及动火、易燃易爆品）是否规范，是否符合安全要求，相关人员是否配备有效合格的防护用品。检查安全管理人员是否严格履责，是否有管理漏洞。

 三十二、农机安全应该管什么？

1. 农机事故的定义

农机事故是指农业机械在《中华人民共和国道路交通安全法》管辖的地域

以外作业、停放过程中，因过失造成人畜伤亡、机械损坏或财产损失的事故。

2. 农机事故发生特征及类型

首先，农机事故的发生具有季节性特征。其次，事故在不同的农机操作环境中以多样化形式呈现，在作业、转移和维修过程均可能发生，包括碰撞、碾轧、挤压、物体打击、高处坠落、翻覆等。

3. 农机事故典型安全隐患

（1）环境因素。乡村道路等级偏低，一般较为狭窄，缺乏交通标志标识，且大部分呈现出混合交通的特点，路面不仅有汽车、拖拉机，还有自行车、行人、摩托车、电瓶车，交通状况复杂多变。

（2）机械因素。有些车辆超期服役，有些车辆不注意日常保养，长时间超负荷运行甚至带病作业。此外，农机维修零配件质量差，一些修理工技术水平低，这些都直接影响车辆维修质量，带来安全隐患。

（3）人为因素。通过分析事故成因可知，人为因素占95%，其中85%来自于拖拉机操作员的主观意识，而10%系人员违章。人为因素主要表现在三个方面：一是操作员的技术能力不足，操作生疏，处理突发事件缺乏经验；二是操作员思想水平不高，职业素养低，经常出现抢道占道现象；三是违规占道、超速、超载等违规行为。

4. 农机事故预防措施

（1）加大安全生产宣传教育力度。农机管理部门应该进一步加强对农机安全法律法规的宣传，促使农机用户从被动地"要我安全"转变到主动地"我要安全"，积极营造农机用户正面接受农机安全生产信息的氛围。

（2）加强农业机械技术培训。农机管理部门要跟进农业机械发展趋势，熟悉各种新机型，增强培训的实用性。同时要加强安全技术教育培训工作，提高农机管理人员素质，使农机管理人员具备较高的业务水平、较强的分析判断和紧急情况处理能力。

（3）采取必要的预防技术措施。规范新购农业机械设备安全装置的配置，要求对传动、作业等对人身安全构成威胁的部件设置防护罩、保险、限位、信号等装置，并给予明显的安全提示。同时加大对设备使用、维护、保养、安全性能检测的监管，杜绝机械设备带"病"运转、运行。

5. 农机安全监管的重点

我国农机安全生产管理行政主体主要指国家和地方各级负有相应职能的农业机械管理部门、农机安全监理机构，非行政主体包括国家和各地区农机安全协会、农机合作社、农机作业服务组织等。

（1）对农机驾驶操作人员的监管内容：主要内容包括培训、考试、核发驾驶证、审验换证、补证、注销，以及安全和操作能力、技术水平、职业道德的学习教育，奖惩管理等。①农机驾驶操作人员申领驾驶证之前，由农机安全生产管理部门组织其参加基本法律知识、农机安全操作规程、农机使用维护保养常识等基本内容的培训以及遵纪守法等道德教育的活动；②驾驶操作人员必须参加县级人民政府农业机械化主管部门组织的考试，考试合格才能获得准驾机型驾驶操作证件；③驾驶证需定期进行审验，对符合法律法规定注销证件条件的，应注销其驾驶证；④通过对农机驾驶操作人员违法违章行为的记分管理和行政处罚，促进其安全技能和安全意识的提高。

（2）对农机的监管内容：①杜绝盲目操作，减少事故隐患；②严格把关拖拉机入户，根据上牌目录上牌，禁止技术性能不达标的拖拉机入户，禁止来历不明的拖拉机入户；③做好拖拉机年检工作，确保机车车况良好，采取合理措施处置技术性能差、服役超龄的老爷车，及时对符合报废条件的车辆进行报废；④严查农机无牌行驶、无证驾驶、违法载人等严重违法违章行为；⑤杜绝擅自改装、拼装和使用自制非标设备。

（3）对农机维修的监管内容：①建立农机维修管理制度，规范接车、修车、验车、交车标准和手续，确保维修质量；②农机维修作业过程中应保持工作场地清洁和维修工具整齐摆放；③维修过程中的机械、部件、零件要有指定地点停放，不得散乱堆放；④维修过程应配齐专用和通用工具，不得野蛮操作；⑤日常应做好设备管理，工、量、卡具应保持良好技术状态；⑥维修人员应按技术标准和修理工艺规程等进行维修操作，并按安全生产要求做好劳动保护。

三十三、无人飞行器安全应该管什么？

1. 无人飞行器的定义

无人飞行器也叫无人机或无人驾驶航空器（Unmanned Aircraft，UA），根据我国《民用无人驾驶航空器系统驾驶员管理暂行规定》，它是由遥控站管理（包括远程操纵或自主飞行）的航空器。

根据《民用无人驾驶航空器系统驾驶员管理暂行规定》，无人机操作按照机型大小、空机质量等标准将无人机分为微型无人机、轻型无人机、小型无人机、大型无人机四类，其中仅小型、大型无人机和4600立方米以上的飞艇在融合空域飞行时由民航局管理，其余情况，包括日渐流行的微型航拍飞行器在内的其他飞行，均由行业协会管理或由操作手自行负责。

2. 无人机的相关管理规定

近年来，我国各相关部门先后颁布了有关无人机安全管理的规章制度（如《轻小无人机运行管理规定（试行）》《民用无人机驾驶员管理规定》《关于民用无人机管理有关问题的暂行规定》《民用无人驾驶航空器实名制登记管理规定》等）。我国无人机管理法规制度提出的无人机管理思路已十分系统，并将不断成熟。但是如何执行相关法规制度，所需要的配套部门规章、操作规范、标准技术以及配套管理设施等还欠缺。此外，我国目前针对无人机的法律规定空缺，只有条例、行政规定和管理办法等几种层级较低的规定。

3. 无人机飞行的安全隐患

随着无人机在我国各行业领域的大范围应用，无人机所带来的安全事故也逐渐增多，民用无人机故障坠落事件也变得更加频繁。民用无人机除自身故障所导致的安全事故外，还存在其他安全问题和隐患。

（1）威胁航空安全。近年来，无人机扰航事件屡屡发生，仅 2017 年 4 月 14 日至 4 月 30 日半个月内，成都双流机场连续发生 9 起无人机扰航事件，前后共造成上百架航班备降、延误或返航，数万名旅客滞留机场。

（2）威胁人民群众生命财产安全。无人机的无线电跟踪还存在技术问题，安全性难以保证，加上无人机驾驶员的操作不慎，很有可能造成无人机的失控和坠毁。

（3）侵犯公民个人隐私和商业秘密。目前，大部分的微型或者轻型无人机都可以携带摄像头，利用轻微型无人机可轻松、隐蔽地对个人居所或者其他场所进行拍摄，严重侵犯公民的个人隐私。此外，对于部分行业而言，无人机还可能通过拍照等手段窃取商业机密。

（4）用于违法犯罪活动。轻微型无人机具有一定的载重运输能力。据调查，市售的微型无人机最大承载量可达 5~7 千克，一般的承载量也可达 2~3 千克，而轻型无人机最大可装载重量甚至达数十千克。利用无人机可以进行违禁物品的运输，通过设定路线和利用地形，能够有效躲避地面检查力量，对于走私、贩毒等犯罪活动具有较高的利用价值。

（5）制造政治事端。通过轻微型无人机在重大敏感场合"捣乱"、悬挂标语、抛撒传单等，可能制造严重事端、影响政治稳定。

（6）容易被捕捉。利用无人机同质量构件的单一漏洞，攻击者可让天空中充满随时待命的无人机。试想，攻击者能够轻易地利用无人机自身脆弱的遥测信号，进行任何形式的攻击。

（7）威胁国家安全。轻微型无人机普遍具有一定的图像采集、实时传输功能，并能够与地理信息平台相结合，敌对分子利用无人机能够较隐蔽地侦测观察军事设施、敏感地区、重要设施，窃取机密信息。此外，无人机还可能被恐怖分子改造成新式的用于恐怖袭击的武器。

（8）其他问题。除上述相关问题外，无人机管理还存在其他难点和问题，如民用无人机操作员资质难以监管、民用无人机买售随意、民用无人机实名制难以落实、监管主体不明确、监管法规不完善等。

4. 无人机安全监管的重点

针对无人机存在的相关安全问题，无人机的安全管理包括技术、管理和政策三个方面。

（1）加强无人机相关技术的升级。①要大力发展人工智能等相关技术，不断提升无人机的高智能程度，使得无人机具有较强的"感知与规避"能力；让无人机在飞行过程中，能感知各种可能出现的威胁，及时地予以规避，确保自身安全；②要大力发展"电子围栏"等相关技术，限制和规定无人机的飞行区域；当无人机闯入"禁飞区"时，导航系统会自动锁死无人机，令其无法飞行并按指令降落或飞离。

（2）无人机登记、摸查监管。加强对无人机生产、销售、租赁企业及飞行俱乐部、个人爱好者的摸底登记，对本地区无人机保有量做到底数清、情况明；将无人机制售纳入特殊行业管理的范畴，严格审批资质，加强流向监控，定期复查制售、外借、库存以及放飞等情况，掌握动态信息；加强对无人机相关论坛、网站、QQ、微信群等社交平台的监督，及时发现核查涉嫌利用无人机违法犯罪的可疑信息。

（3）无人机查处管控。争取相关部门支持，在党政核心区及要害单位周边设立"禁飞区"，针对大型警卫安保、重大活动和敏感时期发布限飞通告，建立"党委领导、公安牵头、多方参与"的防范处置机制，加强对重点区域的巡逻防控，及时发现制止低空飞行器升空，依法惩处违规人员，并购置无人机遥控信号、GPS信号干扰设备，及时对可疑无人机采取强制性措施。

（4）无人机各监督管理部门之间的沟通协作。当前民用无人机管理部门不明确，应明确执法部门和执法力量。建立健全一套协同管理方案，由政府牵头，公安、工商、质检、民航等部门参与，通过情况通报等方式参与民用无人机的日常管理。

（5）无人机相关知识宣传告知。加强对已知无人机持有人的教育管理，落实必要的告知程序，督促其办理相关证照、报批飞行手续，对重点场所禁飞限飞通告逐人告知。

（6）无人机行业管理。对无人机的生产、销售和使用环节进行全方位监督管理，制定该行业统一的生产、使用标准，提升无人机在日常使用过程中的可靠性。

 ### 三十四、温室大棚安全应该管什么？

1. 温室大棚的定义

温室又称暖房，指能透光、保温（或加温），用来栽培植物的设施。在不适宜植物生长的季节，温室能提供生育期和增加产量，多用于低温季节喜温蔬菜、花卉、林木等植物栽培或育苗等。

温室系统的设计包括增温系统、保温系统、降温系统、通风系统、控制系统、灌溉系统等。大棚只是简单的塑料薄膜和骨架结构，其内部设施很少，没有温室的要求高。

2. 温室大棚事故类型及典型案例

常见事故包括倒塌、煤气中毒、机械伤害、触电、火灾。

这方面的事故有：

【案例1】2016年1月12日上午，黑龙江省密山市两栋温室大棚垮塌，造成4人死亡、4人受伤。

【案例2】2019年9月8日，江西省赣州市兴国县一男子为公司搭建蔬菜大棚时被高压电烧成一级伤残失去双手。

【案例3】2020年4月13日下午3点左右，吉林省长春市农安县三盛玉红山村一处蘑菇大棚突发火灾事故。

3. 温室大棚使用过程中的典型安全隐患

（1）设计不合理、材料使用不当，或盲目节约成本造成材料质量不合格，都可能导致温室大棚无法抵御强风和暴雪而坍塌。

（2）超长时间使用，容易出现结构连接件松动、苗架腐蚀断开等安全隐患，如果遇到暴风、暴雪等恶劣天气，大棚在受压条件下容易垮塌。大棚拆除后，废弃的棚膜被风刮到电力线路上容易造成生产安全事故。

（3）在进行大棚卷帘作业时，麻痹大意，忽视安全，违反卷帘机安全操作规程。比如，在收草苫时，有时因为草苫卷得不齐，在没有停机的情况下人工调整卷帘绳长度，这时候衣袖在卷帘绳和卷轴的啮合点很容易被卡住，随后整个胳膊被卷帘绳卡在卷轴上；卷帘机的动力部件（电闸箱）无防雨措施，容易发生漏电触电事故；万向节外露，不设防护罩，在作业时极易把操作人员的衣角卷入。

（4）农户生火取暖、做饭，但棚内通风不畅，容易引起一氧化碳中毒，夜间发生火灾可能造成人员伤亡。

（5）不少菜农在温室大棚内安装电灯、电暖气等用于照明补光、增温及棚内机械使用。如电线、电器接头密封不严，长期暴露在潮湿的空气中，通电状态下容易发生漏电、短路问题；而直接将电线绑在温室的金属支架上，一旦电线短路，很容易将支架上覆盖的塑料布引燃，熔化的塑料布带着火星往下滴落，会引燃地面铺设的地膜、蔬果等，导致火势迅速蔓延。

（6）大棚离高压线较近，建设和安装期间极易发生电击和烧伤事故。

4. 温室大棚安全事故预防措施

（1）棚区生活安全方面：①使用明火取暖做饭时，应单独在隔离间操作，烟囱要安装防火帽，以防飞火引燃大棚；②大棚内外不得堆放易燃物质，应经常检查稻麦草（秸秆）堆垛，防止其自燃；③农药、化肥等分开存放，避免发生化学反应，引发火灾；④大棚周边严禁吸烟、烧荒、燃放烟花爆竹。

（2）棚内用电安全方面：①温室大棚内一般不要使用电气照明，若必须使用时，所用灯泡不应高于60瓦，且灯泡应与棚顶留有不少于60厘米的距离，严禁在棚内使用卤钨灯等高温照明电源；②大棚的用电设施需在专业人员的指导下进行安装，且必须符合安全技术规定并定期检修。若发现隐患，放置警告标志，及时找人维修。

（3）大棚设施安全方面：①定期检查温室整体结构和基础设施，排除螺丝松动、钢管弯曲、塑料板开裂、苗架腐朽等隐患；②大风来临之前，棚膜要采取加固措施，避免大棚被大风掀翻；③废旧的地膜也要做好回收，不要随意丢弃；④架空电力线路保护区外两侧各100米内日光温室和塑料大棚，要采取加固措施，架空电力线路保护区外两侧各500米内的废旧地膜、反光膜等也要及时回收；⑤装有卷帘机的大棚，要严格按操作规程使用，定期维护和保养，确保安全。

（4）大棚内环境安全方面：①冬春早晨进入棚内进行生产操作前，由于密闭一夜，可先适当通风，再进棚操作；②病虫害防治时，正确使用机具，使用药剂或烟剂时正确配比浓度，防止人中药害。施用易产生气体的肥料时，在施后要立即进行棚内通风。

（5）大棚防火要求方面：①进入棚区的人员严禁吸烟，平时在温室大棚内作业的人员更不能吸烟；②严禁大棚周边堆放可燃物，保证防火分隔，防火间距内不得种植油性农作物，及时清除周围的荒草；③对建在高压线路下的大棚，应制定预防高压电击的措施并严格执行。

5. 温室大棚安全监管的重点

（1）规范大棚内的用火、用电行为，严禁私拉乱扯电力线路，明火取暖设施的烟囱应安装防火帽。

（2）安全布置。①将农药、化肥分开存放；②燃放烟花爆竹时应距大棚一定距离；③大棚与架空电力线路满足安全距离，或有相应预防措施，棚内电灯与棚膜的距离满足安全要求。

（3）设施安全。卷帘机配置自动遥控装置和防脱落装置。

（4）应急措施。棚区配备消防设施和灭火器材。

（5）督促农户定期排查隐患。为每栋温室大棚建立安全生产档案，定期开展监督检查，做好隐患登记，扶持危棚改造项目。

三十五、水产养殖安全应该管什么？

1. 水产养殖的定义

水产养殖是淡水养殖和海水养殖的统称。淡水养殖是利用池塘、山塘水库、江河、湖泊、涵仔等水体开展养殖鱼类、甲壳类、软体动物、水生植物等水产品的总称。海水养殖通常称为海洋养殖，是指在海洋中进行的水产养殖方式。

2. 水产养殖事故类型及典型案例

水产养殖常见事故类型包括触电、溺水、电力中断、设备损坏。

这方面的事故有：

【案例1】某对虾养殖场父子俩在虾塘维修增氧机，儿子"修好"增氧机后，怕万一没修好再次维修拆卸麻烦，就没盖增氧机的绝缘盖。在父亲打开增氧机开关试机时，由于失去绝缘盖的保护，父亲打开增氧机后导致儿子触电落水。当附近同事救起时，已经失去生命体征。

【案例2】浙江某鱼塘养殖户雨天修理增氧机，父亲在岸边切断增氧机电源，儿子撑船在鱼塘修理增氧机，刚触到电源线就触电落水了。

【案例3】2020年6月29日，中山市民众镇锦标村某养殖场内一工作人员喂鱼过程中失足落水溺水身亡。

3. 水产养殖生产过程典型安全隐患

（1）电缆破损、老化。为提高产量，渔业养殖户一般会在鱼塘内安装增氧泵，使水的含氧量增加，但同时也增加了触电的安全隐患。电动机、开关、电缆等用电设备，当设备腐蚀老化、绝缘损坏、水封条件破坏时，金属外壳及增氧泵就会带上对地 220 伏的危险电压，人体碰触金属部分就会触电伤人。如果发生水中触电，人体因痉挛无法自主动作而溺水，将导致触电死亡风险升高。若是地爬电缆，人在割草时，不小心将电缆外皮割破会漏电，并有可能造成人身触电伤亡。

（2）电力线路落水。电力线路杆塔支护不符合线路架设规范要求，在台风或其他恶劣天气影响下杆塔倒塌，线路落水。

（3）防护栏杆缺损。鱼塘喂养平台安全防护不足，工作人员在喂养平台喂鱼过程中失足落水，如果不会游泳，或在游动过程中出现抽筋等突发情况，容易导致溺水事故。

（4）洪灾。水产养殖业由于大多靠近沿江和沿海，暴雨常常会对其造成严重影响，主要表现在水域水位猛涨，养殖设施受损，水中鱼、虾、蟹逃逸、死亡，水质变坏，养殖环境污染，水产动物产生应激，病害频发等各方面。

（5）电力中断。电力中断会造成片区部分养殖场电力设施停止运转，出现鱼虾大量死亡情况，造成不小的经济损失。

（6）制度上的缺陷。未建立安全生产隐患排查治理制度，未采取技术、管理措施及时发现并消除鱼塘喂养平台安全防护不足的事故隐患；安全生产教育和培训工作不到位，未对员工进行应急救援的教育培训。

4. 水产养殖事故预防措施

（1）建立健全安全生产管理制度。

（2）养殖户的电气线路铺设设备的安装应聘请有资质的单位或人员。增氧泵等电气设备的电源线必须采用四芯电缆，其中四芯电缆中的中性线必须一端接马达的金属外壳，另一端接至电网的接地线（PE 线）。电缆应采用双塑绝缘导线，架空敷设。应安装三相四线漏电开关。

（3）危险设备和设施上张贴安全警示标志。

（4）加强用电安全培训、溺水救援培训等。

（5）关注天气预报，遇暴雨天气，做好洪水应急准备。

（6）对于水中电气维修等危险性较高的作业，制定安全操作规程，严格按规程作业。

（7）做好船舶的登记检验工作，规范船只维护保养。

（8）针对临时停电对生产运行的威胁，有条件的养殖户可购置发电机满足紧急供电需求。

5. 水产养殖行业安全监管的重点

（1）安全管理制度方面：①督促渔业养殖户学习安全生产知识，建立安全生产隐患排查治理制度；②指导建立台风暴雨应急预案，加强预报预警服务；

③督促建立安全生产培训计划，完善安全生产培训内容；④督促建立特种作业人员培训取证制度，加强叉车、场内机动车辆驾驶人员的管理工作。

（2）特种设备管理方面：①凡是需要用船生产的养殖户，一定要使用依法登记在册的渔船从事养殖生产，要定期检查船舶和机械等设备，要在确认适航的情况下可从事养殖生产；②使用叉车、电动葫芦等特种机械的，应做好定期检验工作。轻小型起重设备一般每两年检验一次，场（厂）内专用机动车辆定期检验周期为1年。

（3）用电安全管理方面：①电气线路、电器设备的安装、调试、维修等作业应聘请有资质的人员承担；②电源引线必须使用带专用接地线的四芯电缆；③架空电缆一般不宜有驳口，如果有驳口，驳口应连接牢固、可靠，并用绝缘胶布包扎好；④漏电开关、刀开关、电表等要装在防水防晒的箱内并加锁，漏电开关应每月试跳一次，确认无异常现象方可继续使用；⑤维修增氧机等养殖设备时尽量拖出来修理，切勿在虾塘里修理；如果必须在池塘里修理，试机时一定要盖好绝缘盖，且人回到岸边再开机；⑥增氧泵修理过程中，维修人员应穿戴绝缘靴、绝缘手套等防护用品。

（4）防台防洪方面：①渔业生产者要对看护房、标识牌等设施进行加固或提前拆除，避免强风吹落发生重大财产损失和人身安全事故；②适当降低养殖水位，捞除水面漂浮物及杂质，防止阻水；同时要细心查看进出水口是否完好，有无受阻状况。

（5）常规防护设施方面：①饲喂通道临水临边段应安装防护栏杆；②养殖水域周边应设置防护栏杆和安全警示标志；③在有危险的设备设施上设置安全警示标志。

三十六、渔业捕捞安全应该管什么？

1. 渔业捕捞的定义

渔业捕捞是指捕捉捞取鱼类和其他水产经济动物的作业活动。在渔业安全生产管理实践中，管理的重点是海洋捕捞生产作业活动。

2. 渔业捕捞事故类型

渔业捕捞行业常见事故类型包括机械伤害、溺水、自沉、触损、火灾、商渔船碰撞、触电、急性中毒等。

3. 渔业捕捞过程典型安全隐患

（1）极端灾害性气候增多，渔民防范意识不强：①渔船超载、装载不合理、违章搭客；②渔船超航区、超抗风等级航行作业；③甲板上网具等移动物体未采取定位措施；④渔船极端灾害性气候下冒险作业；⑤渔船船员违反安全生产操作规程作业；⑥船员不按规定持证上岗、非驾驶人员无证驾驶；⑦船员生产安全值班制度不落实；⑧船员海上作业不穿着救生衣；⑨船员生产作业过度疲劳；⑩船东船长安全生产主体责任和第一责任意识不强。

（2）渔船船员素质下降，应急处置能力不足：①渔船船员年龄偏大，体能和反应能力差；②渔船船员文化程度低，海上职业安全技能差；③渔船船员队伍中农民工和内地打工仔多，不熟悉海况；④渔船船员海上应急处置能力不足；⑤渔船驾驶员海上经验不足，实际操作技能差；⑥渔船驾驶员不熟悉滩涂地貌、港槽变迁、进港航道；⑦渔船驾驶员不按规定值班、违规航行；⑧船东船长安全生产管理能力差。

（3）渔船整体质量下降：①老龄船多，新造船少；②木质船多，钢质船少；③小功率船多，大功率船少。

（4）渔业安全投入不足，安全保障能力不强：①渔港、渔用航标、气象服务、渔船监控等安全基础设施建设相对滞后；②海难救助、渔民职业教育、渔船渔民互助保险等安全保障体系建设相对滞后；船东自身安全投入严重不足，致使渔船在不适航的情况下出海生产作业；③渔船更新、修理、报检工作跟不上；④渔船救生、消防、通信等安全设备该配备的不配备、该换新的不换新；⑤渔船船员该培训的不培训、该持证上岗的不持证上岗。

4. 渔业捕捞安全监管的重点

管理客体主要包括渔业生产经营单位、渔港及其设施、渔船、渔业船员。

（1）渔业生产经营单位。对渔业生产经营单位的安全检查重点是安全管理情况，如安全生产投入、安全生产责任制落实、渔业船舶水上突发事件应急管理以及安全知识培训等方面情况。

（2）渔港及其设施。渔港及其设施是渔业生产补给、销售、避风的基地，渔港航道航标的完好状况，码头消防、防污染等配备使用的状况都是渔业安全检查的对象。

（3）渔船。对渔船实施的安全检查重点是各种证书证件与设施设备，包括船舶登记证书、检验证书、渔业捕捞许可证的有效性，救生、消防、通信、信号的配备与完好情况，防污设施的完好状况等。渔船出海前，驾驶、轮机、通信等各岗位人员应配备齐全；收听天气预报，掌握航行作业海域的天气情况；检查航海仪器设备，使通信设备、导航设备、号灯、号型等处于正常运行状态；按规定办好出港签证；渔船要装载合理，保持船舶稳定性良好；编组生产，不单独出海；船东还应为每位出海船员购买保险。

（4）渔业船员。对船员安全检查的重点主要是岗前培训和持证情况、岗位职责情况、安全知识掌握情况等。职务船员须持有效职务证书；普通船员必须经过安全基本技能训练。

 三十七、放牧安全应该管什么？

1. 放牧的定义

放牧，是使人工管护下的草食动物在水草茂盛处采食并将其转化成畜产品的一种饲养方式。

2. 放牧常见安全事故类型

放牧过程中存在的安全事故类型主要包括雷击、暴风雪灾害、人畜共患病、火灾，或由其导致的交通安全事故。

3. 放牧过程典型安全事故隐患

我国中小型牧场占比约为70%，多数存在建场时间早、使用年限长、设备设施老化、安全规划设计观念陈旧等问题，安全风险大。

（1）雷电危害。首先，农牧区地域开阔，出现雷击事故的概率较高。其次，农牧区居民流动性较强，生活居住不固定，基础设施比较落后，防雷设备常常不满足要求。最后，农牧民所使用的太阳能热水器及电视接收器等装置通常安装在建筑物顶上，拉扯在外面的电线、电源线等均未采取防雷防护措施，加大了雷电安全隐患。

（2）暴风雪灾害。在寒潮过程中，最突出的天气是降雪（雨）、大风和剧烈降温。连续数天或十多天的暴风雪，就会造成灾害。在牧区，由于寒潮暴风雪而酿成的"白灾"，导致牧草被雪深埋，牲畜吃不上鲜草，干草供应不上，造成冻饿或因而染病，发生大量死亡，对畜牧业危害很大。

（3）人畜共患病。人畜共患病，是在人类与脊椎动物之间自然传播的疾病，即人类与脊椎动物由同一种病原体引起的，在流行病学上相互关联的一类疾病。常见的有布氏杆菌病、结核病、高致病性禽流感、鼠疫、疟疾和黑热病。其传播途径有呼吸道、消化道、皮肤及节肢动物的叮咬等。由于一线人员自我防护意识差，嫌麻烦或怕增加成本，不配备、不佩戴口罩和手套等防护用品导致人畜共患病病例逐年增多。

（4）消防安全。消防安全隐患包括：一是草、料、油、电器设备混放；二是没有明显的防火、禁烟标识牌；三是场区、宿舍、库房、食堂等消防设备不到位，且没有做到功能性区域的严格分离；四是草料库等易着火处，灭火器容量过小，有的已经过期变成摆设；五是没有专业人员在现场排查和指导。这些隐患导致火灾频发，人畜伤亡，损失惨重。

（5）交通安全隐患。铁路沿线居民放养的牲畜容易窜上铁路，导致列车躲避不及发生行车事故，若列车与牛、马等体重较大的牲畜相撞，则可能导致列车脱轨等重、特大事故，给国家财产和人民生命安全造成巨大损失，严重危及铁路运输安全。同样，如果在公路边沟放牧，牲畜受惊突然冲上道路，有可能导致牲畜与车辆发生碰撞事故。

4. 农牧区典型事故预防措施

（1）雷电灾害预防措施。针对农牧区预防雷电灾害能力欠缺的问题，相关部门应做好以下几点：①给予农牧区提供建房选址、设计上的科学指导，减少灾害发生频率，提高防雷设施的完好性；②建立基层防灾减灾体系，加强组织管理能力，通过与气象部门的合作提高雷电灾害监测预警水平，把气象信息及时准确地传递给农牧民；③推动防雷装置的安装，提高防雷装置的普及率；④争取政府与相关部门的工作支持，进一步加强农牧区气象科普宣传队伍建设，在农牧区开展防雷知识讲座，加强对防雷减灾知识的讲解，吸引群众参与学习，让防雷意识深植于农牧民心中。

（2）暴风雪恶劣天气预防措施。加强棚圈建设，在雪灾发生后实行牲畜圈养，避免风雪直接危害。在放牧转场途中，则要利用避风向阳、干燥的地形，垒筑防风墙、防雪墙，尽可能做到避寒防冻，以减轻暴风雪的危害。

（3）交通安全事故预防措施。对破损的隔离网及时修复，做到源头管控，有效遏制高速放牧行为的出现，为高速公路营造安全、畅通的道路通行环境。

5. 放牧区安全监管的重点

（1）督促牧场完善安全生产责任制，建立健全牧场岗位安全管理制度。

（2）加强安全教育培训，提高中小型牧场负责人的安全生产意识，同时指导牧场做好员工的安全知识培训。

（3）督促牧场严格执行牧场生产操作流程，按规定对从业人员和牛群进行免疫检疫和安全防护。对已发生疫病的不健康牛群进行净化，对患病人员进行医治和补偿，对工伤和死亡员工按照相关政策给予赔偿。

（4）有关部门应严密监视可能引发暴风雪的天气形势，提前预报暴风雪的强度和影响范围，并发布相关预警信号，提醒各界提前防御。

（5）加强防雷监测预警工作，减少因避灾不及引起的灾害损失。规范防雷装置的验收与检测工作，提高防雷装置的有效性。

（6）执法人员应深入监管路段的沿线村庄，为村民宣讲《中华人民共和国公路法》等法律法规，向村民讲解边沟放牧行为带来的危害及严重后果。

（7）督促牧场对存在的安全隐患及时整改，避免隐患发展为事故。

6. 拓展阅读

《中华人民共和国铁路法》第五十二条规定，"禁止在铁路线路两侧 20 米以内或者铁路防护林地内放牧"。

《铁路安全管理条例》第二十九条第一款规定，"禁止在铁路线路安全保护区内烧荒、放养牲畜、种植影响铁路线路安全和行车瞭望的树木等植物"。

《中华人民共和国道路交通安全法》第三十一条规定，"未经许可，任何单位和个人不得占用道路从事非交通活动"。

 三十八、森林防火安全应该管什么？

1. 森林火灾的定义

根据森林火灾燃烧部位、性质和危害程度，可将森林火灾分为地表火、树冠火和地下火。

地表火：最常见的一种林火，指火从地表面地被植物以及近地面根系、幼树、树干下皮层开始燃烧，并沿地表面蔓延的火灾。

树冠火：指地表火遇到强风或遇到针叶幼树群、枯立木或低垂树枝，烧至树冠，并沿树冠顺风扩展。

地下火：地下火一般容易发生在干旱季节的针叶林内，火在林内根系、土壤表层有机质及泥炭层燃烧，蔓延速度慢，温度高，持续时间长，破坏力极强，经过地下火的乔木、灌木的根部被烧坏，大量树木枯倒。

按照受害森林面积和伤亡人数，森林火灾分为一般森林火灾、较大森林火灾、重大森林火灾和特别重大森林火灾。

一般森林火灾：受害森林面积在 1 公顷以下或者其他林地起火的，或者死亡 1 人以上 3 人以下的，或者重伤 1 人以上 10 人以下的。

较大森林火灾：受害森林面积在 1 公顷以上 100 公顷以下的，或者死亡 3 人以上 10 人以下的，或者重伤 10 人以上 50 人以下的。

重大森林火灾：受害森林面积在 100 公顷以上 1000 公顷以下的，或者死亡 10 人以上 30 人以下的，或者重伤 50 人以上 100 人以下的。

特别重大森林火灾：受害森林面积在 1000 公顷以上的，或者死亡 30 人以上的，或者重伤 100 人以上的。

2. 森林火灾的危害及其影响因素

1）森林火灾的危害

森林火灾号称世界八大自然灾害之一，突发性强、破坏性大。

（1）烧毁林木。森林一旦遭受火灾，最直观的危害是烧死或烧伤林木。森林是生长周期较长的再生资源，遭受火灾后，其恢复需要很长的时间。特别是高强度大面积森林火灾之后，森林很难恢复原貌，常常被低价林或灌丛取而代之。

（2）烧毁林下植物资源。森林除了可以提供木材以外，林下还蕴藏着丰富的野生植物资源。如东北大兴安岭林区的"红豆"（越桔）和"都仕"（笃斯越桔）等是营养十分丰富的野果，现已开发了红豆果茶、都仕果酒等天然绿色食品，深受广大消费者的青睐。这些林副产品都具有重要的商品价值和经济效益。然而，森林火灾能烧毁这些珍贵的野生植物，或者由于火干扰后，改变其生存环境，使其数量显著减少，甚至使某些种类灭绝。

（3）危害野生动物生存环境。森林是各种珍禽异兽的家园。森林遭受火灾后，会破坏野生动物赖以生存的环境，有时甚至直接烧死、烧伤野生动物。由于火灾等原因而造成的森林破坏，使得我国不少野生动物种类已经灭绝或处于濒危，如野马、高鼻羚羊、新疆虎、犀牛、豚鹿、朱鹭、黄腹角雉、台湾鹇等几十种珍贵鸟兽已经灭绝。

（4）水土流失。森林具有涵养水源、保持水土的作用。据测算，每公顷林地比无林地能多蓄水 30 立方米。3000 公顷森林的蓄水量相当于一座 100 万立方米的小型水库。因此，森林有"绿色水库"之美称。此外，森林树木的枝叶及林床（地被物层）的机械作用，大大减缓了雨水对地表的冲击力；林地表面海绵状的枯枝落叶层不仅具有减缓雨水冲击作用，而且能大量吸收水分；加之森林庞大的根系对土壤的固定作用，使得林地很少发生水土流失现象。因此，严重的森林火灾不仅能引起水土流失，还会引起山洪暴发、泥石流等自然灾害。

2）森林火灾的影响因素

森林火灾的发生受到多种因素影响，地区性差异明显。森林火灾起火原因有自然原因，也有人为原因。从自然原因来讲，主要影响因素有可燃物、火源、气候气象和地形。

（1）可燃物。可燃物是森林火灾的物质基础。森林中的可燃物包括所有乔木、灌木、草木、地衣、枯枝落叶、腐殖质和泥炭等。

（2）火源。从人为角度来看，森林火源又可分为生产性火源（如烧垦、烧荒、烧木炭、机车喷漏火、开山崩石、放牧、狩猎和烧防火线等）和非生产性火源（如野外做饭、取暖、用火驱蚊驱兽、吸烟、小孩玩火等）。事实上，除了少数因雷击、火山爆发和陨石降落等自然原因导致起火外，绝大多数森林火灾是人为造成的。

（3）气候气象因素。气候条件是森林火灾发生区域和发生阶段的决定因素。就我国而言，秦岭以北地区火灾主要发生在春夏两季，因为春夏气候干燥，植物含水率低，易燃烧。在秦岭以南地区，火灾多发生在气候较干燥的冬季和春季。在四季不分明，只有干湿两季的地区，森林火灾多发生在干季。

空气湿度的大小直接影响可燃物水分的蒸发速度，随着相对湿度的减小，越容易发生火灾。温度越高可燃物水分蒸发越快，同时温度越高，可燃物越容易达到燃点。风也会影响空气湿度。最可怕的是，一旦起火就会发生"火借风势、风助火威"的局面。因此，风是造成火灾损失的主要因子。

（4）地形因素。坡度大小会直接影响可燃物含水率变化，坡度陡，降水易流失，可燃物易干燥。相反，坡度平缓，水分滞留时间长，林地潮湿，不易起火。

坡向不同，接受阳光的照射程度不同，温湿度、土壤和植被都会有差异。一般向阳坡接受的阳光时间长，温度较低，湿度较低，土壤和植被较干燥，容易发生火灾，火灾发生后蔓延速度也较快；背阴坡则相反。

3. 森林火灾典型安全隐患

（1）自燃。林区农业多位于偏远山林边缘地段，交通不便，而且这里枯枝败叶杂草丛生，一旦有连续多日的高温，植物便极易燃烧。

（2）用火操作不规范。野外烧荒、焚烧秸秆或焚香烧纸等活动中，未采取任何火灾防范举措，如果再遇上天气干燥、空气闷热等情形，很容易引起森林火灾。

（3）雷电。雷电击中树木引发火灾。

4. 森林火灾预防对策

（1）建立健全森林防火宣传体系。①会议宣传，每年在秋冬防和春防期间要召开相关部门会议，分析森林防火形势，研究辖区内的森林防火对策、措施等；②媒体宣传，通过广播、标语、宣传车等宣传媒介，大力宣传森林防火知识和相关信息，张贴禁火令、火险等级警告等；③部门宣传，每年根据实际需要适时发放防火戒严令到各个自然村中去；④在林区主要路口、公路沿线设置固定防火宣传警示牌，刷写防火固定标语；⑤在中小学学生中通过开设森林防火教育课、开展森林防火知识教育，教育学生严禁上山玩火，树立安全用火意识。

（2）火源管理措施。①严格执行野外用火审批制度，对生产性用火严格按规定报批，并要求在规定的条件下用火，确保不跑火；②推行村委会与近山生产的农户、果树户和山上作业的单位或个人签订防火协议书，确保进山和山上作业人员不随意用火；③对辖区内存在精神问题的人员，进行造册登记，加强管理、落实监护人，防止非正常玩火引发森林火灾；④组织野外火源巡查队伍，严格办事，做到见烟就查，违章就罚；⑤采取严看硬守措施，防火期内实行领导带班的24小时防火值班制度，在高火险天气及重要节假日，组织辖区内镇、村干部深入一重山、二重山，特别是重要进山路口、重点部位、重点地段进行严看硬守，消除火灾隐患，在"冬至""清明"期间，要动员组织辖区内镇村干部深入路口山头，查禁火种上山，强化巡山护林；⑥发挥森林防火检查站作用，防止人员带火种进山，在林区道路、易燃性高的林场、重要坟场、景点、寺庙等地设立宣传牌、警示牌。

（3）推进森林火灾扑救队伍建设。根据辖区内林地面积的多少设置相关数量的扑火队伍，配备相应的防火设施。由县森林防火指挥部门指导，乡镇人民政府组织镇扑火队伍进行演练、点演，不断提高森林防火人员的思想和业务素质。

（4）建立基层防火应急预案。基层乡镇人民政府根据县级森林火灾应急预案制定处置办法，结合本辖区的特点制定应急预案。一旦发生森林火灾，马上通知村级扑火队伍上山扑火。乡镇扑火队伍在10分钟内集结完毕，赶往现场指挥扑救并将火情上报有关部门。同时落实指挥场所建设，配备望远镜、数码相机、地形图、罗盘仪等必要的设备。

（5）加强森林防火基础建设。①建设扑火物资储备库，构建森林火灾防范储备库管控机制；②科学建设生物防火林带，以在火灾发生时起到阻断林火蔓延作用。

5. 森林火灾预防的监管重点

（1）森林防火责任单位应多深入基层，重点检查领导是否到岗到位、责任是否落实、通信设施设备是否齐全、瞭望值机人员是否在岗、预警响应机制是否落实、火源管理是否到位等。

（2）检查防火检查站和临时检查点是否严格执行入山关口检查制度。对过往车辆和人员进行严格检查、实名登记、收缴火种和防火宣传。

（3）定期检查风险因子，及时通报，发现问题限期整改，确保问题整改到位、不留隐患。

 三十九、草原防火安全应该管什么？

1. 草原火灾事故等级

根据《草原火灾级别划分规定》第三条、第四条，按照受害草原面积、伤亡人数和经济损失，将草原火灾划分为特别重大（Ⅰ级）、重大（Ⅱ级）、较大（Ⅲ级）、一般（Ⅳ级）四个等级。具体划分标准如下：

（1）特别重大（Ⅰ级）草原火灾，符合下列条件之一：①受害草原面积在8000公顷以上的；②造成死亡10人以上，或造成死亡和重伤合计20人以上的；③直接经济损失500万元以上的。

（2）重大（Ⅱ级）草原火灾，符合下列条件之一：①受害草原面积5000公顷以上8000公顷以下的；②造成死亡3人以上10人以下，或造成死亡和重伤合计10人以上20人以下的；③直接经济损失300万元以上500万元以下的。

（3）较大（Ⅲ级）草原火灾，符合下列条件之一：①受害草原面积1000公顷以上5000公顷以下的；②造成死亡3人以下，或造成重伤3人以上10人以下的；③直接经济损失50万元以上300万元以下的。

（4）一般（Ⅳ级）草原火灾，符合下列条件之一：①受害草原面积10公顷以上1000公顷以下的；②造成重伤1人以上3人以下的；③直接经济损失5000元以上50万元以下的[①]。

2. 草原火灾的危害

草原火灾会大量烧毁草地，破坏草原生态环境，降低畜牧承载能力，并促使草原退化。草原火灾危害主要表现在以下几个方面：

（1）草原火灾不仅会烧死草地，降低草地密度，破坏草原结构；同时还会引起草原植物演替，降低草地的利用价值。

（2）由于草原烧毁，造成草场裸露，失去草地涵养水源和保持水土的作用，将引起水涝、干旱、泥石流、滑坡、风沙等其他自然灾害发生。

（3）草原火灾后，促使草原环境发生急剧变化，使天气、水域和土壤等草原生态受到干扰，失去平衡，往往需要几十年或上百年才能得到恢复。

（4）草原火灾能烧死并驱走草原上珍贵的动物，草原火灾发生时还会产生大量烟雾，污染空气环境。

3. 草原火灾典型安全隐患

引起火灾的原因除了人为原因以外，因自然原因引起的干旱、雷击火等造成的草原火灾也时时威胁着草原的安全。

（1）雷电是常见的起因。草原上覆盖的丰富可燃物遇到雷电极易引起草原火灾。

---

① "以上"含本数，"以下"不含本数。

（2）可燃物自燃。秋后降雪前和来年春季化雪之后，由于气候干燥、风大、日照时数长，可燃物自燃常会引起草原火灾。

（3）磷火。草原区大量的死畜骨架遗留在草原上，而骨中丰富的磷很容易引起野火。

（4）境外火蔓延。外来火（源）主要指从与接壤地带烧入的火。我国有2.28万公里陆地边境线，其中1.4万公里位于天然草原分布区，易过火草原边境线长3000余公里。与我国接壤的蒙古国、俄罗斯和哈萨克斯坦等周边国家草原火灾频发，增加了我国北方毗邻边境地区草原防火工作的压力。

（5）人为动火。人为动火包括露天炊事用火、篝火、上坟烧纸等，其中上坟烧纸引起的火灾占草原火灾的大多数。

4. 草原火灾预防对策

（1）落实防火责任。把防火责任落实到乡镇，落实到具体责任人。

（2）防火知识的教育和宣传工作。定期开展草原防火的教育和宣传工作，使广大人民群众真切地意识到野外用火的不安全性和危害性，尽可能地不要在野外使用明火。宣教过程中，要将防火的一些最基本的措施以及对策普及到每一位民众心中。要在每个村组适当进行草原防火宣传教育座谈会。在条件允许和能力达到的情况下，通过电视台、报刊网络、手机短信平台、微博、公众号等，普及草原防火法律法规、防火知识及造成草原火灾肇事者的法律责任等知识，增强全民防火意识，努力做到草原防火法规家喻户晓，入脑入心，警钟长鸣。

（3）加强重点时段区域的巡查力度，畅通举报渠道，发现问题从重处罚。对草原进行重点管护，督促护草员在夏季高温重点时段、重点区域加强检查看守。加大执法监督力度，严格管控野外用火，严厉打击人为纵火。火灾发生后，迅速查明原因，追究相关人员责任，严惩肇事人员。主动向社会公开违规野外用火举报电话，畅通举报渠道，建立奖励制度，筑牢火灾防控人民防线。

（4）抓好草原火险预警。加强对形势的分析研判工作，完善草原火灾预警机制，及时发布火灾火警火险信息预警，做到因险设防、因险施策。加强火情监测，强化日常巡护，细化应急响应措施，实行护草员日报告制度，利用微信工作群及时掌握各村草原防火灭火工作情况，确保火灾早发现、早报告、早处置。

（5）提高处置能力。要按照"打早、打小、打了"原则，完善应急预案，备足物资装备，科学前置力量，加大队伍培训力度，确保闻令而动、有火即出。树立安全扑打、科学施救理念，做到火情不明先侦察，气象不利先等待，地形不利先规避。

5. 草原火灾预防的监管重点

（1）春夏等防火关键期，加强入山人员管理，做到凭证入山，严禁携带火种入山，彻底清理未经批准的入山人员。

（2）严格执行各项火源管理制度，野外用火必须经过严格审批。传统祭奠节日期间，要组织人员在山头、道口、墓地加强巡查，避免违规用火。

（3）在草原防火期内，禁止在草原上野外用火。因生产活动需要在草原上野外用火的，应当经县级人民政府草原防火主管部门批准。

 四十、电动自行车火灾安全应该管什么？

1. 电动自行车火灾的定义

电动自行车火灾指电动自行车充电过程中电池故障引发车体及其周围可燃物燃烧的现象。

2. 电动自行车火灾的危害

电动自行车火灾危害主要表现在两点：火场温度和毒烟。高温和有毒烟气具有在短时间致命的特点，其危害不可小觑。一旦电动自行车燃烧起来，毒烟迅速向上蔓延，会很快导致室内烟雾密布，极易造成人员伤亡甚至群死群伤的火灾事故。

3. 电动自行车火灾的原因

据消防救援局统计，2021 年 1 至 7 月，全国发生电动自行车火灾事故 6462起。从火灾场所看，居民住宅、自建房和沿街门店是电动自行车火灾高发场所。起火的直接原因是电气故障和自燃，分别占电动自行车火灾总数的 62.1% 和23.5%；而过充电、电池单体故障、电气线路短路是导致电动自行车电气火灾的根本原因。系统性因素则包含以下三个方面。

（1）电动自行车本身设计存在缺陷。很多厂家为了节约成本缩短保险丝焊点，而个别小厂甚至不安装电瓶保险丝，从而增加了电动自行车短路、打火的可能性。

（2）电瓶充电不规范。多数电动自行车用户在充电时，不能严格按照厂家规定进行，而且经常出现通宵充电情况。这种错误的操作很容易加重电瓶老化，破坏电瓶内部结构。除此之外，长期过度充电会导致电瓶过热，在极端情况下还可能引发爆炸，造成火灾事故。

（3）修理维护不专业。维修人员未经培训直接上岗操作，而且经常按照传统修自行车的方式维修电动自行车，在对车辆进行维修时随意改动电动自行车的线路和部件，这样一来就会显著增加电动自行车的火灾风险。

4. 电动自行车火灾事故预防对策

（1）规范产品选用。应选购、使用已获生产许可的厂家生产的质量合格的电动自行车、充电器和电池，不得违规改装电动自行车及其配件。

（2）规范停放地点。电动自行车应停放在安全地点，不得停放在楼梯间、疏散通道、安全出口处，不得占用消防车通道。这要求在居民小区或公共场所设计初期，将电动自行车集中停放充电场所纳入整体规划。

（3）规范充电方式。为电动自行车充电的线路插座应当固定敷设，不得私拉乱接电源线路；应按照使用说明书的规定进行充电，不得长时间充电；充电应尽量在室外进行，周围不得有可燃物。

（4）规范日常管理。居民小区的物业管理单位负责共用区域电动自行车停放、充电管理，开展消防安全巡查检查和消防宣传；有条件的，可设置集中的电动自行车充电点，或设置带安全保护装置的充电设施供居民使用。

（5）规范维修管理。提醒居民一旦发现故障，要到正规维修机构修理，不能擅自随意对其进行拆卸，尤其是电气保护装置，避免电气线路和保护装置遭到破坏。

（6）建设充电桩，强化源头管控。单位要通过集中建设充电桩对电动自行车进行集中管理，避免电动自行车随意充电情况发生。

（7）探索新型执法机制，考虑借鉴公安交通部门或综合执法部门办案程序，对相应违法行为视频（照片）取证后直接张贴罚单，简化办案程序。

（8）增强各部门监管合力。电动自行车消防安全监管是一个全链条式工作，涉及生产、销售、使用等多个环节。虽然电动自行车的消防安全问题以发生火灾事故等形式直接体现出来，但仅靠消防救援机构等一两家部门难以起到"根治"效果，需要工信、公安、住建、市场监管、消防救援、应急管理、规划、综合执法等多部门共同参与，全链条式开展综合治理。

5. 电动自行车火灾预防的监管重点

（1）禁止购买不符合国家安全标准的电动自行车。新上牌的电动自行车应满足《电动自行车安全技术规范》（GB 17761—2018）的技术要求。

（2）禁止电动自行车在室内、楼道等位置充电，禁止电动自行车违规停放在楼梯间、疏散通道等公共区域。

（3）电动自行车防火宣传教育是否到位，关键部位是否张贴或设立电子警示牌。

（4）加强对上市电动自行车质量的监管，同时防范现有电动自行车的安全风险。

 四十一、农村公路交通安全应该管什么？

1. 农村公路的定义

农村公路是村庄与村庄、村庄与村庄群相互连接的公路，是除省道、国道之外衔接行政村、乡镇、县城及渔、牧、林、农等生产基地，用于机动车通行的道路系统，分为村道、乡道及县道。

2. 农村公路交通事故风险特征

农村低等级公路由于交通组成成分复杂，道路条件差，安全防护设施不足，加之监管不力，重大交通事故频发。其事故特征风险如下。

（1）从事故整体情况来看，农村交通事故发生呈上升趋势，农村交通事故增长率高于农村道路里程增长率，重大交通事故多发。

（2）随着农村"机动化"进程演进增速，农村车辆安全隐患上升。受收入水平制约，农村居民购置交通工具优先解决有无问题，对购置车辆的安全技术性能重视程度不高，加之维护保养不够、检验检测不受重视、使用强度较高等原因，车辆安全技术性能下降较快，交通安全隐患上升。

（3）农村"空心化"问题日趋严峻，"小危、老增"交通事故特征逐渐凸显。学龄儿童因交通事故导致的伤亡人数呈上升趋势，老年人口驾驶需求上升导致的事故风险增加。

（4）农村道路基础条件比较薄弱，"路险、人祸"交通安全风险长期并存。险要路段安全防护是农村地区"控大"工作的关键所在；平交路口、弯坡、无隔离等重要点段的精细化管理是事故"减量"的根本所在；交通参与者规则意识淡薄是制约农村交通安全的主要症结。

我国农村道路绝大多数是三级以下和等外的一些公路，道路等级低、路况差、安全防护设施严重缺乏，一些道路还是急弯陡坡、邻水临崖的高危路段，一旦发生事故后果严重。

3. 农村公路交通事故主要原因

按照我国道路交通管理的有关规定，道路交通事故主要分为碰撞、碾压、刮擦、翻车、坠车、失火和其他事故形态。道路交通事故发生时，相同的事故形态往往具有相同或相近的起因。农村公路普遍建造等级较低，交通事故的发生概率高。造成农村交通安全事故的主要原因有以下几点。

（1）安全意识薄弱。诱发农村交通事故的因素主要包括超速行驶、酒后驾驶、疲劳驾驶、违规会车、超车等。农村公路交通安全事故中，乘客、行人、驾驶员、自行车驾驶者的行为特征对公路交通受伤人数、事故总数影响较为显著。其中，行人与自行车驾驶者"我行我素"的心理特征，对交通安全的影响相对明显；驾驶员信息接收受到影响或驾驶技能、安全意识欠缺，或者缺乏良好的驾驶习惯，都将导致驾驶决策出现偏差；乘客方面主要指车辆乘客未做好安全措施。

（2）农村公路等级较低。大量的简易公路路况差，缺桥少涵，抗灾能力低。绝大部分通乡通村道路狭窄，一般为3至4米宽，无法通行公交车。道路路基差，造成行人、非机动车、机动车无法分离，各种交通方式混行。

（3）道路交通安全设施严重不足，安全行车条件差。存在只重视道路建设，忽视交通安全设施的现象，部分路段道路等级提升后，相应的交通标志标线、安全防护设施未能同步升级改造。很多农村公路标志标线、隔离桩、护栏等交通安全设施严重匮乏，无法正确警告和提示驾驶人安全行车。

（4）农村公路建设工程规划中，考虑安全因素不够。一些农村公路修建时没有认真设计，甚至有的也没有设计，导致修建的道路急弯多、岔口多、行车视线不良、路面易滑等问题较多。有的道路拓宽时，没有配套改造原有的桥涵，造成宽路窄桥、险桥多。

（5）农村公路养护不足，安全隐患整改难度大。长期以来农村公路养护主体不明确，责任不落实，经费无保障，养护机制缺乏活力，养护质量不高。不少乡镇道路由各乡镇及行政村自筹资金修建，没有资金投入，道路缺少养护，损坏严重。

4. 农村公路交通安全管理对策

为有效降低农村道路交通安全事故发生率，必须完善农村道路交通安全设施，提高村民的交通安全意识，同时尽量增加公共交通设施。

（1）增加净空区宽度。针对施工开挖的宽度不够，后期养护不足造成净空区域减少的路面，设计时，就需要有目的地进行规避，在设计路面时增大开挖宽度，增加路基宽度；或者在满足路面和路基排水的基础上，将排水管加上混凝土盖板或者设置为蝶形，以增加路面净空宽度，从而保证道路行车安全。

（2）硬化路肩设计。对于土路肩由于雨水冲刷造成的路基悬空现象，设计时可以考虑将路肩进行硬化设计，虽然对于成本可能会有所增加，但是硬化路肩设计，一方面可以增加路面宽度，使得行车更加安全；一方面可以优化排水设计，减少雨水的冲刷影响，有效规避路面悬空现象，利用排水沟将雨水排出去，从而延长道路使用时间，保证农村道路行车安全。

（3）完善交通标志。①根据地形条件和道路环境，因地制宜地进行交通标志设计。例如，对于长下坡或者陡坡路段，应该设置限速行驶或者警示、下陡坡等道路交通标志，以提醒驾驶员提前做好预防。对于急弯或者视距不足的情况，应该设计急转弯标志，或者可以在急转弯外侧设置广角镜。对于学校或者村庄等有人活动的区域，应该提前设置"注意行人""减速慢行"等标志，以便于驾驶员提前做好预防措施。②注意设置位置选取。合理选择安全标志设计位置，让驾驶员对前方路况有一个大概的认识，提前做好应急准备工作，以减少安全事故发生。一般而言，道路交通安全标志距离危险点距离的设定，以该路段的设计车速和不同速度下驾驶员的可视距离作为依据。行车速度和可视距离成反向变化关系，车速越快则可视距离越小，反之亦然。③注意交通标志线设置。道路交通标志不只包括道路交通安全标志，也包括道路交通安全标线。农村道路交通安全设施设计时，需要有意识地进行设计，完善道路交通标志线，从而规范道路行车秩序，保证道路行车安全。

（4）加强防护设施建设。在进行农村道路交通安全设施规划设计时，需要加强防护设施的规划设计，根据地形情况以及实际需要加强防护设施的设计，因地制宜地采用混凝土防护栏或波形护栏，对道路行车的危险区域进行有效防护。

（5）通过宣传教育提高农村居民的交通安全理念与意识。首先，结合农村经济发展对道路流通的影响，阐述传统行车与出行理念的问题，从而帮助农村居民更有效、更全面地了解交通安全意识提升的必要性与重要性。其次，借用新媒体、自媒体等技术，帮助农村居民深入理解并认识农村公路交通安全问题的严峻性，明确交通安全与当地经济发展的内在联系，从农村建设的角度出发，逐步提升农村居民对交通安全的重视。最后，做好分类教育，即将交通安全教育划分为驾驶者教育与普通行人、非机动车教育。

（6）构建多主体的管理系统，即构建由村委会、交通、公安等组织机构共同参与的交通管理系统。

（7）拓宽乡村道路，构建公交车的行车条件，满足公共出行需求。

5. 农村公路交通安全监管的重点

（1）在现有的乡村公路设计与建设中，重点检查暗弯，即边坡、房屋、树林等影响车辆驾驶者视线的因素，清除障碍物，提高行车视距。

（2）加强对车辆的管理，特别要加强对超年限、报废车的管制。

（3）根据道路等级合理限制车速，确保骑行者或驾驶员的行驶速度在安全范围内。

（4）加强超速、超载、疲劳驾驶、酒驾等违章驾驶行为的管理。

（5）公路安全设施要与主体工程同时设计、同时施工、同时投入使用，县级人民政府要组织公安、应急等职能部门参与农村公路竣（交）工验收。

（6）督促建立县有路政员、乡有监管员、村有护路员的路产路权保护队伍。

 ## 四十二、农用车车牌与驾驶员证应该怎么管？

1. 农用车的定义

农用汽车简称农用车，是对适合农业运输使用要求的载货汽车的统称，包括专为农业运输设计的汽车（包括行驶速度较低的三轮、四轮运输车），以及将普通载货汽车改装用于农业运输的各种专用车。

2. 农村地区道路交通安全现状

随着农村经济的快速发展，农村各类机动车呈猛增趋势，特别是低速载货汽车（原四轮农用运输车）、三轮汽车、拖拉机。农用车在农业生产中占主要地位，促进了农业机械化水平的提升，加快了农村经济发展步伐。然而，农用车交通事故多发已成为当前交通安全管理工作的突出问题。统计数据显示，2002年以来在全国交通事故死亡人数总体下降的情况下，农民在道路交通事故中的死亡人数所占比例却呈上升趋势，农村正在逐渐取代城市成为新的交通事故多发区域。频发的农村道路交通事故已经严重危害了农村地区的人民生命财产安全，已引起了各级政府的高度关注。驾照与车牌方面，在农村道路交通事故中，很多情况下是驾驶员无驾照，车辆无牌照。其中无驾照的比例为21.91%，无车牌的比例为15.99%。农村道路上行驶的车型种类相对高速公路、城市道路等情况要复杂，但是驾驶机动车导致的农村公路交通事故最多，其中以驾驶汽车和摩托车的交通方式居多。

此外，目前农村交管工作还长期存在农用车载人、无牌无证摩托车、不按规定粘贴反光标识及农村道路交通安全标识设置不完备的问题。

3. 农用车车牌安全监管的重点

由于农用车是在拖拉机基础上发展起来的一种运输机械，发展历史较短，是新生事物。对农用车辆实行号牌管理，是农机安全监理机构的一项重要职责。主要管理措施如下：

（1）车牌发放足额数量。众所周知，机动车辆号牌一副有两块，分别挂在车辆前方和后方。但是有的农机监理站在发放拖拉机号牌时，只发给农机手一块，而将另一块"留"下来，其理由是：如果农机手丢失了一块，便于给他补发。按照国务院《中华人民共和国道路交通安全法实施条例》第十三条规定："机动车号牌应当悬挂在车前、车后指定位置，保持清晰、完整。"因此，农用车辆号牌应完整发放。

（2）加强临时号牌使用管理。纸质临时号牌与正式的金属号牌具有同等功能，只是有效期较短（15天）。按照规定，临时号牌仅适用于以下情况：①需要临时上道路行驶，但是还未取得正式号牌和行驶证，例如购买了新车，从销售单位开回家的路上使用；②确实丢失了车牌，在等待制作、补发新号牌期间需要上路行驶。对于农用车辆临时号牌的管理，应当与管理金属号牌一样，做到有专人、有制度、有盘点。不能滥用临时号牌。

（3）号牌规范悬挂。号牌是认定机械合法身份的表证，是体现管理工作成效的形象代言。"不按规定悬挂号牌"在法律上有四种释义：①未按照法律规定及时取得合法有效的号牌，自然无从挂起；②虽然取得了号牌却有牌不挂；③号牌没有挂在指定位置上；④号牌被挪用、转借到其他车辆上，即通常所讲的套牌、假牌。农用车辆号牌在使用过程中应严格按照相关要求进行悬挂，保持清晰、完整，不得故意遮挡、污损。

4. 农用车驾驶证安全监管的重点

农用车驾驶证管理措施大致如下：

（1）驾驶证管理。根据《中华人民共和国道路交通安全法实施条例》规定，农业（农业机械）主管部门应当定期向公安机关交通管理部门提供拖拉机登记、安全技术检验以及拖拉机驾驶证发放的资料、数据。公安机关交通管理部门对拖拉机驾驶人作出暂扣、吊销驾驶证处罚或者记分处理的，应当定期将处罚决定书和记分情况通报有关农业（农业机械）主管部门。吊销驾驶证的，还应当将驾驶证送交有关农业（农业机械）主管部门。

（2）驾驶证办理。农用车（拖拉机）由直辖市农业（农业机械）主管部门农机安全监理机构、设区的市或者相当于同级的农业（农业机械）主管部门农机安全监理机构负责办理本行政辖区内拖拉机驾驶证业务；如果农用车属于低速载货汽车（原四轮农用运输车），C3驾照的，前往所属地区的车辆管理所申请办理。

 四十三、渡口渡船安全应该管什么？

1. 渡口渡船的定义

渡口指道路越过河流以船渡方式衔接两岸交通的地点，包括码头、引道及管理设施。渡口渡船是指利用渡口、陆岛交通码头，通过渡船在特定水域范围内从事人员、车辆、货物运输服务的活动。

2. 渡口渡船典型安全隐患

（1）渡口：①渡口未经发文批准；②未设置渡口标志牌；③无渡口守则或乘客须知；④乘客安全通道不规范；⑤靠泊设施不安全。

（2）渡船：①无有效船舶检验证书和船舶登记证书；②渡船外观存在缺陷；③船体结构存在安全缺陷；④助航设备欠缺或失效；⑤锚缆设备损坏失效；⑥救生设备欠缺失效；⑦消防设施欠缺失效；⑧安检缺陷未纠正。

（3）渡工：①未持有效渡工证书；②未经过相关安全培训；③工作时间未在船上；④超载渡运；⑤冒险渡运。

（4）安全管理：①未建立安全相关制度；②未按要求开展应急演练；③未指定专职管理人员；④未开展日常安全检查；⑤重大节假日无人值班；⑥未建立安全管理台账。

3. 渡口渡船安全管理对策

（1）完善渡口渡船安全管理工作考核评估和责任追究制度。明确县、乡、村各级和渡口经营人以及有关职能部门渡运安全管理职责，落实渡口渡船安全管理工作，并逐级签订渡口渡船安全管理责任书，明确落实各级安全监管责任和渡口经营人的安全生产主体责任。

（2）对渡口经营性质进行界定，开展多样化运行模式。按照渡口运营条件，将渡口划分为经营性渡口、义渡和半义渡三类，采取不同的措施。营收条件良好的经营性渡口，一般运营人比较清晰和明确，在进行安全管理方面能够找到责任主体进行管理、宣传与教育。而义渡、半义渡由于日常收入不足，难以维持渡口渡船的日常维护，甚至渡工的日常生活都难以保障，因此需要研究出台相关政策来维持义渡、半义渡的运营。比如由当地县、乡、村按比例组成工资保障基金和养老基金，为在岗船员和按规定退休船员办理农村医疗和养老保险，从而使整个渡口渡船运输工作具有基础保障。

（3）强化行业基础条件建设。按照标准对渡口进行建设及改造，使渡口具有兼容性，不仅能够与公路进行有效衔接，同时具备信息化接口，为渡口信息化管理奠定基础。

（4）加强安全宣传教育。开展县乡政府渡管员、渡运企业负责人和渡船船员安全教育培训，增强渡运从业人员的安全意识和操作技能；开展渡口渡船安全管理品牌创建活动，推进渡运安全文化建设，切实发挥其对渡运安全工作的引领和推动作用。

（5）健全安全生产监督机制。健全社会公众广泛参与的安全生产监督机制，鼓励群众监督举报各类安全隐患。地方交通运输管理部门应设置安全生产举报电话、举报电子信箱，发挥媒体的舆论监督作用，畅通隐患、事故及不当执法举报渠道，及时核查举报内容，鼓励广大群众参与渡运安全随手拍活动，实现全民参与，随时发现渡运安全隐患，将渡运安全隐患消灭在萌芽中。

4. 渡口渡船安全监管的重点

（1）渡口的安全条件：①选址应当在水流平缓、水深足够、坡岸稳定、视野开阔、适宜船舶停靠的地点，并且与危险物品生产、堆放场所之间的距离符合危险品管理相关规定；②具备货物装卸、旅客上下的安全设施；③配备必要的救生设备和专门管理人员。

（2）渡口是否根据其渡运对象的种类、数量、水域情况和过渡要求，合理设置码头、引道，配置必要的指示标志、船岸通信和船舶助航、消防、安全救生等设施。

（3）渡运车辆是否超过渡船限载、限高、限宽、限长标准，超过标准的不得渡运。渡运危险货物车辆的，渡口应当设置危险货物车辆专用通道。

（4）渡口是否在明显位置设置公告牌，标明渡口名称、渡口区域、渡运路线、渡口守则、渡运安全注意事项以及安全责任单位和责任人、监督电话等内容。

（5）渡口渡船安全管理制度是否健全，安全管理责任制是否落实。

（6）渡口运营人是否对渡口工作人员、渡船船员、渡工定期开展安全教育培训。

（7）应急预案及应急演练。日渡运量超过 300 人次渡口的运营人及载客定额超过 12 人的渡船应当编制渡口渡船安全应急预案，每月至少组织一次船岸应急演习。日渡运量较少的渡口及载客定额 12 人以下的渡船，应当制定应急措施，每季度至少组织一次演练。

（8）渡船应当按照相关规定取得船舶检验证书和船舶登记证书，并定期检验。

（9）渡船应当悬挂符合国家规定的渡船识别标志，并在明显位置标明载客（车）定额、抗风等级以及旅客乘船安全须知等有关安全注意事项。

（10）夜航的渡船是否配备夜间航行设备和信号设备。

（11）渡船应当按照规定配备消防救生设备，放置在易取处，保持其随时可用，并在规定场所明显标识存放位置，张贴消防救生演示图和标示应急通道。

（12）禁止水泥船、排筏、农用船舶、渔业船舶或者报废船舶从事渡运。

（13）船员和渡工的培训要求。渡船船员应当按照相关规定具备船员资格，持有相应船员证书。载客 12 人以下的渡船可仅配备渡工。渡工应当经过驾驶技术和安全培训，考核合格后取得海事管理机构颁发的渡工证书，方可驾驶渡船。渡船船员、渡工每年应当参加由渡口运营人、乡镇人民政府或者相关主管部门组织的至少 4 小时的安全培训。

（14）渡船应当在渡运水域内按照核定的渡运路线航行。

（15）渡船载客、载货不得超载。渡运水域的水位超过警戒水位线但未达到停航封渡水位线的，渡船载客、载货数量不得超过核定的乘客定额和载重量的 80%。渡船应当按照规定控制荷载分布，保证装载平衡和平稳性，采取安全措施防止车辆及货物移位。

（16）渡船不得同时渡运旅客和危险货物。渡船载运装载危险货物的车辆时，除船员外，随车人员总数不得超过 12 人。

（17）渡船载运装载危险货物的车辆，车辆所载货物应当与船舶适装证书相符。不得载运装载有危险货物而未持有相应道路运输证的车辆。

（18）严禁易燃、易爆等危险品和乘客同船混载，严禁装运危险品的车辆和客运车辆同船混载。

四十四、居家用电安全应该管什么？

1. 居家用电的定义

居家用电分为照明负荷和家用电器负荷。照明主要是白炽灯和日光灯，家用电器主要有电冰箱、电视机、洗衣机、录音机等。

2. 居家用电安全隐患

（1）电器超期使用。

（2）电器超负荷使用。

（3）电源线质量不合格，如规格不符或外皮破损。

（4）电器安装在湿热、灰尘多、有易燃和腐蚀性气体的环境中。

（5）线路连接接触不良，导致发生升温和打火现象而引起火灾

（6）电炉、电熨斗放在可燃物上，或使用中停电而忘记拔掉电源插头。

（7）人不在现场，电热褥长时间通电过热产生火灾。

（8）电气设备老化、积尘或绝缘层破坏带来漏电危险。

（9）未安装漏电保护装置。

（10）电器质量不合格或电器损坏，电器缺少过热、过电流保护装置，设备上缺少安全警示标识或安全提示。

（11）电冰箱、洗衣机、空调等Ⅰ类电器没有安装接地保护装置。

（12）接地保护不合格。

（13）未安装避雷装置。

（14）保险丝烧断后用铜丝、铁丝、铝丝等代替保险丝强行送电，或用额定电流大的保险丝代替。

（15）没人照看的小孩玩耍，把导电器物连接到带电接线板或插座上导致触电。

（16）不遵照安全规程办事，一味蛮干。如安装（更换）电灯、电器不拉断开关和闸盒，人用手触摸电器等。

3. 居家用电可能引起的事故及典型案例

主要是触电和火灾两种事故类型以及连带事故如高处坠落等。

【案例】2015年7月13日8时20分左右，湖南株洲××村某3岁女童因拔风扇的电线插头，当场触电身亡。

4. 居家用电事故的防范措施

（1）购买合格的电器，避免产品质量隐患。一定要到正规销售网点购买正规厂家有合格证的电器。

（2）安装漏电保护装置，确保家用电器使用安全。漏电保护器在运行过程中要定期试验，通常每月至少试验一次其动作的可靠性，方法是：接通电源时，按一下它的试验按钮，能立即跳闸，说明它本身是动作的。

（3）正确接线。在铺设电源线路时，相线、零线应标志明晰，并与家用电器接线保持一致，不得接错。家用电器与电源连接，必须有可开断的开关或插接头，禁止将导线直接插入插座孔。凡要求保护接地或保护接零的，都应采用三脚插头和三眼插座，并且接地、接零插脚与插孔都应与相应插脚和插孔有严格区别。禁止用对称双脚插头和双眼插座代替三脚插头和三眼插座，以防接插错误，造成家用电器金属外壳带电，引起触电事故。

（4）电器必须接地或接零线。家用电器中的电冰箱、洗衣机、空调等都属于Ⅰ类电器，它们的特点是电源引线采用三脚插头，其中三脚插头中的顶脚与电器的金属外壳相连。按照Ⅰ类电器的安全使用要求，使用时金属外壳必须接地或接公用零线，即所谓的保护接地和保护接零。禁止随意将接地、接零线接到自来水、暖气水、煤气或其他管道上。

（5）及时淘汰"超龄"旧家电，杜绝安全隐患。发现用电器具的外壳、手柄开关、机械防护有破损、失灵等隐患时应及时修理，未经修复不得继续使用。不使用不合格的灯头、灯线、开关、插座等用电设备。

（6）正确操作使用家用电器，按使用说明书要求操作，不用湿手或潮湿物品接触电器。

（7）带电电器尽量置于小孩够不到的地方，对于小孩容易碰触的电源插座、插线板、电器要采取隔离、绝缘等防护措施，避免发生意外。

（8）晒衣服的铁丝和电线要保持足够距离，不要绕在一起，也不要在架空电线上晒挂衣服。

（9）教育儿童不玩弄电气设备，不摇晃电线。

（10）不要用手摸灯头、开关、插座以及其他家用电器金属外壳。用电器具出现异常，如电灯不亮，电视机无影或无声，电冰箱、洗衣机不启动等情况时，要先断开电源开关再修理；如果用电器具同时出现冒烟、起火或爆炸情况，不要赤手去断电源，应尽快找电工处理。如果怀疑设备漏电，应当用验电笔检验，严禁用手触摸检查。

（11）家用电器设备的金属外壳要妥善接地。

（12）用电设备要保持清洁完好。电线不要过长，也不要拉来拉去。

5. 居家用电安全监管的重点

（1）检查电器质量，是否是正规厂家生产，是否有产品合格证。检查电器是否老化超龄，超过服务年限的一定及时淘汰。

（2）检查接线布设，是否有私拉乱接现象，零线、相线是否接线正确。检查接零接地保护、漏电保护是否到位。

（3）加强对农户的用电安全知识培训，可以利用广播、宣传画廊、互联网平台、宣传单等形式对农户进行广泛深入的告知宣传。

（4）检查农户电器使用是否规范，是否存在违规现象。

四十五、燃气安全应该管什么？

1. 燃气的定义及危害

燃气，是指作为燃料使用并符合一定要求的气体燃料，包括天然气（含煤层气）、液化石油气和人工煤气等。

燃气属于甲类易燃易爆气体，在储存、输送过程中容易发生泄漏，如不采取措施，可能会导致火灾甚至爆炸等事故灾害，危险性极大。在不通风的环境中，还会引起燃气中毒事故。

2. 燃气事故类别及典型案例

主要事故类别有火灾、爆炸、中毒、砸伤等。

【案例】2021 年 8 月 17 日，河北省保定市高阳县某村庄发生天然气泄漏爆燃事件，致 1 死 4 伤。据相关人员介绍，该燃气管道是 2019 年农村煤改气工程，正准备聘请第三方进行最后验收备案，此次事件涉及的××村工程已进入收尾阶段，燃气管道已通气。

3. 燃气使用过程的安全隐患

（1）燃气设备设施方面：①部分燃气灶具和燃气热水器没有安装熄火保护装置；②燃气管道设备老化、腐蚀严重；③部分管道缺少检测维修，其安全可靠性无法确定；④随着建设的需要，局部管道位置发生了变化，燃气管道置于车道下面，极易造成管道受压或破坏力损坏，发生燃气泄漏乃至爆炸；⑤安全装置如燃气管道的泄压装置、防爆片、防爆膜等不起作用；⑥危险区域的电气设备不防爆，无防雷、防静电装置或虽有但不起作用；⑦瓶装燃气：可能存在超量灌装、瓶体受热膨胀、瓶体受腐蚀或撞击、气瓶角阀及其安全附件密封不严、气瓶未按周期检测和瓶内进入空气等现象，一旦泄漏遇火花会引起爆炸事故。

（2）燃气企业：①燃气安全管理机构不健全，安全员缺岗、人员经常变动导致业务不精；②安全管理制度不充分、不完善；③燃气企业未按照国家有关工程建设标准和安全生产管理规定，设置燃气设施防腐、绝缘、防雷、降压、隔离等保护装置和安全警示标志；④未定期进行巡查、检测、维修和维护，以确保燃气设施安全运行；⑤燃气设施使用中隐患发现和整改不及时。

（3）用户或社会人员：①存在擅自拆、改、迁、装燃气设施、燃气计量装置和用具，或者将管道埋入墙内或地下，擅自接铁管、胶皮管或增加设备等现象；②在使用燃气时，无人照看，或燃气器具不正常启闭；③燃气罐点火时使用人错误操作，先放气后打火，不遵守"以火等气"的安全要求；④燃气灶具着火做饭时，在附近使用可燃气体（如喷雾剂、杀虫剂等）或把易燃物品放在灶具旁边；⑤用户在更换液化石油气钢瓶时，不仔细检查调压器的 O 型胶圈是否老化、是否脱落或将手轮丝扣连接错；⑥没有做到勤检勤查，没有进行日常检查和定期检查，没有及时发现燃气器具和胶管存在问题；⑦当燃气发生泄漏时，处置不当或不会处置导致事故扩大；⑧擅自操作公用燃气阀门；⑨将燃气管道作为负重支架或者接地引线；⑩安装、使用不符合气源要求的燃气燃烧器具；⑪侵占、毁损或者移动燃气设施，毁损、覆盖、涂改、擅自拆除或者移动燃气设施安全警示标志；⑫在不具备安全条件的场所使用、储存燃气；⑬在燃气设施保护范围内，从事下列危及燃气设施安全的活动：建设占压地下燃气管线的建筑物、构筑物或者其他设施，进行爆破、取土等作业或者动用明火，倾倒、排放腐蚀性物质，放置易燃易爆危险物品或者种植深根植物；⑭在燃气设施保护范围内，有关单位从事敷设管道、打桩、顶进、挖掘、钻探等可能影响燃气设施安全的活动，未与燃气经营者沟通协商并共同制定燃气设施保护方案，未采取相应的安全保护措施。

4. 燃气事故的防范措施

（1）加强安全监管队伍建设。县级政府要设立专门燃气管理组织，乡镇要设立燃气管理办公室，村级要落实燃气安全协管员，形成县、乡、村三级管理体制。各乡镇、县相关部门要搞好对监管人员和执法人员的教育培训，确保相关人员掌握燃气安全监管所必备的法律知识和业务知识，切实增强安全监管的履职能力，打造一支业务素质高、技能全面的安全生产监管队伍。

（2）燃气企业应建立健全燃气安全管理机构，配备合格的安全员，完善安全管理制度。燃气企业还应建立健全燃气应急救援抢险专业队伍，配齐应急救援装备、现场监管执法装备等相关设施，健全完善突发事故应急救援抢险预案，并积极开展突发事故应急救援演练工作。

（3）燃气企业应加大安全生产投入力度，保障资金、人员、监测装备等配置到位。按照国家有关燃气工程建设标准和安全生产法律法规的规定，完善公共安全基础设施，在相应位置设置燃气设施防腐、绝缘、防雷、降压、隔离等保护装置和安全警示标志。

（4）燃气企业应对燃气管道和设施定期进行巡查、检测、维修和维护，及时发现隐患并及时整改，确保燃气设施安全运行。

（5）燃气企业要严格落实24小时值班制度和生产安全事故报告制度，对农村燃气工程进行实时动态监控，涉及重大危险源的要安装自动化、连锁控制系统，并完善安全生产隐患查报和动态监管信息系统。燃气企业还应向社会公布服务热线，全天候接受用户咨询、求助和投诉，及时应对和处置出现的各种问题。

（6）加强建设工程项目管理。在建设工程项目审批前，各乡镇、有关部门要充分考虑施工项目周边是否存在燃气管线和燃气设备，如果存在，一定要采取有效措施，确认安全后再予批准；施工前先与燃气企业充分沟通，必要时燃气公司应及时安排专业技术人员在现场指导和监督，保证项目建设过程中不妨碍原有燃气工程安全运行。

（7）强化安全宣传教育培训。燃气企业要切实加强自身安全监管队伍的业务素质提升，大力开展职业教育培训、岗前培训、全员培训和专业技能培训，多层次广泛宣传燃气安全生产法律法规、政策和安全防护知识。有关单位还应加强对村级安全协管员的培训，提高他们的隐患排查和处置能力，做到隐患"早发现、早消除"。燃气企业还应制定并发放燃气用户安全手册，加大对农户安全用气的宣传力度，不断增强农户的安全意识和正确使用燃气的能力。

（8）安装使用燃气设施时，用户要注意：①应选用正规厂家生产的合格燃气用具（如炉具、煤气热水器、土暖气等），并请专业人员进行规范安装；②先点火，后给气，熄火后要马上关闭开关阀门；③现场不能离人；④保持室内通风；⑤定期检查燃气设施和管线，防止漏气，发现问题及时处理（检查煤气泄漏时，可采取看、听、摸、闻等方法，还可用肥皂、洗衣粉加水涂抹可疑处，然后观察涂抹处是否起泡的方法判断是否漏气，禁止用明火检查）；⑥不要私自拆、迁、改和遮挡煤气管道及设施，不要把煤气管道、煤气表等封闭在橱柜内；⑦有条件的用户最好安装可燃气体泄漏报警装置。

5. 燃气安全监管的重点

涉及的主要相关法规：《城镇燃气管理条例》《农村管道天然气工程技术导则》等。

（1）管机构。检查乡镇是否设立了燃气管理办公室并配备了安全监管员，检查燃气企业是否建立了燃气安全管理机构并配备了合格的安全员，是否有完善的安全管理制度和突发事故应急救援抢险预案。

（2）管人员。检查村委会是否配备了燃气安全协管员，是否具备相应的安全技能，是否定期对燃气管网和燃气设施进行了及时全面的巡查。检查农户的安全意识和安全操作技能是否满足要求。

（3）管设备。检查燃气管道设施是否定期巡查、检测、维修和维护，是否有安全隐患，安全保护装置和安全警示标志是否齐全，周边环境是否符合要求。

（4）管工程项目。检查项目周边是否存在燃气管线和燃气设备，手续是否齐全，有关信息是否及时与有关方面进行了充分沟通，相关问题是否处理完毕，燃气管道是否有竣工图并公示存档。

（5）管燃气使用操作过程。检查农户操作步骤、方法是否正确，是否有不安全行为和安全隐患。

 四十六、预防农药中毒方面应该管什么？

1. 农药的定义

农药是指用于预防、控制危害农业、林业的病、虫、草、鼠和其他有害生物以及有目的地调节植物、昆虫生长的化学合成或者来源于生物、其他天然物质的一种物质或者几种物质的混合物及其制剂。

2. 农药危害的接触途径及方式

农药主要由三条途径进入人体内：一是偶然大量接触，如误食；二是长期接触一定量的农药，如农药厂的工人和使用者（农民与有关技术人员）；三是日常生活接触环境和食品中的残留农药，后者是大量人群遭受农药污染的主要原因。环境中大量残留农药可通过食物链经生物富集作用，最终进入人体。

农药对人体的危害主要表现为三种形式：急性中毒、慢性危害和"三致"危害。

（1）急性中毒。农药经口、呼吸道或接触而大量进入人体，在短时间内表现出的急性病理反应为急性中毒。急性中毒往往表现为急性发作异常症状并造成个体死亡，是最明显的农药危害。

（2）慢性危害。长期接触或食用含有农药的食品，可使农药在体内不断蓄积，对人体健康构成潜在威胁，可以引起以下的慢性中毒后果：①有机磷农药慢性中毒主要表现为血中胆碱酯酶活性显著而持久地降低，并伴有头晕、头痛、乏力、食欲不振、恶心、气短、胸闷、多汗，部分病人还有肌束纤颤等症状；②接触有机氯农药，会出现上腹部和肋方疼痛、失眠、噩梦等症状；接触高毒性农药（如氯丹和七氯化茚等）还会出现肝脏肿大，肝功能异常等症候；③影响免疫系统和造血系统，长期接触容易引发血液病和造成免疫系统紊乱。

（3）"三致"（致癌、致畸、致突变）危害。农药容易诱发有机体突变，增加细胞突变的可能，从而使细胞产生畸形而诱发癌症。国际癌症研究机构根据动物实验证明，18种广泛使用的农药具有明显的致癌性，还有16种显示潜在的致癌危险性。

孕妇接触农药还容易导致胎儿内脏发育不全或畸形。农药中残留的有毒物质在孕妇体内会通过胎盘或母乳被胎儿吸收，导致胎儿的某些内脏器官发育不全或畸形。有些农药的分子与人体的雌性激素十分相似，从而使人体的激素平衡发生紊乱，这些东西会影响我们的行为、大脑及生殖器官的发育，并会导致癌症。

3. 农药使用过程的安全隐患

（1）农民对于农药使用的安全意识淡薄，缺乏安全用药知识、自我保护意识不强，主要表现在：忽视阅读农药标签，对农药使用注意事项不理解或不重视；喷雾走向错误；施药时着短衣裤、拖鞋或赤脚，不穿防护服，不戴口罩；有的农民还一边施药，一边抽烟；喷雾后没有彻底清洗就开始饮食；农药保管不善，乱摆乱放等。

（2）农民缺乏科学有效的安全技术指导。农民不能及时得到病虫防治信息也没有经过安全用药培训，不了解农药特性，导致他们农药安全使用的技术能力不强，隐患颇多。

（3）农药市场混乱。在选择药剂上多数靠经销商推荐和广告宣传，部分凭经验，有一定的盲目性。农药市场品种多而杂，农药使用说明及成分标识模糊。也有的农民图便宜不到正规的农资部门购买，不索要发票，极易购买到假冒伪劣产品并带来安全隐患。

（4）施药时间选择不当，有的在夏季正午施药，极不安全，很容易中暑、中毒。

（5）用药剂量和药剂混配，带有盲目性。在药液配制中使用量器准确量取药剂的农民微乎其微，多数用瓶盖随意量取，为了效果擅自增加用药量，大多超过了推荐剂量，甚至成倍使用。农民使用农药中混配现象十分普遍。由于不懂农药的作用机理、酸碱性质和混配制剂的成分，也不懂混配原则，经常将作用机理相同的农药混用，或者酸性农药和碱性农药混用。

（6）防护不规范，施药不规范，有的甚至喷药时"赤膊上阵"。不按照操作规程，大风施药或逆向行走。有的违规在家中杀虫没有任何安全措施。

（7）施药机械维护保养不当，跑、冒、滴、漏现象严重。

（8）农药存储不当。有的在家中随意放置，没有标识和隔离措施，容易被家中小孩或不知情的家人误饮、误用。

（9）废弃农药和包装、废旧空瓶处理不当，不管毒性高不高，残留重不重，经常将废弃农药或药液乱排乱倒，将农药包装袋（瓶）随意扔丢，带来环境问题和新的安全隐患。

4. 预防农药中毒事故的监管措施

（1）加强农药专业执法队伍建设，宣传国家和地方《农药管理条例》等有关法律、法规及规定；加强本区域内农贸市场的监督管理，加强工作事业心和责任感，杜绝一切坑农、害农事件发生，切实保护广大农民的利益。

农技人员也要自我"充电"，认真学习新知识、新技术，大力推广有利于安全用药的新农药、新技术、新方法。

（2）规范农药经营秩序，严禁经营假冒、伪劣及高毒高残留农药；建立市场进出机制，符合条件的进入，所用的农药必须是经过农药管理部门登记注册的农药产品，农药登记证、准产证和农药标准"三证"证号必须齐全。

（3）加强农药知识和政策的培训。认真贯彻执行农药安全的法律法规，切实加强基层农技推广体系建设。农技部门应利用各种方法、途径，宣传、推广农药知识和政策、规定，提高农药使用者的素质，逐步改变农药使用习惯。

农技人员应做好引导、示范，为农户提供准确的病虫情报，制定安全、合理的防治技术方案，深入村、组、农户田间地头面对面指导，切实当好领导的得力助手和农民朋友的贴心参谋。还应加强对操作人员的培训。农药使用人员应经过技术培训，应该熟悉农药、病虫草害、植保机具等相关知识，了解施药规范；凡体弱多病者，患皮肤病和农药中毒及其他疾病尚未恢复健康者，哺乳期、孕期、经期的妇女、儿童、智障人员以及皮肤损伤未愈者不得喷药或暂停喷药。喷药时不准带小孩到作业地点。

（4）规范机具采购环节，引导农户合理选用和使用施药器械。施药器械必须是具有国家认可的检测机构出具合格证明的合格产品，应有产品合格证、随机技术文件（使用说明书等）、配件、备件等。平时应加强对施药器械的定期维护保养，确保器械完好、正常、无故障。

（5）指导农户正确配制农药。配药时，配药人员要戴胶皮手套，严禁用手拌药。

药液配制现场要准备好干净的清水，备做冲洗手、脸之用。配制药液时，要仔细操作，把可湿性粉剂倒入药液箱时，要防止粉尘飞扬、污染操作者面部；把乳油倒入药液箱时，要避免飞溅到操作者身上。如果操作者皮肤被粉尘、药液污染，迅速用备好的清水冲洗污染部位。

拌种要用工具搅拌，用多少，拌多少，拌过药的种子应尽量用机具播种。如手撒或点种时必须戴防护手套，以防皮肤吸收中毒。剩余的毒种应销毁，不准用作口粮或饲料。

配药和拌种应选择远离饮用水源、居民点的安全地方，要有专人看管，严防农药、毒种丢失或被人、畜、家禽误食。

（6）指导农户科学配药、适时施药、适量喷药。应按照农技人员的指导，合理确定农药使用剂量，必须用量具按照规定的剂量称取药液或药粉，不得任意增加用量。

喷药时间最好选择在轻风（风速在1.0~2.0米/秒，人面感觉有风，树叶有微响）、晴朗的天气，天热时施药要在上午10点以前或在下午5点以后，大风和中午高温时应停止喷药。

喷药前应仔细检查药械的开关、接头、喷头等处螺丝是否拧紧，药桶有无渗漏，以免漏药污染。喷药过程中如发生堵塞，应先用清水冲洗后再排除故障，绝对禁止用嘴吹吸喷头和滤网。

使用手动喷雾器喷药时应隔行喷。手动和机动药械均不能左右两边同时喷。

药桶内药液不能装得过满，以免晃出桶外，污染施药人员的身体。

施用过高毒农药的地方要竖立标志，在一定时间内禁止放牧、割草、挖野菜，以防人、畜中毒。

施药人员打药时必须戴防毒口罩，穿长袖上衣、长裤和鞋、袜。操作时禁止吸烟、喝水、吃东西，不能用手擦嘴、脸、眼睛。每日工作后喝水、抽烟、吃东西之前要用肥皂彻底清洗手、脸和漱口。有条件的应洗澡。被农药污染的工作服要及时换洗。

施药人员每天喷药时间一般不得超过6小时。使用背负式机动药械，要两人轮换操作。

施药人员如有头痛、头昏、恶心、呕吐等症状时，应立即离开施药现场，脱去污染的衣服，漱口，擦洗手、脸和皮肤等暴露部位，及时送医院治疗。

5. 预防农药中毒事故的监管重点

（1）严格监管采购环节，检查销售的农药是否有"三证"，对多次违法违规行为及经营条件和资格已发生变化且不符合相关规定的销售商，应取消农药经营资格。还要检查施药机械是否在正规渠道采购。

（2）加强对农技人员和农户的监管。重点检查相关培训是否开展，农技人员的安全技能和能力是否具备，农户的安全意识和安全知识是否具备等。

（3）检查施药机械，关注施药机械是否有跑、冒、滴、漏现象。

（4）检查施药过程，配药、撒药时机、过程是否符合安全要求，是否穿戴合格的防护用品。

（5）检查农药存储管理。检查存储场所是否有明显标识，是否与其他物品分开存放，是否采取防止误用、误饮措施。

 四十七、开放性水域安全应该管什么？

1. 水域与开放性水域的定义

水域指有一定含义或用途的水体所占有的区域，指陆地水域和水利设施用地，不包括泄洪区和垦殖3年以上的滩涂、海涂中的耕地、林地、居民点、道路等。水域是生态系统中极其重要的生态环境之一，支撑着人类生存和社会发展。开放性水域是具有开放性质的水体所占有的区域。

2. 开放性水域存在的安全风险

根据目前我国开放性水域现状，主要存在人员淹溺、生活污染、农业污染以及工业废水排放等原因造成的水体污染、水运船舶运输安全等方面的问题。

我国幅员辽阔，水域面积达到 270550 平方千米，溺水事故频发。据国家卫生健康委和公安部不完全统计，我国每年因溺水死亡的人数约 5.7 万人。

此外，我国水路危险货物运输事故类型主要以碰撞事故为主，其次为搁浅触礁事故。

3. 开放性水域安全监管的重点

针对目前开放性水域存在的溺水、水体污染、内河船舶运输事故等问题，可采取以下管理措施。

1）针对开放性水域可能出现的人员淹溺事故

（1）加强救生设施的建设和维护，明确主体管理责任。在我国部分公共水域，安全救生设施大多是摆放公共救生圈、救生衣以及张贴救生安全标识，但放置的位置和方式不够科学合理，也未做到定期检查。应加强开放性水域救生设施的定期检查与维护，防患于未然。同时，应明确救生设施维护与检查的主体负责单位。

（2）加强对农村开放性水域的监管。各乡镇街道政府应对所在辖区自然水域进行管理。对自然水域进行安全隐患排查，建立危险水域数据库并定期更新，通过网络、广播和宣传栏等方式向群众告知危险水域情况，以便民众对危险水域进行识别。

（3）加强人员的安全教育。相关乡镇街道政府应加强辖区内人员的安全教育，可通过网络、宣传栏等方式宣传相关防淹溺知识。学生是溺水事故的高发群体，学校应采取相应措施防止发生学生淹溺事故，如开设溺水安全教育课程和游泳培训课程、加强高发时段监护、改进走读上学方式、纾困留守儿童、实施国民急救培训制度等。

（4）水域安全标志使用与管理。针对不同水域，应严格按照《水域安全标志和沙滩安全旗》（GB/T 25895）系列标准中相关要求执行，起到相关警示等作用。

2）针对开放性水域存在的内陆船舶运输问题

（1）对于内河危险化学品运输严格遵守相关法律法规。禁止通过内河封闭水域运输剧毒化学品以及国家规定禁止通过内河运输的其他危险化学品。通过水路运输危险化学品的，海事管理机构应当根据危险化学品的种类和危险特性，确定船舶运输危险化学品的相关安全运输条件，并监管承运方满足安全条件后，方可交付船舶运输。

（2）加强运输过程中的监管。对于内河船舶运输要做到源头监管，海事管理机构对运输申报材料进行审核，确保载运货物的船舶持有适航、适装的证书和防污证书，货物达到安全运输的要求并且单证齐全后批准载运危险货物的船舶进出港口。针对部分运输量较大和运输物品特殊的运输船舶，以及在恶劣天气情况下运输的船舶，要重点监管；海事管理机构通过基层的现场执法力量巡航，维护通航秩序，保障水上交通安全，加强过程监管。

（3）根据事故发生的季节特点，强化夏季事故预防工作，如提高夏季危险货物运输监督检查频次、强化恶劣天气条件下的禁航和预警预报等。

（4）强化对内河货物水路运输企业的监管。检查、督促和指导企业全面落实货物运输安全生产主体责任，尤其在运输设备设施检测和维护保养、运输从业人员的安全培训和教育、安全管理和应急预案制度的建立与落实等方面从严把关，将政府的安全监管压力逐渐落到企业安全管理责任落实上，既能节省政府监管资源的投入，而且长期来看可以取得事半功倍的成效，有利于构建安全风险防控的长效机制。

（5）建立多部门联合执法检查机制和信息共享机制。建立健全由海事、港口、安监和公安等不同部门共同参与的内河水路运输联合执法检查机制和信息共享机制，形成"基本信息互联互通、动态监控通报、联合执法同步、查处意见彼此反馈"的监管格局，实现政府部门对危险品监管"一张网"，保障监管严密、高效。

四十八、村镇内涝安全应该管什么？

1. 内涝的定义

内涝是指由于雨量过多，地势低洼，积水不能及时排出而造成的涝灾，即内陆腹地因排水不畅而形成的积水现象。内涝灾害的发生不仅会对人们的生命财产安全造成严重影响，而且还会对周围的生态自然环境造成影响，抑制该地区的发展。

2. 村镇防排水和受灾现状

当前村镇排水的现状特点是村镇建成区面积较小，因而排水范围较小，绝大多数村镇没有排水设施，排水系统无统一规划，排水设施不健全或布设不合理，一遇大雨，内涝积水，给生活带来不便。国家统计局相关统计数据显示，2019年，我国农业因洪涝、地质灾害和台风受灾面积达860.48万公顷，绝收面积达148.08万公顷。

3. 村镇内涝的原因

通常情况下，村镇内涝灾害成因如下：

（1）缺少统一规划。最初的农村小型水利工程修建，是因局部有灌溉、排水需求，常常是因为抗旱而灌溉，因为受涝而排水，没有形成灌排结合的统一体系，缺乏统一规划。

（2）违法围垦严重。近年来，粮食价格稳定上升，农民种地收入可观，从而造成农民惜地、抢地现象严重。有些群众为了用地方便和增加收入，擅自将排水沟整平，开荒种地，人为造成排水沟堵塞甚至瘫痪。

（3）自然地形、气候原因。部分农村整体地势高低不平，其中内涝灾害较严重区域地形呈漏斗状，降雨发生时，该区域周围雨水均汇集于此，形成积水，降雨强度大或者降雨历时较长时，这些区域极易发生内涝灾害。此外，全球气候变暖，进而造成大气气流发生重要变化，极端天气越来越多。近几年，我国很多地区出现的暴雨和特大暴雨，不但雨量大，强度也在增加。

（4）重视程度不够。部分地区过去未发生较大洪涝灾害，干部群众防汛排涝意识不强，存在侥幸心理和麻痹思想。当前，部分地区水患灾害意识淡薄，思想陈旧，重视内涝程度远不能适应形势需要。相对于城市防洪和农田排涝，村镇排涝工作普遍存在责任不清、预案缺失、机制弱化、工程缺乏、人力不足等问题。一旦出现灾害天气，应对村镇内涝方法较少，措施不力。

4. 预防村镇内涝的措施

（1）完善气象预警系统。气象部门可综合利用遥感、气象雷达、数值模拟等技术，提高气象预报预警水平。应加强24小时动态监测，及时滚动预报，这样可以在一定程度上防止漏报。尤其在汛期，暴雨预报对发布预警、预测汛情灾情、及时做好人员物资准备等工作具有重要意义。此外，区（县）应自主发布预警，提高应急响应针对性。局地短时强降雨具有突发性强、雨强大、降雨时间短、暴雨落区范围小、雨量不均匀等特点，对于这类暴雨预警信号尽可能提早发布。

（2）建立资料数据库。根据已发生暴雨内涝区域的历史资料以及积水重点防治区域，构建内涝风险隐患点数据库，涵盖地理位置、排水条件、下垫面条件、历史最高积水深度、对应的不同时段暴雨量等信息。根据暴雨预警阈值指标和内涝隐患点数据库，确定各隐患点对应的应急响应等级，结合城区防汛网格化管理的理念，将隐患点纳入重点监控部位，应急响应落实到具体负责人。

（3）优化提升村庄排水系统。对农村排水系统排水能力进行提升，按其流域面积科学布设管网，充分考虑其长远发展，留有足够预留空间。排水设施进行统筹安排、清理，保障排水系统正常运行。

（4）加强认识，重视村镇内涝治理。充分认识内涝是一种自然灾害，它给人民造成的经济损失极大。要治理内涝，必须加强管理，在群众中广泛宣传排除内涝的重要性和紧迫性，树立全民防涝意识。属地政府应高度重视村镇内涝治理工作，建立健全防汛体制机制，满足日常排涝需求，提高应急抢险处置能力。

（5）要注重沟塘保护和贯通。村镇内涝问题，关键是正常发挥河沟、村塘、湿地的蓄水排涝功能。主要做好3个结合：一是政府职能部门要切实发挥监管职能和规划引领作用，严禁村民私自填埋、堵塞沟塘，高标准、高水平、高站位制定新农村建设规划，合理规划农村布局，将现有河沟、村塘、湿地保护好，有资金、有能力的地方可以引导开展疏通扩挖，增加水域面积，提升排涝能力；二是与农田水利建设相结合，建议在水利建设政策上进行支持，有计划地向村庄蓄水排涝工程倾斜，加快补齐小型农田水利基础设施短板，不断完善小型农田水利工程投资、建设和管理维护长效机制，形成村内村外共同治理、内外连通的局面；三是与道路建设相结合，在建设乡村道路时充分考虑自然河沟、池塘、湿地蓄水排涝功能，设置合理美观的涵洞、桥梁，使水与路和谐相存。

（6）疏通排水沟渠。对村庄现有的排水沟渠进行疏通，避免排水沟渠发生堵塞，保证沟渠通畅并连接。按照5～10年一遇行洪标准，整治、清理沟渠，恢复行洪能力，增加雨水排除通道。

（7）修建相关设施。对符合条件的村庄，鼓励在村庄健身广场、休闲广场或休闲公园等场所实施雨水利用。篮球场、足球场等可采用新型透水材料，积蓄、下渗雨水径流，充分利用雨水。同步开展村庄供水、污水、雨水工程建设。村庄建设过程中需统筹安排供水、污水、雨水建设时序。

（8）此外，还可以将原有单一渔业养殖功能坑塘或其他坑塘改为养殖与旱涝调节兼顾的综合功能坑塘；调整农业用地结构，将地势低洼的原有耕地改为旱涝调节坑塘。

四十九、地质灾害安全应该管什么？

1. 地质灾害的定义

根据《地质灾害防治条例》第二条，地质灾害的定义为包括自然因素或者人为活动引发的危害人民生命和财产安全的山体崩塌、滑坡、泥石流、地面塌陷、地裂缝、地面沉降等与地质作用有关的灾害。根据《地质灾害防治条例》第四条，将地质灾害按照人员伤亡、经济损失的大小分为四个等级：①特大型：因灾死亡30人以上或者直接经济损失1000万元以上的；②大型：因灾死亡10

人以上 30 人以下或者直接经济损失 500 万元以上 1000 万元以下的；③中型：因灾死亡 3 人以上 10 人以下或者直接经济损失 100 万元以上 500 万元以下的；④小型：因灾死亡 3 人以下或者直接经济损失 100 万元以下的四个等级。

2. 地质灾害的种类

地质灾害有崩塌、滑坡、泥石流、地裂缝、地面沉降、地面塌陷等。我国国土陆地面积达 960 多万平方公里，近 65% 的国土都是山地和丘陵，另外由于强降雨等灾害性天气频发，使得滑坡、崩塌、泥石流和地面塌陷四种灾害类型成为我国经常发生和重点防御的灾害类型。根据 2009—2019 年《中国统计年鉴》和《全国地质灾害公报》中发布的数据，2009—2019 年我国发生的地质灾害共133899 处，其中滑坡占 71%，崩塌占 19%，泥石流占 8%，地面塌陷占 2%。2009—2019 年我国各类地质灾害共造成 8716 人伤亡，5787 人死亡，直接经济损失达 486.57 亿元。

3. 我国地质灾害的特征

我国地质灾害集中发生在中南、西南、华东三区，三个地区发生地质灾害数量占总数量的 85%，最多的为中南区，占比达 47%，在空间上具有明显的区域分布特征，整体上呈现出"西群东单，南多北少，中西南频繁"的分布规律。华北地区主要地质灾害类型为崩塌和滑坡，二者占比高达 84%；东北地区发生的地质灾害主要以泥石流和崩塌为主，占比分别为 49%、30%；中南地区与华东地区是全国地质灾害发生的集中区域，各地质灾害类型发生数量均为较高值，两区的滑坡灾害发生数量均占比 60% 以上；西南地区与西北地区的主要地质灾害类型为崩塌和滑坡，其中西南地区两者数量较为接近，占比分别为 41%、39%，西北地区两者数量占比分别为 53%、26%。

4. 地质灾害安全监管的重点

对于地质灾害的安全管理主要从地质灾害预防与应急准备、地质灾害监测预警、地质灾害灾后处置与救援、地质灾害恢复重建四个方面出发，其中以地质灾害预防为主。

（1）地质灾害危险性的宣传工作，让预防意识深入人心。地质灾害危险性意识薄弱，群众缺乏严格的预防心理是地质灾害危险性评估研究工作中长期存在的难题。因此应该在国家层面加大地质灾害危险性研究的宣传工作，通过媒体、网络以及线下组织教育的方式，全方位地进行相关地质危害的宣传工作，形成全民具有地质灾害危险意识的社会氛围。

（2）区域内地质灾害调查及危险性评估。围绕辖区内地质灾害易发区范围内的隐患点，开展全域地质灾害调查工作，对于已查明的隐患点可进行全面复查排查；对农村村民切坡建房进行全覆盖排查；对矿山地质灾害进行全方位排查；对其他人类工程活动引发的地质灾害进行全面排查。在全域调查基础上，开展重点区域地质灾害详查及危险性评估，有针对性地快速、有效准确掌握重点区域地质灾害现状、发生和发展成因，针对不同的灾害类型建立不同的应急方案，及时部署好重点区域地质灾害防范措施。

（3）设置警示标志或装置。对于辖区内容易发生地质灾害的位置以及曾经发生过地质灾害的位置应设置相关警告提示装置或者标志，提醒过往车辆及人员注意，以起到警示作用。

（4）地质灾害隐患排查治理。对于威胁对象为居民点以及其他可能导致人员伤亡的地质灾害隐患，应采取相应措施进行处置：一是主动出击，采用工程措施对隐患点进行治理，以减轻或消除隐患；二是被动撤退，对于部分地质灾害易发区域，可以由政府主导进行搬迁避让。

（5）地质灾害监测与预警。在地质灾害易发区域，根据地质灾害发生的地质环境条件、地质灾害发育特点、以往的灾害统计资料、现场勘查资料，以定量评价和定性分析相结合的方法，在灾害体监测剖面上布设专业仪器设备，对灾害体进行 24 小时实时监测。在地质灾害多发季节和天气应着重加强对相关地质灾害易发区的监测，可以将无人机等新技术运用于地质灾害的日常监测中。

 五十、危房安全应该管什么？

1. 危房的定义

危房，是指危险房屋，依据我国《城市危险房屋管理规定》《危险房屋鉴定标准》，指房间的承重构件已经属于危险构件，房屋的结构已经丧失了其稳定性及承载能力，随时都有可能发生房屋安全事故、不能确保使用安全的房屋。

依照我国《城市危险房屋管理规定》《危险房屋鉴定标准》等相关法律法规，将危险房屋鉴定等级划分为四级：A 级指房屋整体结构安全，房屋承载能力符合标准；B 级指房屋某些附属结构出现异常，甚至出现极其危险状态，但是还不构成对房屋主体结构的影响，房屋基本使用功能及承载能力正常；C 级指房屋主体构件发生异常，房屋某些构件的承载能力已经不能保证房屋安全使用，构成局部的危房；D 级指房屋承重构件已属于危险构件，房屋主体结构出现危险，不能保证房屋正常使用，构成整栋危房。

2. 危房的安全状况

我国目前存在的危房，大都是 20 世纪末期或 21 世纪初期修建的，其质量在修建过程中受限于当时的技术条件、材料强度、法律规章制度等因素影响，建成后又受使用条件以及自然环境因素的影响。这些因素都会导致房屋出现安全隐患，影响房屋的质量安全。

3. 危房的特征

（1）房屋的地基因滑移、房屋承载力严重不足或其他特别地质缘故，导致不匀称沉降，引起房屋布局显著倾斜、位移、出现缝隙、扭曲等，并有继续向下发展的趋向。

（2）地基因毗邻建筑增大荷载或因自身局部加层增大荷载以及其他人为因素，导致地基不匀称沉降，或由于地基的底子老化、腐化、酥碎、折断，引起房屋结构变形且有持续发展趋势。

（3）从房柱和墙面来看，承重的柱、梁、墙产生严重缝隙或严重腐蚀，如房柱掩护层剥落，主筋外露、显著的交织缝隙等。

（4）墙壁中心部位发生显著的交织缝隙，或伴有掩护层剥落。房屋单梁、连梁的中间部位底部发生横断缝隙，其一侧向上延伸达梁高的 2/3 以上；或其上面发生多条显著的程度缝隙，上边沿掩护层剥落，下面伴有竖向缝隙；或连梁在支座附近发生显著的竖向缝隙；或在支座与荷载会合部位之间发生显著的程度缝隙或斜缝隙。

（5）墙体和天花板严重脱落。

4. 危房安全监管的重点

对于危房，一方面要对现有的部分完全不能改建的建筑进行日常监管和拆除，另一方面对于部分经过改造维护后还能满足安全要求的建筑进行改造维护。因此，对于危房安全管理内容应主要从日常安全管理、危房改造过程安全管理和危房拆除过程安全管理三个方面出发。

（1）加强危房的动态监测和管理。房屋安全动态监测是近些年新兴的一种危旧房屋处置措施，以人工动态巡查、传感器实时监测结合，及时掌握房屋使用状态，对结构安全进行评估，减少或避免突发事件发生。

（2）完善相关检查登记制度，加强宣传。建立完善的危房登记管理制度，对危房信息及时登记，安排专人定期、定时进行巡查。在相关区域设置明显的提示设施如警告牌等，防止人员靠近。加强危房所在区域人员的安全宣传，提高人员安全意识水平。针对特殊天气气候或者地质灾害时期，应着重加强危房的巡查和监控。

（3）危房评估与管理。加强危房的评估，针对不同等级的房屋采取不同措施进行修护，除 D 级房屋需要整体拆除重建外，其余级别的房屋皆采取部分修复、整体修复、部分拆除重建等措施修缮。

（4）改造过程管理。在危房改造过程中，完善程序设计保证改造过程公平公正；坚持科学规划，严控改造质量标准，保证改造力度，紧抓前期管理，严把方案及施工图评审关；建立安全生产管理机构和安全生产责任制度。相关部门应协力合作，健全工作机制，加强政策宣传以保证群众参与。加强改造过程中的安全监督。

（5）加强人员专业性培养。无论是危房的日常巡查监管还是改造与拆除，都需要大量专业性人员参与。因此，一方面加强政府部门相关人员的职业技能与素质水平，另一方面选择相关施工单位时也应着重检查其职业技能与素质水平和安全管理水平，以防止事故发生。

五十一、危桥安全应该管什么？

1. 危桥的定义

危桥，是指处于危险状态，不能达到通行安全的桥梁，具体指符合交通运输部《公路桥涵养护规范》（JTG 5120—2021）桥梁技术状况评定标准中第四、五类危险状态的桥梁。

危桥需要符合下列两项指标之一：①桥梁重要部件出现严重的使用功能病害，且有继续扩展现象；关键部位的部分材料强度达到极限，出现部分钢筋断裂、混凝土压碎或压杆失稳变形的破损现象，变形大于规范值，结构的强度、刚度、稳定性和动力响应不能达到平时交通安全通行的要求；②承载能力比设计值低 25% 以上。

2. 危桥的安全状况

截至 2016 年底，全国公路桥梁达 80 万座，铁路桥梁为 20 万座；至 2018 年，我国公路路网有 3 万余座危桥急需加固改造，危桥加固改造已成为公路桥梁界研究的热点。在这些公路桥梁中大部分存在执行的技术标准低、通行能力差的状况。据悉，我国交通部门已完成 2.2 万座危桥改造任务。

3. 危桥的特征

（1）墩台基础冲刷淘空。一是桩基严重外露，二是承重式墩台基础基底被严重淘空。

（2）承重的墩、梁产生严重缝隙或严重腐蚀，如桩基钢筋严重锈蚀腐化、桥墩压碎、外掩护层剥落、主筋外露、显著的交织缝隙等。

（3）桥梁的地基因滑移、承载力严重不足、其他特别地质缘故或由于地基的底子老化、腐化、酥碎、折断，导致不匀称沉降，引起桥梁结构变形、桩基滑移或整体显著倾斜、位移、出现缝隙、扭曲等，并有继续向下发展的趋向。

（4）桥桩坍塌。桥墩钢筋断裂、桥桩前墙或侧墙出现开裂或外鼓等现象或者基础被淘空，进而造成桥台整体坍塌。

（5）上部梁板超限开裂，横梁钢筋断裂。

（6）落石撞击导致梁板破损、产生裂缝或堆积挤压梁板破坏。

（7）横梁空心板底板厚度不足；底板会伴有纵向裂缝及渗水痕迹，通过锤击，底板会有明显的空响声，稍用力锤击底板便会穿透或产生空洞。

（8）横梁空心板单板受力断裂。大多出现在采用浅铰缝空心板的桥梁上，桥面行车道上有可能会出现沿铰缝走向的纵向裂缝；断裂位置不一定出现在跨中区域，在梁端至1/4梁长区域也会出现。

（9）石拱桥主拱圈纵向或斜向开裂。

（10）小跨径双曲拱桥拱肋损伤。拱肋混凝土腐蚀粉化、主筋严重锈蚀、拱肋被撞击断裂甚至局部损毁缺失。

（11）缆索桥拉杆、压杆失稳变形，变形值大于正常标准值。

4. 危桥安全监管的重点

（1）危桥评估与分类管理。对排查出的危桥与废弃桥进行桥梁安全评估，针对不同类型危桥与废弃桥采取不同措施，并加强对新桥的养护。可将危桥与废弃桥分成两类。一类是根据现阶段的需求，经评估后还能使用的危桥与废弃桥，安全管理责任单位依据相关法律、法规和国家标准设置桥梁等级标志和安全警示标识，标清使用期限，标明限行、限宽、限重情况以及每次桥上通行车辆的数量，还要加固障碍物，并定期进行日常维护管理，发现异常时及时予以修复，使用期限到期后予以改造或拆除；另一类是对年久失修不能再使用的危桥与废弃桥，不论需求尽快拆除。

（2）加强危桥管护，统一、规范标志、设施。在危桥前方主要道口设置危桥、车辆绕行标志；在桥头两侧醒目处设置必要的限载、限速标志；对限制交通的危桥，要设置隔挡设施，同时中间留有一定的开口，以达到限制通行的目的；对完全禁行的桥梁，设置隔挡设施封堵，并且在前方主要道口设置绕行路线标志，对社会公布警示信息等。

（3）设专人看护巡查。每座危桥均设置专人管理，保证每天两次定期观测，做好检查记录，发现问题及时汇报。每座危桥实行24小时专人管护，严密监视危桥病害的动态变化。

（4）加强桥梁质检力度。经常对公路桥梁进行定期质量检测，了解桥梁各构（部）件的状况及完好率，评定出桥梁的技术状况，根据评定结果对桥梁进行有效管理，制定出具体的监测方案和检测周期，采取有力措施，保证桥梁达到最佳状态，确保桥梁安全使用。

（5）危桥加固。提前进行鉴定和分析，保证桥梁构件处在弹性的工作状态下，按照设计流程制定规范的危桥加固改造施工方案，并严格按照设计方案施工。

 五十二、有限空间作业安全应该管什么？

1. 有限空间的定义

根据《工贸企业有限空间作业安全管理与监督暂行规定》等相关规定，有限空间是指封闭或者部分封闭，与外界相对隔离，出入口较为狭窄，作业人员不能长时间在内工作，自然通风不良，易造成有毒有害、易燃易爆物质积聚或者氧含量不足的空间。有限空间必须满足三个条件：①空间有限；②进出口受限制，但能进行进出的工作；③不是为常规和长时间工作而设计的。

2. 有限空间作业的安全风险

有限空间作业属高风险作业，很多情况下，密闭有限空间作业中多种职业危害共存。有限空间作业一般包含以下安全风险：

（1）接触后立即引起电击式死亡、猝死（中毒）的化学物质，如硫化氢、一氧化碳、易挥发的有机溶剂、极高浓度的刺激性气体或其他化学物质等。

（2）造成环境缺氧的主要化学物质，如氮气、二氧化碳、氮氧化合物（谷仓气体）、甲烷和其他惰性气体等。

（3）易燃气体和蒸气，包括甲烷、天然气、氢气、挥发性有机化合物等，主要来自于地下管道间泄漏（电缆管道和城市煤气管道间）、容器内部残存、细菌分解、工作产物（在其内进行涂漆、喷漆、使用易燃易爆溶剂）等，如遇引火源，就可能导致火灾甚至爆炸。

（4）生物病原体危险，废置井、污水井、化粪池、沼气池等内的各类有害细菌、病毒、钩端螺旋体等生物病原体，经皮肤进入人体致病。

（5）其他危害因素，如水、电、机械损伤和塌方等。

（6）管理缺欠。比如，未对有限空间作业场所进行辨识及设置明显安全警示标志，未落实作业审批制度，擅自进入有限空间作业，应急救援处置不当，盲目施救，作业人员培训不到位等。此外，在有限空间具体作业过程中还有"不存在缺氧或有害气体就可不作为有限空间管理；不常作业的有限空间可不作辨识和管理；含氧量检测合格了就可以作业，低于气体爆炸浓度下限就可以作业"的现象。

3. 有限空间作业安全监管的重点

针对目前有限空间作业的安全风险、事故发生原因等因素，结合我国相关政策法规规定，可采取以下相关管理措施与建议：

（1）安全生产制度和安全规程的建立与实施。要建立有限空间作业安全责任制度；有限空间作业审批制度；有限空间作业现场安全管理制度；有限空间作业现场负责人、监护人员、作业人员、应急救援人员安全培训教育制度；有限空间作业应急管理制度等相关制度，并严格落实。

（2）人员专项培训。对从事有限空间作业的现场负责人、监护人员、作业人员、应急救援人员进行专项安全培训。专项安全培训应当包括有限空间作业的危险有害因素和安全防范措施；有限空间作业的安全操作规程；检测仪器、劳动防护用品的正确使用；紧急情况下的应急处置措施等。安全培训应当有专门记录，并由参加培训的人员签字确认。

（3）作业环境风险辨识。实施有限空间作业前，应当对作业环境进行评估，分析存在的危险有害因素，提出消除、控制危害的措施，制定有限空间作业方案，明确作业现场负责人、监护人员、作业人员及其安全职责，并经本企业负责人批准。作业前，应当将有限空间作业方案和作业现场可能存在的危险有害因素、防控措施告知作业人员，现场负责人应当监督作业人员按照方案进行作业。

（4）作业环境检测。有限空间作业应当严格遵守"先通风、再检测、后作业"的原则。检测指标包括氧浓度、易燃易爆物质（可燃性气体、爆炸性粉尘）浓度、有毒有害气体浓度。未经通风和检测合格，任何人员不得进入有限空间作业。检测时间不得早于作业开始前30分钟。检测人员进行检测时，应当记录检测时间、地点、气体种类、浓度等信息。检测记录经检测人员签字后存档，检测人员应当采取相应的安全防护措施，防止中毒窒息等事故发生。

（5）作业过程管理。作业过程中，应当采取通风措施，保持空气流通，禁止采用纯氧通风换气。还应当对作业场所中的危险有害因素进行定时检测或者连续监测。当通风设备停止运转、有限空间内氧含量浓度低于或者有毒有害气体浓度高于相关标准规定的限值时，必须立即停止有限空间作业，清点作业人员，撤离作业现场。此外，在作业时还应保持有限空间出入口畅通；设置明显的安全警示标志和警示说明；作业前清点作业人员和工器具；作业人员与外部有可靠的通信联络；监护人员不得离开作业现场，并与作业人员保持联系；存在交叉作业时，要采取避免互相伤害的措施。

（6）应急预案制定与演练。企业应当根据本单位有限空间作业的特点，制定应急预案，有限空间作业的现场负责人、监护人员、作业人员和应急救援人员应当掌握相关应急预案内容，定期进行演练，提高应急处置能力。

（7）必要的通信、救援器材的配备。为方便有限空间内作业人员与外部监管人员进行即时通信和应对万一出现的险情，相关单位应当为作业人员和救援人员配备相关的呼吸器、防毒面罩、通信设备、安全绳索等应急装备和器材。

（8）人员救援管理。有限空间作业中发生事故后，现场有关人员应当立即报警，禁止盲目施救。应急救援人员实施救援时，应当做好自身防护，佩戴必要的呼吸器具、救援器材。

（9）安全宣传教育。受限于农户自身相关检测、应急设备和器材的缺失以及安全意识的薄弱，在自家的窖、池进行作业时往往不会对作业环境进行提前检查。而在事故发生后，出于救人的急切心理，施救人员同样由于救援设备缺失、救援经验不足等原因会盲目施救，这样反而会加大事故的严重程度。对此，农村地区应当加强对农户的安全教育，可通过网络、宣传栏等方式对相关有限空间防窒息、中毒等知识进行宣传。

安全知识篇

五十三、地质灾害知识有哪些？

1. 地质灾害的定义

地质灾害是指在自然或者人为因素的作用下形成的，对人类生命财产造成损失、对环境造成破坏的地质作用或地质现象。

我国地质灾害可分为 10 类 31 种。

（1）地震：天然地震、诱发地震。

（2）岩土位移：崩塌、滑坡、泥石流。

（3）地面变形：地面沉降、地面塌陷、地裂缝。

（4）土地退化：水土流失、沙漠化、盐碱（渍）化、水田冷浸。

（5）海洋（岸）动力灾害：海平面上升、海水入侵、海岸侵蚀、港口淤积。

（6）矿山与地下工程灾害：坑道突水、煤田自燃、瓦斯突出和爆炸、岩爆。

（7）特殊岩土灾害：湿陷性黄土、膨胀土、淤泥质软土、冻土、红土。

（8）水土环境异常：地方病。

（9）地下水变异：地下水位升降、水质污染。

（10）河湖（水库）灾害：淤积、塌岸、渗漏。

根据其活动特点可分为突发性地质灾害和缓发性（或累进性）地质灾害两类。缓发性（或累进性）地质灾害主要是指地面沉降，常有明显前兆，对其防治可以有可预见地进行，其成灾后果一般只造成经济损失，不会出现人员伤亡。突发性地质灾害主要是指地震、崩塌、滑坡、泥石流、地面塌陷、地裂缝等。其发生特点是突然、可预测性差；预防工作常处于被动状态；后果既能造成经济损失，也能造成人员伤亡。所以突发性地质灾害是地质灾害防治的重要对象。

2. 我国地质灾害的现状

我国是世界上地质灾害最严重的国家之一。每年因地质灾害造成的直接经济损失占自然灾害总损失的 20% 以上，直接影响了人民的生活，制约了社会的可持续发展。根据自然资源部发布的《全国地质灾害通报（2019 年）》，2019 年全国共发生地质灾害 6181 起，其中滑坡 4220 起、崩塌 1238 起、泥石流 599 起、地面塌陷 121 起、地裂缝 1 起和地面沉降 2 起，分别占地质灾害总数的 68.27%、20.03%、9.69%、1.96%、0.02% 和 0.03%，共造成 211 人死亡、13 人失踪、

75 人受伤，直接经济损失 27.7 亿元。与 2018 年相比，地质灾害发生数量、造成的死亡（失踪）人数和直接经济损失分别增加 108.4% 、100.0% 和 88.4% 。

3. 地质灾害的主要类型

1）滑坡

滑坡是指在重力作用下，沿地质弱面向下向外滑动的地质体和堆积体。《全国地质灾害通报（2019 年）》中的调查结果显示，滑坡在地质灾害起数中所占比例最大，为 68.27% 左右，是我国最主要的地质灾害类型。由于城市发展和铁路、高等级公路建设大规模地改变了土地利用方式，土方挖填工程日益增大，施工强度急剧攀升，随之而来的是滑坡灾害日益严重。

滑坡的诱发因素分为自然因素和人为因素。自然因素主要有地震、降雨和融雪，地表水的冲刷、浸泡及河流等地表水体对斜坡坡脚的不断冲刷等。人为因素主要是人类工程活动，包括开挖坡脚、蓄水排放、堆填加载、劈山放炮和乱砍滥伐（破坏植被）等。据统计，已调查的滑坡主要诱发因素是暴雨，暴雨诱发的滑坡占滑坡总数的 90%；地震诱发的滑坡仅占滑坡总数的 1%，一般为巨型滑坡、大型滑坡；人类工程活动诱发的滑坡占滑坡总数的 9%，以小型滑坡为主。从区域分布上看，西北地区工程活动诱发的滑坡相对比例较高。

有效的滑坡灾害管理，可通过避开灾害或减低其危害性大大减少由于斜坡失稳所造成的经济和社会损失。减灾途径主要有四种：在易发生滑坡地区限制开发；挖方工程、土方工程、绿化工程、建筑工程等规范的制定和应用；防止和控制斜坡失稳的物理措施的采用；滑坡预警系统的开发。

当发现斜坡开裂进入加速变形阶段或接到临滑警报后，应采取的紧急措施有：①组织危险区的居民及有关设施立即疏散搬迁；②派人上山昼夜巡视，封闭路经危险区的路口，禁止闲人进入危险区，制定警报信号，在快速滑动（崩塌）开始前及时发出警报信号；③滑坡发生后，派人到滑坡后缘调查，分析、确认不会继续滑坡后，解除警报。

2）崩塌

崩塌是指陡坡上被直立裂缝分开的岩土体，因根部空虚，折断压碎或局部滑动，突然脱离母体向下失去稳定倾倒、翻滚。崩塌一般发生在地势比较陡峭的坡体，坡体底部发生空虚的现象，或者坡体发生局部滑移的现象，从而岩体突然发生向下崩塌的情况。

崩塌的类型主要有：岩溶崩塌、采空区崩塌等。诱发崩塌的因素有很多，如岩溶崩塌的诱发因素是岩溶充水矿床疏排地下水，其经常发生的岩体类型有煤炭、有色金属、黑色金属、化工及核工业矿山。由于地下过度开采，很容易对地表资源产生破坏行为，因此开采区发生塌陷的频率较高，另外采掘矿产资源、道路工程开挖边坡、水库蓄水与渠道渗漏、堆（弃）渣填涂和强烈震动等也是诱发崩塌的因素。

普通的处理崩塌的对策是充填复垦法。工作人员使用岩体周围的煤矸石、粉煤灰、露天矿剥离物等作为填充材料，对空陷区域进行填充，从而达到保护岩体层的目的。这种方法既可以有效地处理塌陷地复垦问题，又可以处理矿山固体废弃物问题，而且这种方法投资成本低，既环保又有经济效益，因而被广泛使用。

3）泥石流

泥石流是洪流的具体表现，形成泥石流的因素主要有两个，一个是雨水量大且多；另一个是地表表面有大面积的泥沙、碎石等松散性质的固体物质。同时人为乱砍滥伐，使得地表植被覆盖率降低，加剧了泥石流发生的严重程度。

泥石流是松散岩土与水混合形成的一种特殊流体，常见的是沟谷型泥石流和坡面型泥石流。我国的泥石流灾害可初步划分为沟谷演化型、坡地液化型、滑坡坝溃决型、工程弃碴溃决型、尾矿坝溃决型、冰湖坝溃决型和堆积体滑塌侵蚀型等7种类型。

防治泥石流的工程措施是在泥石流的上游区域，对地表表面的松散固态物体进行阻挡，从而降低泥石流的物质来源。同时，需要利用拦挡坝或谷坊等方法，并采取排水措施，保证水土得到分离。在泥石流的中下段落，要及时疏通和排导松散物质，防止发生淤积现象。为了保护周边区域不受影响，要在沿途沟道进行支护，防止发生道路毁坏情况。对于淤积现象严重的区段，要修建速流通道，有效地保护排导物质。

采取生物措施的目的是降低水土流失程度和精化土壤。一般采用生物措施和工程措施相结合的治理方法。在金属矿质层的开采中，很容易对土壤和地下水造成污染，因此要及时清理污染源，防止岩体发生变化形成滑坡。

五十四、游泳的危险因素有哪些？

游泳的危险因素主要从人、物、环境和管理四个方面考虑。

1. 人的危险因素

（1）空腹或饱腹游泳。空腹游泳会影响食欲和消化功能，也会在游泳中发生头昏乏力等意外情况；饱腹游泳亦会影响消化功能，还会产生呕吐、腹痛甚至胃痉挛现象。

（2）酒后游泳。

（3）不戴泳镜游泳。

（4）不观察游泳处的环境，不听从危险警告擅自下水。

（5）剧烈运动后游泳。剧烈运动后马上游泳，会使心脏负担加重；体温急剧下降，会使抵抗力减弱，引起感冒、咽喉炎等。

（6）患有心脏病、高血压、肺结核、中耳炎、皮肤炎、严重沙眼等以及各种传染病的人去游泳。

（7）处在生理周期的女性去游泳。月经期间游泳，病菌易进入子宫、输卵管等处，引起感染，导致月经不调、经量过多、经期延长。

（8）在不熟悉的水域游泳。凡天然水域周围和水下情况不清楚（如不晓得水深浅）的都不宜下水游泳，以免发生意外。尤其是水下情况不明时，不要跳水。

（9）游泳后长时间皮肤曝晒无防护。长时间曝晒会产生晒斑，或引起急性皮炎（亦称日光灼伤）。

（10）水温通常总比体温低，因此，下水前必须做暖身准备活动，否则易导致身体出现不适感。

（11）游泳后马上进食。游泳后宜休息片刻再进食，否则会突然增加胃肠负担，久之容易引起胃肠道疾病。

（12）独自一人外出游泳，一旦出现险情无人报警或救援。

（13）平时四肢容易抽筋者到深水区游泳。

（14）在游泳时突然觉得身体不适时（如抽筋、眩晕、恶心、心慌、气短等），仍在水中逗留，不立即上岸休息或呼救。

（15）未成年人尤其是少年儿童独自或结伴去江河、水库等水域游泳。

（16）在急流和旋涡处游泳。

（17）发现有人溺水，没有把握不顾自己水性或自身危险贸然下水营救。

（18）在海中游泳，不沿海岸线平行方向游泳，尤其是游泳技术不精良或体力不充沛者，涉水至海水深处。

2. 物的危险因素

（1）水下不平坦，有暗礁、暗流、杂草、淤泥、乱石。

（2）水池通道湿滑或有突出物。

（3）水池有硬突出物。

（4）泳池水泵、照明等电气设施、线路无接零接地保护或漏电。

3. 环境因素

（1）水域、浴场不符合卫生条件要求，如水域受到污染，或水域处于血吸虫流行病地区等。

（2）缺少安全警示标识，如没有深水区、浅水区、禁泳区安全提示。

（3）水域来往船只较多，也带来游泳安全隐患。

（4）室外水域有雷雨、大风天气。

（5）水域光线暗淡、照明不佳。

（6）水域附近有攻击性鱼类如鲨鱼、鳄鱼、水母等。

4. 管理危险因素

（1）游泳管理方没有建立安全责任制。

（2）游泳管理方没有建立安全管理制度。

（3）公共泳池或游泳场所没有安排救生员做安全保护。

（4）游泳管理方没有应急救援预案和应急救援设备设施。

（5）救生员没有按要求巡视游泳区域或出现险情时救援不及时。

（6）水域没有划分深水区、浅水区、禁泳区。

 五十五、溺水急救知识有哪些？

1. 溺水定义及发病机理

溺水是由于人体淹没在水中，呼吸道被水堵塞或喉痉挛引起的窒息性疾病。溺水时会有大量的水、泥沙、杂物经口、鼻灌入肺内，可引起呼吸道阻塞、缺氧和昏迷直至死亡。

溺水的症状因溺水程度而不同。重度溺水者 1 分钟内就会出现低血糖症，面呈青紫色，双眼充血，瞳孔散大，困睡不醒甚至窒息死亡。

溺水患者的发病机理：人体溺水后数秒钟内，本能地屏气，引起潜水反射（呼吸暂停、心动过缓和外周血管剧烈收缩），以保证心脏和大脑血液供应。继而，出现高碳酸血症和低氧血症，刺激呼吸中枢，进入非自发性吸气期，随着吸气水进入呼吸道和肺泡，充塞气道导致严重缺氧、高碳酸血症和代谢性酸中毒。

2. 溺水事故概况及溺水事故案例

据人民网舆情数据中心 2022 年 7 月发布的《2022 年中国青少年防溺水大数据报告》，我国每年约有 5.9 万人死于溺水事故，其中约 5.6 万是未成年人，而且农村多于城镇，占 57%。因此，加强农村儿童尤其是农村留守儿童的防溺水教育，是确保中小学生防溺水工作取得成效的关键。

【案例1】2020年3月8日,广东雷州市乌石镇××村的4名学生在乌石镇××水库戏水,其中2人意外溺水身亡。

【案例2】2021年6月5日,洛阳伊川县,姑父、侄子两人到水域游泳,41岁的姑父疑因体力不支呼救,15岁的侄子不顾安危下水施救,两人均溺亡。

3. 溺水者的救援与护理要点

首先尝试自救。不习水性而落水者,不要惊慌,迅速采取自救措施:头后仰,口向上,尽量使口鼻露出水面,进行呼吸,不能将手上举或挣扎,以免使身体下沉。会游泳的人如遇肌肉疲劳、肌肉抽筋也应采取上述自救办法。其次是周边人员救援。溺水救护者要镇静,尽量脱去外衣、鞋、靴等,仔细观察溺水者周边环境,在保护好自己的前提下,迅速游到溺水者附近,看准位置,用左手从其左臂或身体中间握其右手,或拖头部,然后仰游拖向岸边。

如救护者不习水性,要保持冷静,观察好水域的深浅,在保证自身安全的前提下可带救生圈、救生衣或塑料泡沫板、木板等去营救溺水者,注意不要被溺水者紧抱缠身,以免累及自身安全。

溺水者被救起后救护人员应立即清除其口鼻中泥沙等污物,将舌拉出,保持呼吸道通畅,如有活动假牙,应取出,以免坠入气管内。如果发现溺水者喉部有阻塞物,则可将溺水者脸部转向下方,在其后背用力一拍,将阻塞物拍出气管。如果溺水者牙关紧闭,口难张开,救护者可在其身后,用两手拇指顶住溺水者的下颌关节用力前推,同时用两手食指和中指向下扳其下颌骨,将口掰开。为防止已张开的口再闭上,可将小木棒放在溺水者上下牙床之间。之后视溺水者情况做如下救助:

(1)清醒,有呼吸和脉搏。陪在溺水者身边并注意保暖,等待救援人员或送医院观察。

(2)昏迷(呼叫无反应),但有呼吸和脉搏。如果溺水者口鼻中有异物(如水草、淤泥等),应小心清除异物,同时检查溺水者有无外伤,存在头部或颈部外伤者应避免自行搬动;无外伤者,应使其保持在侧卧位,并进行身体保暖,同时注意防止呕吐物堵塞呼吸道导致窒息。呼叫等待救援人员,等待过程要密切观察呼吸和脉搏情况,必要时进行心肺复苏。

(3)昏迷,无呼吸无意识。要立即实施心肺复苏,同时请求他人呼叫120,有条件的取来AED(自动体外除颤仪)。

所有有症状的溺水患者都应尽快送到医院救治,经治疗后所有症状消失6~8小时后才能出院。

对呼吸已停止的溺水者,应立即进行人工呼吸,应坚持做到溺水者完全恢复正常呼吸为止。方法是：将溺水者仰卧位放置，抢救者一手捏住溺水者的鼻孔，一手掰开溺水者的嘴，深吸一口气，迅速口对口吹气，反复进行，直到恢复呼吸。人工呼吸频率为每分钟 16～20 次。

4. 溺水急救注意事项

（1）通气是关键。溺水的致死原因是缺氧，尽快进行心肺复苏、通气才有可能救活患者，所以急救的重点是缓解缺氧、打开气道、建立有效循环。

（2）不建议进行控水。控水会耽误心肺复苏，延迟呼吸和有效循环的建立，导致全身缺血的时间延长。

5. 溺水事故预防综合措施

预防农村儿童溺水事故的发生，需要学校、社会、家庭、政府多方的协同配合。

（1）学校的预防溺水宣传教育不能只局限于学校内，不仅要教育学生，更要教育学生家长和向社会各界宣传。要通过家长会、公开信、传单、短信、微信、家访等多种形式，使防溺水教育深入每家每户。学校对学生的防溺水教育应顺势而为，不仅要教育学生不到危险区域、不在不当时段、不当气候条件下游泳以及不私自去游泳，还要教给学生正确的游泳方法和游泳技术，以及游泳时要注意的安全问题、急救方法，从而减少溺水死亡事故的发生。

（2）村社要加强对农村水塘、沟渠、河堰、水井的管理，完善安全防护设施、落实安全管理人员、强化假期儿童监管。应在重点河流、水塘边设立警示牌、安全栅栏，有条件的可派专人加强安全巡逻。

（3）家庭要增强安全意识，家长一定要履行好第一监护人的责任，加强对儿童的监管，预防儿童私自下河塘洗澡、游泳。

（4）政府要落实安全监管责任，加大对农村安全设施和娱乐设施的投入，统筹公安、水利、住建、安监、气象等有关部门的力量，切实加强对重点区域、重点时段、重点人群的安全管控，建立防溺水工作的网格化管理体系。在有条件的地方可以开放游泳场馆或者将河流、水塘的安全区域进行适当改造，提供游泳安全设备，并派专人看守、巡护、救援。

五十六、洪水成因及自救知识有哪些？

1. 洪水的定义及概况

洪水通常泛指大水。广义地讲，凡超过江河、湖泊、水库、海洋等容水场所的承纳能力的水量剧增或水位急涨的现象，都称为洪水。洪水灾害是世界上最严重的自然灾害之一，洪水往往分布在人口稠密、农业垦殖度高、江河湖泊集中、降雨充沛的地方，如北半球暖温带、亚热带。中国、孟加拉国是世界上洪水灾害发生最频繁的地区，美国、日本、印度和欧洲的洪水灾害也较严重。

人类社会发展长期受到洪水灾害的困扰，从洪水灾害形成机制上看，其存在季节性、可重复性、区域性等特征。洪水灾害不仅会带来巨大的经济损失，还会造成次生灾害以及间接灾害或诱发其他类型的水灾害，洪水灾害逐渐成为最为重要的制约社会发展、威胁广大群众安全的自然灾害之一。

中国是世界上水灾频发且影响范围较广泛的国家之一。我国的洪水灾害主要发生在4—9月。全国约有35%的耕地、40%的人口和70%的工农业生产经常受到江河洪水的威胁，并且因洪水灾害所造成的财产损失居各种灾害之首。我国洪水灾害分布总特点是：东部多，西部少；沿海多，内陆少；平原低地多，高原山地少；山脉东坡和南坡多，西坡和北坡少。

2. 洪水产生的原因

降雨是产生洪水的最主要原因。简单来说，当水流流量超过水渠、小溪或河流的承受能力时就会产生洪水。这一过程主要是由降雨引起，但同时又受到诸多因素的影响。这些因素随地点和时间不同而变化，每次洪水都是不同的。

（1）流域降雨产生洪水：降雨随流域特性不同而汇入溪流或江河。

（2）土壤植被截留雨水产生洪水：流域土壤植被会吸收一部分降雨。通常降雨越多，能够渗入或储存于土壤的水量就越少。因此，雨强越大，径流的可能性越大。降雨范围和持续时间同样会影响径流。植被覆盖越多，截留降雨量就越多，地表径流就越少。自然形成的蓄水区或人工建造水库池塘都可以起到减少径流的作用。流域土壤类型、土地利用、降雨前的天气也很重要，因为这些因素决定了渗入土壤以及形成径流的雨量。如果天气潮湿，地面没有能力截留雨水，大部分雨水就会流经地表汇入河流。在有建筑和道路的区域，无法下渗的雨水会形成更多的径流。

（3）未被吸收的雨水进入河道产生洪水：流域未被吸收的雨水将流入河道，其流量和速度由多种因素决定。一般来说，如果降雨范围广且历时长，其流量就大；地势坡度越陡，径流流动的速度就越快。洪水还受地面粗糙度影响。茂密植被和人为障碍，如围墙和房屋，将减缓洪水流速，甚至降低下游洪水水位。沼泽、池塘或湖泊都具备蓄洪和滞洪功能。人工建筑物，如水坝、蓄滞洪区也可以短期储存洪水，不但延长洪水期还降低下游洪峰，但其蓄洪滞洪能力有限。

（4）河道特性的影响。流域排水渠、小溪和河道的行洪能力取决于以下几方面：一是河流的几何特性。宽阔、顺直、流畅河流的防洪能力强，受洪水威胁的可能性小。相反，在河道内兴修房屋等建筑物、堆沙都会增加洪水发生的可能性。二是河道内外的植被。河床及岸边的植被可以减缓洪水速度，并推高水位，使河漫滩或滩地淹没程度增大。但是其可以减少下游洪水水位和流量；同时植被还能使河岸更加牢固，减少对河岸的侵蚀，增加泥沙堆积。一旦洪水漫过河岸，最高洪水水位的形成很大程度上取决于相邻河漫滩的性质。如与陡峭的山谷相比，宽阔平坦的河漫滩可以储存更多的洪水，有滞洪作用。清除洪泛区植被、修建堤防，都会影响河漫滩的自然排水模式和水流过程。三是建筑物，尤其是位于河道中的建筑物。例如城市排水系统的管道或桥梁，都可能降低河道的输水能力，甚至造成洪水。垃圾废弃物极易依附在这些建筑物上，促使这个过程恶化。河流堤防在某一洪水范围内可以保护堤防外的区域，但是人为控制会抬高上游洪水位而使其他地方受到洪水威胁。没有足够泄洪能力的公路或铁路桥梁也会阻挡部分洪水。然而一旦洪水漫顶造成溃堤，将改变洪泛区中的洪水扩散走向，对整个洪灾的影响是不可忽视的。四是下游水位。河流的行洪能力还受到流入海洋和湖泊水位的影响，如大潮或风暴潮会阻碍河水进入海洋。与此相似，小溪汇入河流时，河流中的洪水造成的回水会溯源小溪上游很远。

（5）人为因素。一是防洪意识不强，随意在河道采砂，向河道倾倒废渣、垃圾，人为改变河道流向、填河造地、侵占河道行洪断面，严重阻碍了行洪；二是不合理的土地利用，毁林造田，严重破坏植被，造成水土流失严重，在遇到暴雨时极易造成洪水；三是缺乏有效的管理。城镇、乡村盲目扩建，不论证，不规划，盲目建设，致使防洪标准不一致，河道行洪能力大大降低。

3. 预防洪水的措施

1）政府管理方面

（1）加强工程管理，充分发挥防洪功能。建立和完善防洪工程体系，加固堤防，并全面巩固、恢复现有河道堤防工程防洪能力，保证汛期洪水顺利通过。加强防洪区域及下游河道治理和清淤除障工作管理，完善防洪基础设施，并有重点地完善、提高防洪重点地区的堤防防洪标准。

（2）加强分洪、滞洪区建设。应根据河道现状和防御特大洪水方案确定蓄滞洪区，同时搞好蓄滞洪区的安全建设。要积极加强防洪工程体系建设。防洪标准的高低，防洪能力的强弱，主要取决于防洪工程的分布、工程自身防洪能力的大小及整个防洪体系的组织协调等诸多因素。防洪工程体系的规划指导思想，从"蓄泄兼筹，以泄为主"调整为"蓄泄兼筹，以蓄为主"。除了发挥水库调蓄洪水、加大蓄滞、减少泥沙的作用之外，还可通过拦河建闸、平原水库、河网连通，增强平原蓄滞洪涝水的能力，使防洪工程体系在不继续增大河道行洪负担的前提下，既充分发挥河道、水域拦蓄洪水的功能，又减轻洪涝损失，为增强抗旱能力与生态环境的修复创造条件。

（3）加强宣传。综合利用新媒体和互联网平台等，结合新媒体的宣传功能积极推广科普知识，实现预警信息的多渠道表达和防汛演练的大范围覆盖，保证信息发布的及时有效性，并进一步提升预警信息传输精度和广大群众的避险意识。

（4）通过加强水情、雨情监测预报以及监测评估分析，进一步提升全省水文预报能力，以强有力的技术支撑更好地服务于防洪指挥决策。

2）村民方面

（1）接到洪水预报时，应备足食品、衣物、饮用水、生活用品和必要的医疗用品，提前搜集适合漂浮的材料，加工成救生装置以备急需。空的饮料瓶、木酒桶或塑料桶都有一定的漂浮力，可以捆扎在一起应急。足球、篮球、排球等球类和桌椅板凳、箱柜等木质家具也都有漂浮力。

（2）如果时间充裕，可以妥善安置家庭贵重物品，将不便携带的贵重物品做好防水捆扎后埋入地下或放到高处，票款、首饰等小件贵重物品缝在衣服内随身携带。

（3）注意保存好可使用的通信设备和手电、口哨、镜子、打火机、色彩艳丽的衣服等可作为信号的物品，做好被救援的准备。

（4）严重的水灾通常发生在河流、沿海地带以及低洼地带。如果住在这些地方，当有连续暴雨或大暴雨时，必须提高警惕，持续关注洪水警报，时刻观察房屋周围的溪河水位变化和山体有无异常。特别是晚上，更应十分警觉，随时做好安全转移的准备。

4. 遇到洪水的自救措施

（1）受到洪水威胁，应按照预定路线，有组织地向山坡、高地等处转移；在已经受到洪水包围的情况下，要尽可能利用适合漂浮的救生装置做水上转移。

（2）已经来不及转移时，要立即爬上屋顶、大树、高墙，暂时避险，等待救援，不要单身游水转移。

（3）在山区，如果连降大雨，也容易暴发山洪。遇到这种情况，应该注意避免渡河，以防被山洪冲走，还要注意防止山体滑坡、滚石、泥石流的伤害。

（4）发现高压线铁塔倾倒、电线低垂或断折，要远离避险，不可触摸或接近，防止触电。

五十七、如何减少雷雨天气的雷击风险？

1. 雷雨天气和雷电的定义

雷雨天气是一种伴有雷电的阵雨现象，产生于雷暴积雨云下，表现为大规模的云层运动，比阵雨要剧烈得多，还伴有放电现象，常见于夏季。

雷电是大气中的放电现象，有关数据显示，全球平均每秒钟会出现近百次雷电。每年因雷电击打造成人员死亡的案例约有80例。

2. 雷雨天气户外活动的主要避雷方法

（1）雷雨天气时不要停留在高楼平台上，在户外空旷处不宜进入孤立的棚屋、岗亭等。

（2）远离建筑物外露的水管、煤气管等金属物体及电力设备。在雨中行走时不能撑铁柄雨伞，避雨时要观察周边是否有金属晒衣绳、铁丝网、铁栅栏等。唯一可以靠近的金属就是汽车，车壳是金属的，有屏蔽作用，就算闪电击中汽车，也不会伤人。因此，车厢内是躲避雷击的理想地方。

（3）不宜在大树下躲避雷雨，如万不得已，则须与树干保持3米距离，下蹲并双腿靠拢。

（4）雷电击中人体前有征兆，当你站在一个距雷击较近的地方如高山上，如果感觉毛发竖立、皮肤有轻微的刺痛，这就是雷电快要击中你的征兆，遇到这种情况，应立即去除身上所有金属物，并马上蹲下来，身体向前倾，把手放在膝盖上，曲成一团，千万不要平躺在地上。

（5）如果在户外遭遇雷雨，来不及离开高大物体时，应马上找些干燥的绝缘物放在地上，并将双脚合拢坐在上面，切勿将脚放在绝缘物以外的地面上，因为水能导电。

（6）在户外躲避雷雨时，应注意不要用手撑地，同时双手抱膝，胸口紧贴膝盖，尽量低下头，因为头部较之身体其他部位最易遭到雷击。

（7）当在户外看见闪电几秒钟内就听见雷声时，说明正处于近雷暴的危险环境，此时应停止行走，两脚并拢并立即下蹲，不要与人拉在一起，最好使用塑料雨具、雨衣等。

（8）在雷雨天气中，不宜在旷野中打伞，或高举羽毛球拍、高尔夫球棍、锄头等；不宜进行户外球类运动，雷暴天气进行高尔夫球、足球等运动是非常危险的。

（9）在雷雨天气中，不宜快速开摩托、快骑自行车和在雨中狂奔，因为身体的跨步越大，电压就越大，也越容易伤人。

（10）不要在水面和水边停留。看到乌云密布，雷雨天气即将来临时，请迅速离开湖泊、河流等开阔水域。立即停止游泳、冲锋舟等水中训练，也不要在河边洗衣服、钓鱼、游泳和玩耍。因为水面易遭雷击，况且在水中若受到雷击伤害，还会增加溺水的危险。

（11）不要快速移动。若当时已身在雷区，快速移动会增加被雷电击中的概率。如果身边确实有危险物品，需要即刻逃离，应选择双脚并拢跳离。

（12）不要打手机和使用无线电设备。雷雨天气，无论在室内或室外都不要打手机或者用耳机听音乐。手机的电磁波是雷电很好的导体，能在很大范围内收集引导雷电。

3. 被雷电击伤的主要应急措施

被雷电击伤后，有可能会发生起火、烧伤或晕死等情况，应急处置办法如下：

（1）起火的应急措施。应马上让伤者躺下，以避免火焰烧伤面部，也可往伤者身上泼水，把伤者裹住隔绝空气以扑灭火焰。伤者切勿因惊慌而奔跑，这样会使火越烧越旺，可在地上翻滚以扑灭火焰，或趴在有水的洼地、池中熄灭火焰，然后尽快送医。

（2）烧伤的应急措施。烧伤后要及时进行冷疗。冷疗就是将烧伤的部位放在流动的水里冲洗或放在凉水里浸泡，如果没有自来水可以将肢体放入井水、河水中。冷疗可降低局部温度，减轻创面疼痛，阻止热力继续损害及减少渗出和水肿的可能。冷疗持续的时间，以创面不再剧痛为准，一般为 0.5 ~ 1 小时。有条件的情况下，还可以在水中放些冰块来降温。有水疱的不要弄破，也不要撕掉疱皮，以减少创面受污染的概率。创面不要涂有颜色的药物或覆盖有油脂的敷料，以免影响医生对创面深度的诊断与处理。用干净的被单或者布料包裹保护创面，然后尽快送医。

（3）晕死的应急措施。雷击发生时，如伤者突然倒下，口唇青紫，叹息样呼吸或者不喘气，大声呼唤也没有反应，表明伤者意识丧失、呼吸心脏骤停，这时应首先呼叫120，然后抓紧时间进行现场心肺复苏。伤者心脏骤停的6分钟内若能有效进行心肺复苏，抢救成活率可达40%以上，若延误时间，成活率会明显下降。

五十八、触电事故的处置与急救措施有哪些？

1. 触电的定义及分类

触电又称为电击伤，一般可分为电击和电伤，通常是指一定量的电流直接作用于人体，破坏人体内部的组织和器官，致使人体器官及组织出现损伤或功能性障碍，甚至死亡。

触电对人的伤害主要是电灼伤和电击伤。其中，电灼伤主要是局部的热、光效应，轻者只见皮肤灼伤，重者可伤及肌肉、骨骼，电流入口处的组织会出现黑色碳化。而电击伤则是指由于强大的电流直接接触人体并通过人体的组织伤及器官，使它们的功能发生障碍而造成的人身伤害。电击伤后，轻者仅出现恶心、心慌、头晕和短暂的意识丧失，恢复后通常不会留下后遗症。重者可致休克、心脏骤停，内脏损伤和破裂，甚至死亡。电击伤休克恢复后可留有头晕、心慌、耳鸣、眼花、听力或视力障碍的后遗症，多可自行恢复，但恢复时间较长。

不论是电灼伤还是电击伤，其造成的伤害程度一般都与伤者触电时电流强弱、电压高低、电流接触时间长短、电流经过人体途径以及是否有绝缘保护（穿胶底鞋、站在干燥的木板）有关。

2. 触电应急处置方法与步骤

触电急救，首先要使触电者迅速脱离电源，越快越好。因为电流作用的时间越长，伤害越重。

脱离电源就是要把触电者接触的那一部分带电设备的开关、刀闸或其他电路设备断开；或设法将触电者与带电设备脱离。

切断电源、拨开电线时，救助者既要救人，也要注意保护自己。触电者未脱离电源前，救助者不准直接用手触触电者；如触电者处于高处，解脱电源后会自高处坠落，因此，还要采取预防措施防止触电者从高处坠落。

针对各种触电场合，脱离电源时救助者应采取如下措施。

（1）低压设备上的触电。低压指用于配电的交流电力系统中 1000 伏及以下的电压等级，触电者触及低压带电设备，救护人员应设法迅速切断电源，如拉开电源开关或刀闸、拨除电源插头等，或使用绝缘工具，如干燥的木棒、木板、绳索等不导电的东西解脱触电者。也可抓住触电者干燥而不贴身的衣服，将其拖开，切记避免碰到金属物体和触电者的裸露身躯。还可戴绝缘手套或将手用干燥衣物等包起绝缘后解脱触电者。

如果电流通过触电者入地，并且触电者紧握电线，可设法用干木板塞到其身下，与地隔离，也可用干木把斧子或有绝缘柄的钳子等将电线剪断。剪断电线要分相，一根一根地剪断，并尽可能站在绝缘物体或干木板上进行。

（2）高压设备上的触电。触电者触及高压带电设备，救护人员应迅速切断电源，或用适合该电压等级的绝缘工具（戴绝缘手套、穿绝缘靴并用绝缘棒）

解脱触电者。救护人员在抢救过程中应注意保持自身与周围带电部分必要的安全距离。

（3）触电者被漏电电线或被刮断、割断的电线击倒。如果经判断是低压电线，抢救者可用木棍、竹竿或带木柄的铁器将电线挑开，或手戴绝缘橡皮手套，站在木板（木凳）上将触电者拖开。如果是高压线，且尚未确认线路无电，救护人员在未做好安全措施（如穿绝缘靴或临时双脚并紧跳跃地接近触电者）前，不能接近断线点至 8～10 m 范围内，以防止跨步电压伤人，做好安全措施后才能解脱触电者。触电者脱离带电导线后亦应迅速带至 8～10 m 以外，并立即开始触电急救。只有在确定线路已经无电时，才可在触电者离开触电导线后，立即就地进行急救。如果不能判断是高压还是低压电线，按高压线对待处理。

3. 触电者脱离电源后的急救措施

（1）处理电击伤时，应注意有无其他损伤。如触电后弹离电源或自高空跌下，常并发颅脑外伤、血气胸、内脏破裂、四肢和骨盆骨折等，如有外伤、灼伤均需同时处理。

（2）如触电者有皮肤灼伤，可用净水冲洗拭干，再用纱布或手帕等包扎好。

（3）触电者如神志清醒，应使其就地躺平，严密观察，暂时不要站立或走动。触电者如神志不清，应就地仰面躺平，确保其气道通畅，并用 5 s 时间呼叫触电者或轻拍其肩部，以判定触电者是否丧失意识，禁止摇动触电者头部呼叫触电者。

（4）需要抢救的触电者，应立即就地坚持正确抢救，并设法联系 120 救护。

（5）触电者呼吸和心跳均停止时，应立即采取心肺复苏法正确进行就地抢救。

4. 抢救过程中触电者的移动与转院

心肺复苏应在现场就地坚持进行，不要为方便而随意移动触电者，确需移动时，抢救中断时间不应超过 30 s。

移动触电者或将触电者送医院时，除应使触电者平躺在担架上并在其背部垫以平硬木板外，移动或送医院过程中还应继续抢救。心跳呼吸停止者要继续采用心肺复苏法抢救。抢救过程中，要每隔数分钟再判定一次，每次判定时间均不得超过 5 s。在医务人员未接替抢救前，现场抢救人员不得放弃现场抢救。

如触电者的心跳和呼吸抢救后均已恢复，可暂停心肺复苏。但心跳呼吸恢复的早期有可能再次骤停，应严密监护，不能麻痹，要随时准备再次抢救。初期恢复后，如神志不清或精神恍惚，应设法使触电者安静下来。

 五十九、农村临时用电有哪些安全规定？

1. 临时用电的定义

临时用电指小型基建工地、农田基本建设和非正常年景的抗旱、排涝等用电，时间一般不超过 6 个月。临时用电不包括农业周期性季节用电，如脱粒机、小电泵、黑光灯等电力设备。

2. 法规标准的相关要求

（1）《农村安全用电管理条例》的规定。农村临时用电，要向供电部门申请，电力设备安装应符合要求，经验收合格后方可接电，用电期间要有专人看管。用完及时拆除，不准长期带电。

（2）《安全用电导则》的规定。临时用电应经有关主管部门审查批准，并有专人负责管理，限期拆除。

（3）《农村低压安全用电规程》（DL 493—2015）的规定。家庭用电禁止拉临时线和使用带插座的灯头。节日彩灯的安装除满足《农村低压电力技术规程》有关规定外，还应符合下列要求：①节日彩灯应采用绝缘电线。干线和分支线的最小截面除满足安全电流外，不应小于 2.5 平方毫米，灯头线不应小于 1.0 平方毫米。每个支路负荷电流不应超过 10 安培。导线不能直接承力，导线支持物应安装牢固。彩灯应采用防水灯头。②供节日彩灯的电源，除总保护控制外，每个支路应有单独过流保护装置并加装漏电保护器。③节日彩灯的导线在人能接触的场所，应有"电气危险"警告牌。节日彩灯与地面距离小于 2.5 米时，应采用安全电压。

（4）《农村低压电力技术规程》（DL/T 499—2001）对临时用电线路的规定。①临时用电架空线路应满足的要求有：a）应采用耐气候型的绝缘电线，最小截面为 6 平方毫米；b）电线对地距离不低于 3 米；c）挡距不超过 25 米；d）电线固定在绝缘子上，线间距离不小于 200 毫米；e）如采用木杆，梢径不小于 70 毫米。②临时用电应装设配电箱，配电箱内应配装控制保护电器、剩余电流动作保护器和计量装置。配电箱外壳的防护等级应按周围环境确定，防触电类别可为 I 类或 II 类。③如临时用电线路超过 50 米或有多处用电点时，应分别在电源处设置总配电箱，在用电点设置分配电箱，总、分配电箱内均应装设剩余电流动作保护器。④配电箱对地高度宜为 1.3~1.5 米。⑤临时线路一般不应跨越铁路、公路和一、二级通信线路。

六十、如何预防高处坠落？

1. 高处坠落的定义及分级分类

在高处作业过程中因坠落而造成的伤亡事故，称为高处坠落事故。所谓高处作业，是指在距基准面2米以上（含2米）有可能坠落的高处进行作业。

高处作业按高度不同分为四个等级：作业高度在2~5米的，称为一级高处作业；作业高度在5~10米的，称为二级高处作业；作业高度在10~30 m的，称为三级高处作业；作业高度在30米以上的，称为特级高处作业。

高处作业又可分为一般高处作业和特殊高处作业。特殊高处作业按作业条件和环境不同，可分为以下八种：①在阵风风力六级（风速10.8米/秒）以上的情况下进行的高处作业称为强风高处作业；②在高温或低温环境下进行的高处作业，称为异温高处作业；③降雪时进行的高处作业，称为雪天高处作业；④降雨时进行的高处作业，称为雨天高处作业；⑤室外完全采用人工照明进行的高处作业，称为夜间高处作业；⑥在接近和接触带电条件进行高处作业，称为带电高处作业；⑦在无立足点或无牢靠立足点的条件下进行的高处作业，称为悬空高处作业；⑧对突然发生的各种灾害事故进行抢救的高处作业，称为抢救高处作业。

2. 高处坠落的原因

（1）人的不安全行为。①违章作业、违反劳动纪律是事故祸首；②工人操作失误也是主要原因之一，如某工地安装工在钢网架上安装玻璃时，误踏网架，失足从网孔处坠落；③有侥幸心理，注意力不集中，精神状态不佳，不注意周边环境误进入危险部位。

（2）物的不安全状态。①未按要求设置安全防护网或搭设脚手架；②高处作业的临边没有防护，防护不严；③脚手架搭设不合格、防护栏杆不规范；④登高梯没有固定措施；⑤高处施工平台、临边、洞口等无防护栏或安全设施，或防护的强度不够；⑥防护设施不稳固易移动；⑦使用的安全带、安全网、安全帽等防护器材有质量缺陷。

（3）环境因素。遇有六级及以上大风或恶劣气候时，应停止露天高处作业。①在冰雪、霜冻、雨雾天气进行高处作业，应采取防滑措施和防寒防冻措施；②在夜间或光线不足的地方从事高处作业，必须设置足够的照明；③危险区域应有必要的警示、标识等；④施工使用脚手架过程中，因立体交叉作业，脚手架被施工的起重物体等突然撞击时，容易发生坠落；⑤施工使用的平台地面有油污、地面滑等，容易产生坠落。

（4）管理方面的缺陷。①如制度规程不健全；②未对工人进行教育、交底；

③安全检查制度不落实；④对查出的隐患未及时整改，放任自流；⑤管理人员违章指挥；⑥作业人员未持证上岗；⑦高处作业未制定施工方案或施工方案的安全措施不具体、施工协调不统一等。

3. 高处坠落事故的预防措施

（1）严格把好高处作业人员身体关，高处作业人员应每年进行一次体检，无妨碍工作的病症。不准患有高血压病、心脏病、听障人士、贫血、精神病、癫痫病等不适合高处作业的人员从事高处作业；对疲劳过度、精神不振和思想情绪低落人员要停止高处作业；严禁酒后从事高处作业。

（2）高处作业人员应进行岗前培训，其中架子工还须持证上岗。

（3）高处作业人员的劳动防护用品要符合安全要求。应根据实际需要配备安全帽、安全带和有关劳动保护用品；不准穿高跟鞋、拖鞋或赤脚作业；如果是悬空高处作业要穿软底防滑鞋。不准攀爬脚手架或乘运料井字架吊篮上下，也不准从高处跳上跳下。高处作业人员严禁携带手机，特殊高处作业应与地面设联系信号或通信装置并由专人负责。

（4）登高工器具（登高梯、安全带、安全绳、安全帽、速差防坠器）必须安全可靠，并定期检验合格。每次使用登高工器具前必须对其外观、基本性能、检验标签等进行检查；登高前应检查登高设施是否牢靠；还应检查登高梯底部地面是否结实牢固，脚踏物是否安全可靠，是否有承重能力。在不坚固的基础上作业前，应先做好防结构失稳、人员滑落的安全措施。

（5）对登高过程应全程监护。使用梯子登高要有专人扶守，并采取防滑限高措施；禁止作业人员在梯子上移位。使用梯子进行攀登作业时，梯脚底部应坚实，不得垫高使用。

（6）高处作业人员应佩戴工具袋，使用工具应系保险绳。作业过程要做好防止高空落物的安全措施。

（7）高处作业必须正确使用安全带（绳），且宜使用全方位防冲击安全带。安全带（绳）和保护绳应分别系在不同部位的牢固构件上，不得低挂高用，系安全带（绳）后应检查扣环是否扣牢。禁止将安全带（绳）系在移动或不牢固的物件上［如避雷器、隔离开关（刀闸）、电压互感器等］。砍剪树木时，安全带不得系在待砍剪树枝的断口附近或以上。

（8）高处作业行为必须符合规范要求。高处作业人员不得坐在平台或孔洞的边缘，不得骑坐在栏杆上，不得站在栏杆外作业或凭借栏杆起吊物件。上下传递物件应用绳索吊送，严禁抛掷。

（9）高处作业必须措施齐全、可靠。高处作业区周围的孔洞、沟道等必须设盖板、安全网或围栏，高处作业的平台、走道、斜道等应装设 1.05 ~ 1.2 米的防护栏杆和挡脚板，必要时还要设防护立网。高处作业地点、各层平台、走道及脚手架上不得堆放超过允许荷载的物件，严禁在脚手架上使用临时物体（箱子、桶、板等）作为补充台架。作业过程中和作业后不得擅自拆除或移动这些安全措施。确因作业需要拆除护栏、走道板等防护安全设施时，必须征得主管部门的同意，并采取可靠的安全防护措施。作业结束应立即恢复。

（10）严禁非载人机械载人从事高处作业。严禁人员乘坐无吊篮的起重车、挖掘机、装载机等进行高处作业。乘坐有吊篮的起重车进行高处作业时，应关好出入门，系好安全带，戴好安全帽，起重车车体应有可靠接地措施，并设专人指挥和监护。不得用汽车吊（斗臂车）悬挂吊篮上人作业。

（11）恶劣环境条件时不宜进行高处作业。遇有六级及以上大风或恶劣气候时，应停止露天高处作业；在冰雪、霜冻、雨雾天气进行高处作业，应采取防滑措施和防寒、防冻措施。在夜间或光线不足的地方从事高处作业，必须设置足够的照明。

（12）对从事高处作业人员要坚持开展经常性安全宣传教育和安全技术培训，使其认识并掌握高处坠落事故规律和事故危害，牢固树立安全思想，严格执行安全法规并具有预防、控制事故能力。

（13）要按规定要求搭设各种脚手架，按要求做好逐级验收，并挂合格证。因检修需要搭设的临时脚手架的荷重经计算、搭设后必须经验收合格方能使用，脚手架验收合格牌应挂在正面醒目处。检修结束必须及时拆除脚手架。

（14）要按规定要求设置安全网，凡 4 米以上建筑施工工程，在建筑的首层要设一道 3 ~ 6 米宽的安全网。高层施工时，首层安全网以上每隔四层还要支设一道 3 米宽的固定安全网。如果施工层采用立网做防护，应保证立网高出建筑物 1 米以上，而且立网要搭接严密，并要保证规格质量，使用安全可靠。

（15）使用梯子时，单梯只许上 1 人操作，支设角度以 60° ~ 70° 为宜，梯子下脚要采取防滑措施，支设人字梯时两梯夹角应保持 40°，同时梯子要牢固，移动梯子时梯子上不准站人。使用高凳时，单凳只准站 1 人，双凳支开后两凳间距不得超过 3 米。如使用较高的梯子和高凳，还应根据需要采取相应的安全措施。

（16）多层高处作业要避免垂直上下同时作业，防止上层作业中物体下落伤及下层作业人员。在有可能落物范围内的地面上，应设置安全围栏，禁止无关人员入内。作业人员在进入生产现场时，应先观察好周围环境，防止高空坠落及高空坠物。

（17）垂直上下和移动范围较大的高处作业，应使用速差防坠器。

（18）移动式平台的面积不应超过 10 平方米，高度不应超过 5 米。强度和稳定性应进行计算。平台在移动时，平台上的作业人员必须撤离，严禁载人移动平台。

（19）加强安全检查，及时发现和消除安全隐患。

 六十一、行人交通安全知识有哪些？

1. 交通法规对行人的安全要求

行人是交通事故中的弱者，极易受到伤害，必须遵守《道路交通管理条例》《高速公路交通管理办法》和各省、自治区、直辖市制定的实施办法等交通管理法规和规章的规定。交通法规对行人的要求主要包括：

（1）必须遵守指挥灯信号、人行横道灯信号的规定，即"红灯停、绿灯行、黄灯闪烁多注意"。

（2）必须遵守交通标志和交通标线的规定，服从交通警察的指挥与管理。

（3）不准在道路上扒车、追车、强行拦车、抛物击车，或在道路上躺卧、纳凉、聚众围观等。

（4）不准强迫或纵容他人违反交通法规，同时对任何人违反交通法规都有劝阻和控告的权利。

2. 行人安全通行的做法

（1）道路交通行人安全做法。①行人在道路上行走必须走人行道。没有人行道的，必须靠路边行走，即在从道路边缘线算起1米内行走。列队行走时，每横列不得超过两人。②横过马路时走人行横道、过街天桥或地下通道。通过人行横道时，应先看左后看右，在确保安全的情况下直行通过。③在没有交通信号灯控制的人行横道，须注意车辆，在保障安全的前提下，直行通过，不准追逐、猛跑。车辆较多时，要确定安全，先看左边，没有车来时，再到达中线，然后再看右边的情况，再继续通过。④在没有人行横道、过街天桥的路口，须在保证安全的前提下，直行通过，不准在车辆附近突然横穿。⑤学龄前儿童在道路上行走，必须有成年人带领；残疾人或精神病患者，应当由监护人陪同照料。⑥禁止穿越或倚坐道路隔离设施和人行道、车行道、铁路口的护栏。

（2）铁路道口通行行人安全做法。①在遇有道口栏杆（栏门）关闭、音响器发出报警、红灯亮时，或看守人员示意停止行进时，应站在停止线以外，或在最外股铁轨5米以外等候放行。②在遇道口信号两个红灯交替闪烁或红灯亮时，不能通过；绿灯亮时，才能通过。③通过无人看守的道口时，应先站在道口外，左右看看两边均没有火车驶来时，才能通过。

3. 事故责任证据的获取

行人与车辆发生刮蹭或碰撞后，应妥善处理，以免引起不必要的纠纷。

（1）与机动车发生事故后，应立即报警，并记下肇事车辆的车牌号，等候交通警察前来处理。

（2）与非机动车发生交通事故后，在不能自行协商解决的情况下，应立即报警。

（3）遇到撞人后驾车或骑车逃逸的情况，应及时追上肇事者或求助周围群众拦住肇事者，或立即将车牌、车号记录好，保留对方在现场的遗留物品，为以后的事故处理工作留下证据。

4. 事故应急处理要点

（1）行人被机动车严重撞伤，驾车人应立即拨打110报警，并拨打120求助，同时检查伤者的受伤部位，并采取救护措施，如止血、包扎或固定。应注意保持伤者呼吸顺畅。如果呼吸和心跳停止，应立即进行心肺复苏法抢救。

（2）发生重大交通事故时，伤者很可能会脊椎骨折，这时千万不要翻动病人，如果不能判断脊椎是否骨折，也应按脊椎骨折处理。

 六十二、电动自行车交通安全知识有哪些？

1. 电动自行车的定义

电动自行车是以车载蓄电池作为辅助能源，具有脚踏骑行能力，能实现电助动或/和电驱动功能的两轮自行车，属于非机动车。

2. 电动自行车驾驶安全隐患

（1）部分电动自行车制造质量不高，安全配置不足。电动自行车本身技术含量不高，有的更是制造工艺粗糙，车辆稳定性差，很多电动自行车甚至无照明和转向灯装置。

（2）人车混行，威胁其他出行人员的安全。由于电动自行车属于非机动车，主要行驶在非机动车道上，而目前我国不少地区非机动车道宽度有限、人车混行，电动自行车的速度、体积、重量和动力性能等大大超出自行车等其他非机动车，大量占用非机动车道的空间，或者影响非机动车道的正常通行秩序，或者对汽车等机动车的正常通行造成干扰，存在交通安全隐患。

（3）私自加装罩棚，影响行车视线。电动自行车车主往往爱用篷布、塑料布、广告宣传横幅搭建防雨篷，严重影响骑车人视线。

（4）维护维修不及时，带"病"上路。

（5）使用过程中不注重车辆维护维修，存在刹车、灯光系统不符合上路标准等问题，构成安全隐患。

（6）不安全驾驶：①闯红灯！即非机动车不按照交通信号规定通行。②逆行！即非机动车逆向行驶。《中华人民共和国道路交通安全法》第三十五条规定，道路行驶遵守靠右原则。③超速！即驾驶电动自行车超速行驶。④超载！在超载情况下，电动自行车刹车性能变差，驾驶人常因为刹车或者躲闪不及造成事故。⑤玩手机！即驾驶非机动车时手中持物。手中持物会影响注意力，不乏因持物撞人的案例。⑥随意变道！有人行横道时，非机动车不走人行横道，横过机动车道。⑦走机动车道！即非机动车未在非机动车道内行驶。

（7）驾驶人能力不足。由于驾驶电动自行车不需要证件，导致驾驶人群比较复杂，技能达不到保障。

3. 驾驶电动自行车的安全要点

（1）电动自行车上路行驶一定要正确佩戴安全头盔，检查刹车是否灵敏。

（2）不要乱走机动车道，按规定走非机动车道，保持安全速度驾驶。

（3）电动自行车的后视镜是车辆的安全设施，不要随意拆除。

（4）行车时要保证良好视距条件。雨天尽量少出行，雨天雨衣会阻挡视线；夜间出行，尽量选择光照条件良好、道路设施良好的路段通行，同时记得开后灯。不得私自改装，增加雨篷等设施。

（5）不随意变道，不和机动车争抢，转向记得提前打转向灯。

（6）上路行驶谨慎心细，多看周边情况，注意观察。

（7）严格遵守一带一。一辆电动自行车在允许载重范围内只能带一个人，小朋友不得站在电动自行车前面。

（8）识盲区，避盲区，请与大型汽车保持安全距离，当大车转弯时，不要试图抢行、不要试图超越。

（9）酒后禁驾，电动自行车酒驾也违法。因酒精的麻醉作用，人的手、脚触觉会较平时降低，直接影响驾驶人的判断能力和操作能力；视野也会大大减小，视像模糊，对处于视野边缘的危险隐患难以发现。

 六十三、农用车驾驶安全知识有哪些？

1. 农村道路行车技巧

（1）控制车速。土路上坑洼、碎石等障碍物较多，行驶速度不能过高，否则车辆震动加剧，不仅会造成车辆传动系统、行驶系统等机件损坏，而且直接威胁行车安全。特别是雨天在有积水和泥泞的路段行车，更要稳住油门、控制车速，使用中低挡位，减速时也要靠减小油门或降低挡位来控制。

（2）注意路面。路面上有坑洼、乱石时，应考虑车辆的离地间隙，转动方向盘小心避让。在通过松软、泥泞、积水路段时，应特别谨慎，必要时应先下车观察，当判明车轮确实不会陷入泥土中时，方可挂低挡缓速通过。

（3）谨慎下坡。无论是晴天还是雨天，下坡时都应选择中低挡位，减小油门缓速下坡，不得空挡溜坡。因为土路上坑洼、乱石较多，情况复杂，下坡途中常需制动减速来避让。特别是有些土路下坡途中有急弯，若空挡溜坡，制动时极易造成车辆跑偏、甩尾甚至翻车的重大事故。

（4）预防侧滑。当前轮侧滑时，应稳住油门，纠正方向驶出。当后轮侧滑时，应将方向盘朝侧滑方向转动，待后轮摆正后再驶回路中。遇下坡中后轮侧滑时，可适当点一下油门提高车速，待侧滑消除后再按原车速行驶。

（5）靠中间行驶。很多农村道路是双向单车道，靠右侧行驶容易与行人或非机动车发生碰撞，因此在没有隔离带和中央分道线的公路上，可靠道路中间行驶，保持匀速行驶，车速控制在每小时40公里以内。但是在双向双车道、施划了分道线的公路上，应按照通行规则靠右侧行驶。

（6）小心会车。会车时应降低车速，把稳方向盘，同时保持两车间留有足够的横向距离。当道路宽度受限时，应选择双方前方均无障碍会车。当遇到前方有障碍物会车时，应根据各自车辆、离障碍物的距离、速度及道路的实际情况，决定加速超过还是减速等待，以越过障碍物会车，避免在有障碍物的狭窄处会车。如右前方有障碍，有障碍的一方让无障碍的一方先行。雨天会车特别注意，因农村道路狭窄，雨天需提防路基塌陷，会车时不能靠近路肩，因路肩疏松，应选择路面较宽，或停车让他车先行，确保安全。

2. 危险路段行车注意事项

（1）在临水临崖、窄桥窄路、急弯陡坡等路段行驶时，要提前减速，与路侧保持必要的安全距离。

（2）遇对向来车，要减速或停车，礼让车辆右侧临水临崖的一方先行。

（3）雨天、夜间驾车要减速慢行，注意观察道路情况，与前车保持安全车距，切莫超速、逆行、违法占道行驶。

（4）道路狭窄会车困难时，应减速停车，切勿强行会车。

（5）车辆驶近临水临崖、窄桥窄路、急弯陡坡等不安全路段时，应当减速慢行，并鸣喇叭示意。

（6）下坡时不要空挡滑行，上坡时注意控制车速。

（7）避免急踩油门、高速冲坡。

3. 冬季行车注意事项

冬季是交通事故多发季节，冬季气温低，雨雪多，路滑，易疲劳，环境复杂，给安全行车带来诸多不便。

（1）增强冬季行车安全意识。驾驶人员应提高对冬季安全驾驶的认识，加强冬季驾驶知识和技能的学习，做到防冻、防滑、防事故，掌握冬季驾驶过程中常见问题的处理方法。切忌在冬季仍以其他季节的驾驶习惯行车。

（2）及时了解路况信息。驾车出行前，提前通过电视、广播等方式掌握天气、路况等信息，提前做好应对准备。

（3）车辆换季保养。要做好车辆的换季保养工作，对车辆制动、转向等系统及气路管道、水路管道、油路管道等各部件进行全面检查保养，为车辆装备必要的防冻装置，按规定添加机油、齿轮油。

（4）防冻液。车辆在日常维护过程中，有可能在防冻液中加入过普通水，那就必须更换防冻液。防冻液不足的要补足，否则会使发动机水温过高，导致发动机机件损坏。

（5）蓄电池保暖及充电。汽车的蓄电池多为铅酸电池，在严寒环境里往往会因受冻而降低功效，可采取适当措施为蓄电池保暖和充电。

（6）注意检查轮胎。冬季气温寒冷，橡胶在低温环境里容易变硬、变脆，因此气压是否合适直接影响轮胎寿命和行车安全。气压过低，会使轮胎壁折曲度增大，加上低温很容易使胎壁橡胶发生断裂；气压过高会使轮胎抓地力降低。要注意检查各个轮胎的充气是否均衡，也可以考虑在冬季将轮胎更换为冬季轮胎。

（7）冰雪天气安装防滑链。冰雪天气，应在出行之前安好防滑链，不要在遇到冰雪路面之后再安装，因为临时停车安装防滑链比提前安装麻烦，也不安全。安装、拆卸前要将车辆停放在安全地带。如在繁忙的路上，需要设置必要的交通警示标志。安装防滑链后，行驶速度一般不要超过每小时 50 公里，并注意尽可能避免突然加速或减速。可考虑携带铁锹、铁镐等应急工具。

（8）及时清除雾气。冬季汽车在行驶过程中由于室内外温差大会令车窗凝结雾气，用暖风除雾的同时将前车门窗打开一点，其效果十分迅速有效。同时还应注意后窗除雾，以观察车后情况并增强倒车的安全性。

 六十四、水上交通的安全知识有哪些？

1. 水上交通工具种类

（1）民用水上交通工具：羊皮筏子、划桨船、手拉船等。

（2）商用水上交通工具：邮轮、渡船、高速客船等。

（3）水上娱乐交通工具：水上碰碰船、脚踏船、帆船、水上巴士、游艇、充气橡皮艇、水上漂流竹筏、水上自行车等。

2. 水上交通可能存在的风险

（1）恶劣的气候环境。台风、大雾、暴雨、海浪、海啸等对安全航行造成影响，可能引起触礁、翻沉等事故。

（2）船舶火灾。由于船上备有供航行使用的燃油并装置了大量的电气设备，如保养或使用不当，就有可能导致船舶发生火灾甚至爆炸。

（3）船舶交通事故。船舶超载、违章驾驶、操作不当，会造成船搁浅、碰撞、翻沉等交通事故。

（4）单人乘（划）船。未成年人自行乘（划）船存在极大的危险、成年人单人行动也有危险。

3. 水上出行"四要看"

上船前"四要看"，不符合标准的船只不要坐。

一要看：有没有船名。船名一般在船体两侧的显眼位置，或者在驾驶舱的顶部或侧面。没有船名的船不能坐！

二要看：船舶的载客定额。船舶载客定额牌通常放置在上船梯道顶部或者进客舱门口的位置，也有些小型客（渡）船将其置于客舱里面靠近驾驶舱的舱壁上。登船时要估计或询问一下乘客人数有没有超过定额数。没有标注定额数或乘客数已超过定额数的船不能坐！

三要看：船舶在水面上的高度。船舶在靠近水面的地方，会用两种不同的油漆颜色明显标示出船舶的载重线，如果这条线在水面以下，或者看不到不同的颜色线，说明这艘船已超载。超载的船不能坐！

四要看：有没有安全设备。安全设备完备的船只，会在明显的地方设置有救生衣、救生圈、灭火器等安全设备。上船后，要看救生衣放置的位置。没有安全设备的船不能坐！

4. 逃生须知

（1）听到警报，保持镇定，不要惊慌，不要乱嚷、乱叫、四处乱跑。

（2）（火灾时）迅速穿好衣服，特别是救生衣，烟雾较大时最好以湿毛巾捂住口、鼻。火势较大时可用水将毯子、棉被打湿，披在头部和身上。

（3）听从船上工作人员的指挥，按秩序沿逃生通道前进，不要拥挤。

（4）（火灾时）尽量弯下腰，保持较低姿势。因为火焰、烟雾和热气都会向上升，低处不仅温度较低，而且烟雾较少。

（5）火灾时，如果火势迅速蔓延，来不及逃生，应关闭舱门，利用床单、衣服等物品塞住缝隙，避免烟气侵入，以延长逃生时间。必要时可由窗户逃生或破门逃生。

（6）如需撤离船只，应听从船上工作人员指挥，有组织有秩序地登上救生艇或救生筏，不要盲目跳水求生。

 六十五、沼气池存在的危险因素及预防措施有哪些？

1. 沼气池基本概况介绍

沼气池是一种制造沼气的设施。沼气是有机物质在厌氧环境中，在一定的温度、湿度、酸碱度条件下，通过微生物发酵作用，产生的一种可燃气体。由于这种气体最初是在沼泽、湖泊、池塘中发现的，所以人们叫它沼气。

沼气是一种混合气体，沼气的组成中，可燃成分包括甲烷、硫化氢、一氧化碳和重烃等气体；不可燃成分包括二氧化碳、氮和氨等气体。在沼气成分中甲烷含量为 $55\% \sim 70\%$、二氧化碳含量为 $28\% \sim 44\%$、硫化氢平均含量为 0.034%。

沼气及其产生过程是：沼气发酵，沼气细菌分解有机物，产生沼气首先是分解细菌将粪便、秸秆、杂草等复杂的有机物加工成半成品——结构简单的化合物；再就是在甲烷细菌的作用下，将简单的化合物加工成产品，即生成甲烷。农户家庭利用沼气的过程如图 3-1 所示。

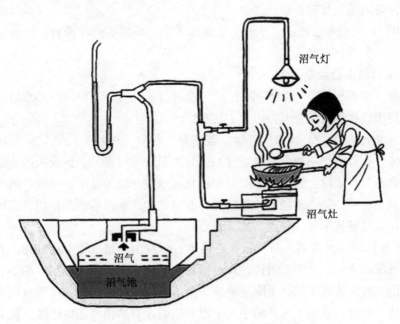

图 3-1 农户家庭沼气利用示意图

沼气池启动及日常运行管理步骤如下：

（1）新池启动运转时以纯净的牛、马粪原料为佳。入池前，在池外堆沤5～7天，以富集菌种，加快启动。

（2）新池启动时，应用温水启动。水温以30～50℃为宜，禁止使用冷水启动，那样会延长启动时间和影响启动效果。

（3）进料后，按要求密封好各活动盖，特别注意密封好天窗口，以防漏气。

（4）启动初期所产气体为废气，不能燃烧，应排放废气7天，每天排放30分钟以上。

（5）使用灯、灶具前，应认真阅读使用说明，规范操作。日常注意及时清理灯、灶具上的杂物，保持清洁。

（6）勤进料、勤出料。8立方米沼气池每天应进够20千克的新鲜畜禽粪便。进多少、出多少，禁止大出料，以免影响产气。

（7）加强日常搅拌，可每天利用抽渣活塞或木棒搅动料液10分钟以上，以促进发酵，提高产气率。

（8）经常观测压力变化情况，当沼气压力达到9个大气压以上时，应及时用气或放气，以免压力过大损坏压力表和池体。

（9）经常检查各接口、管路、用具密封是否完好，是否有损坏、老化、堵塞，若发现问题，及时检修。

（10）加强越冬管理，入冬前应适量加入牛、马粪等热性原料，池外加盖保温膜，确保冬季正常产气。

2. 沼气池主要危险因素

依据《生产过程危险和有害因素分类与代码》（GB/T 13861—2009），沼气生产和使用过程的危险及有害因素主要有以下几类。

（1）中毒窒息。①甲烷、二氧化碳窒息。沼气为甲烷、二氧化碳等物质的混合气体，在有限空间中沼气浓度过高会导致氧含量过低，会造成人的窒息，并危及生命安全。②硫化氢中毒。沼气中硫化氢浓度一般为0.1%～3%。该气体无色、有臭鸡蛋味，能造成细胞缺氧窒息，并对黏膜产生强烈刺激作用，人体吸入过量硫化氢可导致中毒、昏迷、甚至死亡。

【案例】2017年6月8日，重庆涪陵焦石镇发生一起沼气中毒事件，有四人因中毒过深而死亡。当晚7时许，焦石镇新井5组的一男子去喂猪，不小心掉进了自家沼气池，该男子的妻子眼见他掉了下去就连忙伸手去拉，结果也跟着掉进了沼气池。此时，家中十来岁的小儿子眼见爸妈没有从沼气池中出来，便立马叫来了两个邻居进行施救，四人皆因中毒过深而导致死亡。

（2）火灾爆炸。①秸秆。沼气工程的秸秆原料储存过程中，防范不力容易引起火灾；此外，秸秆受潮后会发热甚至自燃引起火灾。②粉尘。秸秆粉碎过程或储存过程中，若以适当浓度悬浮于空气中形成秸秆粉尘云，在有充足的空气或氧化剂存在时，遇火源即可爆炸。秸秆粉尘爆炸的下极限值为 $40 \sim 80$ 毫克/立方米，起火点为 $430 \sim 570$ 毫克/立方米。③甲烷。沼气逸出，导致空气中甲烷浓度过高，当空气中甲烷浓度达到 $5\% \sim 15\%$ （甲烷爆炸极限值）即形成爆炸性气体，遇火源即发生爆炸。

（3）淹溺。当人员在沼气池的预处理池、配水井、沟槽、沼液储存池等场所进行沼气处理作业时，如果出现以下不当情况，可能会导致淹溺：①池盖、进出料口未及时遮盖或遮盖物强度不够或防护措施不到位。②作业人员违章操作，未穿防滑工作靴，不慎滑倒。③由于光线不好、雷雨和冰雪天气引发意外，人员不慎掉入出料间。④人员在池外误吸有毒气体中毒跌落池内或在池内中毒跌倒。⑤报废的沼气池没有填实，也没有防止人员坠落的围栏、盖板等防护措施，导致人员跌入沼气池中。

（4）机械伤害。沼气池配套机械常年在污水及露天条件下工作，极易损坏，人员不小心会发生机械伤害事故，特别是操作人员违章（如不关闭电源）检修机械时更容易发生事故。

（5）触电。以下几种隐患可能会导致触电事故：①电气设备没有接地或接零保护。②电气设备内部故障或线路老化受损。③电源线接头裸露。④作业区域内有高压带电设备。⑤沼气站内避雷设备失灵。

【案例】2017 年 5 月 29 日 19 时许，重庆市奉节县白帝镇 3 人在清理沼气池内杂物时晕倒在池内。事发时，先是一人未做防护措施便下到沼气池清理杂物，因没有关闭电源造成触电，另外两人在营救过程中，也因接触到漏电，跌入沼气池，导致 3 人不幸身亡。

（6）粉尘伤害。秸秆原料粉碎过程中产生大量粉尘，粉尘飘浮会对环境造成污染，对人体造成伤害。

（7）生化伤害。沼气池预处理及后处理工序中的沟渠、预处理池、沼液储存池等，多为敞开裸露，其中含有大量病原菌、有机污染物及其他有害物质。作业人员如在无防护措施下长期接触，会对身体造成损害。

（8）高处坠落。沼气池作业及活动过程中的沟渠、预处理池、沼液储存池等，多为敞开裸露，如果隔离防护不好，人员注意力不集中容易坠落池中造成伤害。

3. 沼气池事故预防措施

（1）建池及进出料时，应特别注意安全，并及时进行防护和警示，以防人畜掉入池中。

（2）新沼气池排放废气期间，禁止在导气管口试火，以免发生回火，引起池体爆炸。

（3）清池检修时：①必须在有人守护的情况下进行，禁止单独操作。②人员进入沼气池前，先打开活动盖板，打开沼气的出料口、进料口和气门，用排风扇通风换气，让停留在沼气池中的沼气通过空气流通充分释放。入池前必须进行动物试验或用气体浓度检测仪进行检测，待池内氧气和硫化氢气体满足安全要求后再下池操作，以防因氧气不足而窒息或硫化氢中毒。③严禁用明火在池内照明，严禁吸烟，在入沼气池维修特别是出沉渣时，不要用蜡烛等明火照明，要用手电或日光灯系入池中，以免爆炸。④入池做好个人防护工作，防止引发细菌感染和伤害事故。作业人员穿好防护鞋、戴好防护手套。要用绳索把入池人员身体系牢。绳索另一端系于重物上，并留有专人看管。这样的话，如果入池人员一旦中毒或受伤，池外人员通过绑在身上的绳子，能顺利把入池人员竖直拉出。⑤入池人员下池内工作，条件允许的话最好架上梯子，如果出现头昏、恶心等不舒服症状，立即爬出池外通风、救护，池外守护人员应及时协助脱险。⑥池内作业时间不宜过长。在出料和维修时，除了有专人看护外，还要注意适时替换池内作业人员，以免一人作业时间过长而导致中毒。⑦如果发现池内有人昏倒，一定不要莽撞下池抢救，如匆忙下池，会发生多人连发事件。最好以最快速度设法向池内鼓风换气，先让池内人员吸到新鲜空气，待池内有害气体浓度经检测或动物试验达到安全要求后再进行抢救。

（4）室外管路应采取防晒保护措施，延长使用寿命，以免管路风化，引起漏气，引发火灾或爆炸。

（5）当发现漏气时，及时关闭气源，打开门窗，禁止生火、吸烟、开关电器，以免发生火灾。

（6）电气（机械）设备设施按要求做好接地、接零保护，安设防雷装置，并及时维护保养，避免触电事故发生。

（7）秸秆原料粉碎作业过程中，现场应采取洒水降尘措施，现场人员应戴好防尘口罩。

4. 沼气池中毒的应急措施

沼气池中毒主要是硫化氢中毒，应急措施如下。

（1）向池内连续通风。抢救人员要沉着冷静，动作迅速，切忌慌张和盲目下池，以免发生窒息中毒，同时要马上拨打 120 急救电话。

（2）当用动物试验或用气体浓度检测仪进行检测满足安全要求（氧气高于19.5%，硫化氢低于10毫克/立方米）后，迅速搭好梯子，抢救人员再下池抢救，要拴上保险绳，尽快把人救出池外，放在空气流通的地方，进行抢救并注意保暖。

如果现场有防毒面具，在人员佩戴好防毒面具的情况下可以直接下井救人，但应在拴好保险绳、有人守护的情况下施救。

（3）若遇险人员身上有粪渣，应先清洗面部，掏出嘴里粪渣，并抱住昏迷者胸部，让头部下垂，把肚内粪液吐出，再进行抢救。

（4）对已经停止呼吸的遇险人员，应进行人工呼吸抢救，并马上送医院救治。

六十六、家庭燃气中毒产生原因及预防措施有哪些？

1. 燃气中毒定义及主要表现

燃气中毒即煤气中毒，煤气是用煤或焦炭等固体原料，经干馏或气化制得的燃气，其主要成分有一氧化碳、甲烷和氢等，煤气中毒就是一氧化碳中毒。

燃气中毒患者有以下表现：

轻型：有头痛、无力、眩晕症状，行动时呼吸困难。

中型：症状加重，患者口唇呈樱桃红色，可有恶心、呕吐、意识模糊、虚脱或昏迷症状。

重型：呈深昏迷，伴有高热、四肢肌肉张力增强和阵发性或强直性痉挛，患者多有脑水肿、肺水肿、心肌损害、心律失常和呼吸抑制等症状，可造成死亡。

2. 燃气中毒原因

（1）燃气设施、管道漏气，燃气阀门开关不紧。

（2）烧煮中火焰熄灭后煤气大量溢出。

（3）居室密闭不通风或通风不良，特别是遇刮风、下雪、阴天、气压低等天气，煤气难以流通排出。

（4）因浴室空间小、空气流动性差，若长时间在卫生间用燃气热水器洗澡，也极容易造成一氧化碳中毒。

【案例】2020年12月19日晚，江西吉安市永丰县恩江镇一出租房内一家4口洗完澡之后，因一氧化碳中毒不幸全部身亡。

3. 燃气中毒处置措施

（1）发现煤气中毒首先立即关闭燃具开关、阀门，然后迅速开窗通风。

（2）禁止打开和关闭任何电器。

（3）若中毒者吸入煤气较少，还未达到中毒程度时要赶快到通风处安静休息，避免体力活动增加身体耗氧量。

（4）应立即将神志不清者抬到通风处，口内有异物应及时清理干净，解开纽扣和腰带，保持呼吸通畅，并检查呼吸、脉搏、血压等情况，以便作紧急处理。

（5）呼吸和心跳停止者应立即进行人工呼吸和胸外按压。

（6）尽快拨打120急救电话，使中毒者及早得到治疗。

4. 燃气中毒预防措施

从燃气用户方面来说，应做到以下几点。

（1）要选用正规厂家生产的合格燃气用具（如炉具、煤气热水器、土暖气等），并请专业人员进行规范安装。

（2）定期检查烟道是否通畅，煤气管道是否有跑、漏情况，如有应及时维修或更换。

（3）使用时先点火，后给气，熄火后要马上关闭燃气开关阀门。

（4）使用炉灶等燃气设施时一定要保持室内通风良好，炉灶使用时要有人看管。

（5）出门时要关好煤气阀门，检查炉火是否封好，炉盖是否盖严，风门是否打开等。

（6）在装修过程中，不要私自拆、迁、改和遮挡煤气管道及设施，不要把煤气管道、煤气表等封闭在橱柜内。

（7）有煤气或液化气的家庭最好安装可燃气体泄漏报警器。

（8）定期检查燃气设施和管线，防止漏气，发现问题及时处理。怀疑煤气泄漏时，可采取看、听、摸、闻等方法检查，还可用肥皂、洗衣粉加水涂抹可疑处，然后观察涂抹处是否起泡的方法检查是否漏气，禁止用明火检查。

 六十七、烧烫伤的预防与处理措施有哪些？

1. 烧烫伤的定义

烧烫伤是由高温液体（沸水、热油）、高温固体（烧热的金属接触烧伤等）、高温蒸气或火焰等由热辐射导致的对皮肤或其他机体组织的损伤。

其他由于辐射、放射、电流、摩擦或接触化学物质导致的皮肤或其他机体组织的损伤也属于烧烫伤。

2. 烧烫伤的危害

大面积外部烧烫伤，剧烈的疼痛可致人休克，烧伤后皮肤有渗出液，容易感染细菌，引起发烧，从而使人体体质下降，造成身体脱水，电解质紊乱引起败血症或多个脏器功能衰竭而致人死亡。

小面积外部烧烫伤，无生命危险，但烧伤过深会形成疤痕甚至毁容，影响肢体功能和心理健康。

如果是呼吸道或消化道的内部烧烫伤，常见就是误服高温液体或吸入热蒸汽，会引起上呼吸道和呼吸道的损伤、气道水肿、气道狭窄，甚至引起分泌物阻塞，导致窒息。

3. 烧烫伤的紧急处理

发生烧烫伤的处理原则是：去除伤因，保护创面，防止感染，及时送医。

（1）一般的小面积轻度烧伤：①没起水泡时，只损伤皮肤表层，局部轻度红肿、无水泡、疼痛明显，应立即脱去衣袜，用冷水冲或浸泡，一般时间在15～30分钟，再用麻油、菜油涂擦创面。也可用干纱布轻轻外敷，切勿揉搓，以免破皮。②已起水泡，尤其是皮肤已破，真皮损伤，局部红肿疼痛，有大小不等的水泡，大水泡可用消毒针刺破水泡边缘放水，涂上烫伤膏后包扎，松紧要适度。切不可用水冲，有衣服粘连不可撕拉，可剪去伤口周围的衣服，及时以冰袋降温。③用淡盐水轻轻涂于灼伤处，可以消炎。④可以将鸡蛋清、熟蜂蜜或香油混合搅拌均匀后涂抹在患处，以达到消炎止痛的效果。⑤可用风油精、万花油或植物油如麻油直接涂于创面，皮肤未破者，一般5分钟即可止痛。⑥烫伤后，马上抹些肥皂，可暂时消肿止痛。⑦立刻涂点牙膏，不仅止痛，且能抑制起水泡，已起的水泡也会自行消退，不易感染，小面积二度烧伤1次即愈。⑧切几片生梨，贴于烫伤处，有收敛止痛作用。⑨热油烫伤，切生土豆片敷在患处，热了再换新的土豆片，很快就不疼了，而且不会留斑。

（2）大面积烧伤和重度烧伤：皮下脂肪、肌肉、骨骼都有损伤，并呈灰或红褐色，此时应保持创面清洁完整，用干净布包住创面及时送往医院。切不可在创面上涂紫药水或膏类药物，以免影响病情观察与处理。

（3）化学用品（如酸液）引起的灼伤：①不可用凉水冲，要先用布擦干，并立即上医院。②伤口表面不可涂抹酱油、牙膏、外用药膏、红药水、紫药水等，应到医院处理。

4. 烧烫伤的预防措施

（1）液体烧烫伤的预防：①家中暖瓶、饮水器应放在高处或孩子不易碰到之处。②桌子上不要摆放桌布，防止孩子拉下桌布，弄倒桌上的饭碗、暖瓶而烫着自己。③在厨房做饭时，人不离开或关上门，以防止孩子突然闯入。④寒冷的冬季使用热水袋保暖时，热水袋外边用毛巾包裹，手摸上去不烫为宜。注意热水袋的盖子一定要拧紧，经检查无误才能放置于包裹外，要定时更换温水，既保暖又不会烫伤宝宝。⑤年长者使用热水袋时，温度不宜过高，一般情况下以小于50℃为宜，热水袋外要包裹一层毛巾，避免直接接触皮肤。

（2）气体烧烫伤的预防：家中使用煤气、酒精炉时必须有人照看，定期检修，不带故障使用。

（3）固体或器具烧烫伤的预防：①电饭煲等热容器当盛有热的食物时不放在地上和低处。②熨斗等电器用具要放在孩子够不到的地方。③暖气和火炉的周围一定要设围栏，以防孩子进入。④从微波炉中取出食物时，孩子不在周围或厨房。⑤冬天给孩子洗澡时，若放置取暖器，一定要避免让孩子触碰到。⑥电取暖器要远离孩子，或加围栏。

【案例】2005年9月，妮妮的外婆用电饭煲给孙女煮粥吃。电饭煲放在离地70厘米的三角铁上。在外婆到阳台上收取衣服时，妮妮不小心碰翻电饭煲，滚烫的热粥泼向妮妮，从脖子到胸、四肢，造成孩子25%的面积Ⅱ度烫伤。

（4）化学品灼伤的预防：①不要徒手接触强力清洁剂如碱水、除污粉等。②妥善保管化学品、化学试剂，确保不遗撒、不溅出。③存放化学品的容器或包装物上要做好标签、安全警示和提示。

六十八、中暑有哪些表现，如何预防与处置？

1. 中暑的定义

中暑是指人体在高温和热辐射的长时间作用下，机体体温调节出现障碍，水、电解质代谢紊乱及神经系统功能损害症状的总称，是热平衡机能紊乱而发生的一种急症。

2. 中暑的症状表现

先兆中暑、轻症中暑者会出现口渴、食欲不振、头痛、头昏、多汗、疲乏、虚弱、恶心及呕吐、心悸、脸色干红或苍白，注意力涣散、动作不协调等症状，有时体温会升高。

重症中暑包括热痉挛、热衰竭和热射病。

热痉挛是活动中或者活动后突然发生的痛性肌肉痉挛，通常发生在下肢背面的肌肉群（腓肠肌和跟腱），也可以发生在腹部。肌肉痉挛可能与严重钠缺失（大量出汗或饮用含有成品糖和咖啡因的软饮料）和过度通气有关。热痉挛也可为热射病的早期表现。

热衰竭是由于大量出汗导致体液和体盐丢失过多，常发生在炎热环境中工作或者运动而没有补充足够水分的人员中，也发生于不适应高温潮湿环境的人员中，其征象为：大汗、极度口渴、乏力、头痛、恶心呕吐，体温高，可有明显脱水症状如心动过速、直立性低血压或晕厥，无明显中枢神经系统损伤表现。

热衰竭可以是热痉挛和热射病的过渡过程，如治疗不及时，可发展为热射病。

热射病是一种致命性急症，根据发病时患者所处的状态和发病机制，临床上分为两种类型：劳力性和非劳力性热射病。其征象为：高热（直肠温度≥41 ℃）、皮肤干燥（早期可以湿润），意识模糊、惊厥甚至无反应，周围循环衰竭或休克。此外，劳力性热射病者更易发生横纹肌溶解、急性肾衰竭、肝衰竭、DIC（弥散性血管内凝血）或多器官功能衰竭，病死率较高。

3. 中暑的处置措施

（1）停止活动，脱去多余的或者紧身的衣服，在凉爽、通风的环境中休息。可以让患者躺下，抬高下肢15～30厘米。

（2）如果患者有反应但没有恶心呕吐，可以给患者喝水或者运动饮料，也可服用人丹、十滴水、藿香正气水等中药。

（3）用湿的凉毛巾放置于患者的头部和躯干部以降温，或将冰袋置于患者的腋下、颈侧和腹股沟处。

（4）如果患者没有反应意识，开放气道，检查呼吸并给予适当处置。如果30分钟内患者情况没有改善，寻求医生救助。

（5）对于重症高热患者，降温速度决定愈后恢复情况。体温越高，持续时间越长，组织损害越严重，愈后也越差。体外降温无效者，用4 ℃冰盐水进行胃或直肠灌洗，也可用4 ℃的5% 葡萄糖盐水或生理盐水1000～2000毫升静脉滴注，既有降温作用，也适当扩充容量，但开始速度宜慢，以免引起心律失常等不良反应。与此同时，积极寻求医学救助，等待医生救援。

4. 中暑的预防措施

（1）避免暴晒，出行带好防晒工具，如戴草帽、打遮阳伞、戴遮阳帽、戴太阳镜，有条件的最好涂抹防晒霜，并缩短工作时间。骑自行车或摩托车上下班时要戴遮阳帽。

（2）最好穿宽松浅色、透气性好的衣服，尽量选用棉、麻、丝类的织物，应少穿化纤品类服装，不要光着膀子晒。

（3）加强通风换气，加速空气对流，降低环境温度，以利于机体热量的散发。

（4）充足的睡眠。合理安排休息时间，保证足够的睡眠以保持充沛的体能，以达到防暑目的。

（5）科学合理的饮食。多吃蔬菜、水果及适量动物蛋白质和脂肪，补充体能消耗，切忌节食。

（6）合理调整作息时间。干活时间尽量避开上午 11 点到下午 2 点之间的时间段，因为这个时间段的阳光最强烈，发生中暑的可能性是平时的 10 倍。

（7）多喝清凉饮品。每天应养成主动饮水的习惯，因为当自觉口渴时，身体已经是严重缺水状态了；所以不要等口渴了才喝水，合理的饮水量为每日 3 ~ 6 升。

（8）准备些降温药品。夏日备一些防暑药，如人丹、十滴水、藿香正气水、清凉油等，一旦出现中暑症状就可服用所带药品缓解病情。

（9）特殊人群要特别关照。婴幼儿、孕产妇以及患心脏病、心功能不全、肺心病、糖尿病的人和身体虚弱的老年慢性病患者，被医学专家称为"中暑高危人群"，应尽量不到烈日下，在家中也要注意开窗通风、降温。

六十九、冻伤有哪些表现，如何预防与处置？

1. 冻伤的定义

冻伤是指机体受低温寒冷侵袭所引起的损伤。

冻伤可为局部或全身（冻僵），多因寒冷、潮湿、衣物及鞋带过紧所致，常发生于皮肤及手、足、指、趾、耳、鼻等处。

2. 冻伤的成因及易发时机

1）环境因素的直接作用

寒冷是发生冻伤的主要原因，机体在寒冷环境中，局部热量散失增多，当局部组织温度降低至冰点以下时，即可发生冻伤。

潮湿是促进或加重冻伤的一个重要因素，如果衣服、鞋袜潮湿或被水浸渍，即使环境温度并不很低，也可因长时间暴露于潮湿环境而引起冻伤。

大风也是促进或加重冻伤的一个主要因素，这是由于空气的流动加剧了热的散失，风速愈大，身体受冷愈重。

身体局部与极冷的金属、石块、地面、墙壁、气化的低温压缩液体（如液氧、液氮、液氨）等冷物接触时，因为它们导热性强，能使身体局部温度急剧下降或发生冻结，以致产生冻伤。

2）机体因素的诱发作用

所有能导致温热调节障碍、循环障碍和与产热有关的内分泌障碍等都能诱发冻伤。吸烟或饮酒过量、过度疲劳、营养不良、手脚多汗、有冻伤史等都能诱发冻伤。此外，自主神经功能紊乱、肢端血循环不良、缺乏运动、贫血及一些慢性病常为冻疮的发病诱因。

3）冻伤的易发时机

极冷大风：突然遇到暴风雪，骤然受严寒侵袭；涉水后鞋袜不能及时更换；拂晓最冷时行动；赤手作业等。

潮湿：潮湿可加速体表散热，冬季湿度大的地区，冻疮发生率较高。

静止：潜伏、昼夜据守隐蔽点、身体受伤等情况下，肢体活动受到限制，局部血液循环不良。

出汗后：大量出汗后在冷环境下静止停留过久或打瞌睡。

装备缺损：防寒装备破损、鞋袜或手套短小或缺损；麻痹心理，过早地轻装。

疲劳：过度疲劳、饥饿、全身抵抗力下降。

此外，突然接触气化的低温压缩液体如液氧、液氮、液氨，也容易引起冻伤。

3. 冻伤的症状表现

冻伤一般分为两类：一类称为非冻结性冻伤，由10 ℃以下至冰点以上的低温加以潮湿条件所造成；另一类称为冻结性冻伤，由冰点以下的低温所造成，分局部冻伤和全身冻伤。

1）非冻结性冻伤

冻疮：多于初冬和早春时节，在低温或潮湿条件下发生，好发部位为手、足、耳和面部。初时皮肤发绀、水肿，出现红斑、感觉异常、灼痒与胀痛感。如果水肿突出，可发生水泡，水泡破裂后形成表面溃疡，渗出浆液。如有继发感染，则会出现脓和炎症。

2）冻结性冻伤

（1）局部冻伤。伤员皮肤苍白、冰冷、肿胀、疼痛和麻木，重者感觉丧失。由于受冻程度不同，病变可分为四度：一度冻伤最轻，亦即常见的"冻疮"，受损之处在表皮层，受冻部位皮肤红肿充血，自觉热、痒、灼痛，症状在数日后消失，愈后除表皮脱落外，不留瘢痕。二度冻伤伤及真皮浅层，伤后除红肿外，伴有水泡，泡内可为血性液，深部可出现水肿，剧痛，皮肤感觉迟钝；三度冻伤伤及皮肤全层，出现黑色或紫褐色，疼痛感觉丧失，伤后不易愈合，除遗有瘢痕外，可有长期感觉过敏或疼痛；四度冻伤伤及皮肤、皮下组织、肌肉甚至骨头，可出现坏死，感觉夹失，愈后可有疤痕形成，往往留下伤残和功能障碍。

（2）全身冻伤。先感觉寒冷、疲倦、嗜睡、步态不稳，继而出现呼吸困难、牙关紧闭、大小便失禁。检查可见皮肤苍白厥冷，口唇及手指青紫，呼吸、脉搏徐缓，瞳孔反射迟钝或消失。

体温的下降程度是衡量全身冻伤轻重的重要标志，当直肠温度降至35℃时，代谢开始减弱；直肠温度降至33～30℃时，战栗停止，出现肌肉僵硬状态；直肠温度降至25～24℃时，可因心室颤动而导致死亡。

4. 冻伤事故急救处置

冻伤后切忌立即用火烤或用雪擦受冻部位，应按以下流程处理。

（1）迅速带患者脱离寒冷环境，防止继续受冻。

（2）将患者移到暖和的地方，除去潮湿的衣服、鞋袜，采取全身保暖措施，衣服、鞋袜等连同肢体冻结者，不可勉强卸脱，需用温水（40℃左右）使冰冻融化后脱离或剪开。

（3）通过温水浸泡快速复温。复温是重度冻结性冻伤的重要急救措施。具体方法是，对处于冻结状态的病人，尽快应用40～42℃的温水浸泡复温，复温时间视组织温度回升情况而定，使受冻部位软化，皮肤和肢端转红，皮温达30℃左右为宜，危重者还应采取其他急救措施。

（4）对于全身重度冻伤，要注意伤员呼吸心跳，如果发现脉搏呼吸变慢，需要进行人工呼吸和心肺复苏，同时要快速复温。

（5）当患者身体复温后，需将其迅速送到医院进行治疗，运送伤员途中注意防寒保暖。

5. 冻伤的预防措施

（1）加强防寒教育，普及冻伤知识。通过宣传教育使大家了解冻伤发生的规律和条件，熟悉气温、风力、湿度以及环境条件与冻伤发生的关系。

（2）加强防寒保障，做好个体防护。入冬前，对个人冬装应进行充分准备，衣服必须合身，保持鞋袜、鞋垫、手套干燥。汗脚者不宜穿胶鞋，鞋子不要太紧，能防水。冬季长时间在野外时，必须考虑取暖问题，休息场所选在避风、向阳、无雪处，不要站在风比较大的风口处，休息时勿解开衣扣和坐卧雪地。

（3）饮食要营养丰富。食物要有充足的脂肪、蛋白质和维生素，保证身体有足够的热量。

（4）居住场所必须注意防寒、保暖和防潮湿，取暖设备要完好，室内温度一般不宜低于18℃，最低也不能低于13℃，相对湿度在50%左右。

（5）进行耐寒锻炼，积极开展预防。寒冷条件下，通过适当的耐寒锻炼，可以提高机体的耐寒能力。其方法有局部耐寒锻炼和全身耐寒锻炼两种，包括体育锻炼、冷水锻炼、增加冬季室外活动时间和综合性锻炼等。

（6）进行低温设备操作或作业时，佩戴好防寒用品（手套、防寒服、眼罩、防护鞋等）。

七十、电动车火灾的处置方法有哪些？

1. 电动车定义

此处所讨论的电动车是以电力为驱动和能源的车辆，按类型分为电动自行车、电动摩托车、电动三轮车和燃油助力两用电动车。

近年来，我国电动车保有量基数大、增长迅速，假冒伪劣无证产品充斥市场，埋下大量引发火灾的先天性隐患，这也导致电动车引发的火灾事故激增，亡人火灾事故突出。

【案例1】2011年4月25日，北京市大兴区旧宫镇南小街，一电动三轮车充电时电气线路故障引起火灾，造成18人死亡、24人受伤。

【案例2】2021年9月20日，北京市通州区一小区居民楼3层因电动自行车室内充电引发火灾，造成5层5名住户死亡。

2. 电动车火灾应急处置措施

（1）使用灭火器平息火焰。通常使用灭火器以后，火被熄灭，但电池仍旧冒烟，意味着内部仍然在燃烧，此时仍然不能大意，需继续扑救直至完全熄灭。

（2）用其他方式灭火。如果身边没有灭火器等设备，可以采取砂土、湿布、防火毯等覆盖灭火。

（3）条件允许的话，最好将着火的电池移到室外，然后拨打火警电话，让消防部门来处理。

（4）如发现楼梯间没有烟火蔓延，楼梯畅通，应首先选择沿楼梯向室外逃生。

七十一、如何预防动物伤害，处置措施有哪些？

1. 我国动物伤害的现状

中国每年约有4000万人被猫狗咬伤，毒蛇咬伤人数超过30万，胡蜂、海蜇、蜱虫等动物致伤事件时有发生，严重者可造成残疾甚至死亡，尤其是因动物致伤导致的破伤风、狂犬病严重威胁人们的生命。

《中国动物致伤诊治规范》涉及 20 多类常见致人伤害动物，包括犬、蜈蚣、马陆、水蛭、蚂蚁、海蜇、胡蜂、蛇、猴、马、猫、啮齿动物、蜱、禽类、石头鱼、蝎子、雪貂、蜘蛛、猪、毒隐翅虫、SPF 级实验动物等，动物致伤后还会引起并发症，如创伤弧菌感染、血清病、弓蛔虫病、非新生儿破伤风、外伤后破伤风、严重过敏反应等。在日常生活中，最常见的就是狗、猫、蛇、老鼠、蜈蚣、蜥蜴等动物对人们，尤其是对小孩、老年人造成的伤害事件。

2. 常见动物咬伤的预防措施和处理方法

1）老鼠

老鼠是人类"四害"之一，生命力很强，它身上携带有很多病毒和细菌，老鼠传播疾病的主要渠道有：鼠体外寄生虫媒介；带致病微生物的鼠通过活动或粪便污染了食物或水源，造成人类食用后发病；老鼠直接咬人或病原体通过外伤侵入而引起感染。

日常的预防措施有：①掌握最基本的鼠疫防治知识，提高自我保护意识；②捕捉老鼠时要做好个人防护措施，并且要养成良好的饮食卫生习惯，经常洗手、不吃不干净的食物，蔬菜瓜果一定要洗净；③如发现家中食物有被老鼠啃咬过的痕迹一定不要食用。

被老鼠咬伤后应采取的措施有：①酒精冲洗伤口。医用酒精的消毒效果最好，如果伤口只是破了一层皮，只要用棉签蘸酒精擦拭即可；如果伤口比较深，可以将酒精倒在伤口上冲洗。②去医院注射疫苗。一般传染病都有一定的潜伏期，在发病之前注射疫苗就是有用的。③一周以内随时观察体温。一旦发烧就应该怀疑自己可能是被感染了，那就应该尽快去医院进行治疗；一周以内如果体温没有升高，基本不会被感染。④卧床休息不要过度劳累。注意多休息，可以提高抵抗力。⑤消灭老鼠防止二次被咬。

2）狗

犬类动物伤害已成为我国新时期典型的公共卫生问题。犬类动物伤害的主要形式为咬伤，这和犬及人的行为、环境、饲养类型、气候等有关。我国城市动物性伤害的发生率在 0.6%～2% 之间，高于西方发达国家水平，而且动物种类中狗占绝大多数。

预防方法：和狗打交道，要避免做任何突然性动作，因为即使是出于善意，也会使小动物感觉受到威胁，发起攻击。如果要和宠物亲近，最好先蹲下，和它保持平等位置，做动作时放慢速度，让它看清楚。另外，路上的小狗朝你狂叫示威时，不要和它的目光直接接触。眼神凶悍的狗，伤人的可能性也更大，要小心防范。

被狗咬伤后的急救措施如图 3-2 所示。

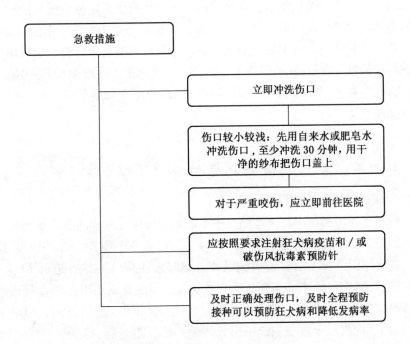

图 3-2　被狗咬伤后的急救措施

3）猫

猫是弓形体病的最后感染宿主，和猫玩耍时，成人抵抗力较好，但老年人体质较差还是需要特别注意。老年人在和猫玩耍时容易被唾液、寄生虫卵、霉菌、弓形虫入侵，引起猫抓病、猫癣等病，最严重的是狂犬病的潜在危险。

应避免被猫抓伤，在逗猫的时候不要让它感觉出你对它有伤害，猫咪很敏感，尤其是野猫，所以接近它时一定要慢慢地，最好不要逗猫。

急救处理方式：被猫咬伤或抓伤后首先应挤压伤口排污血（若伤口不大而较浅时，可暂不予处理）。然后用肥皂水彻底清洗伤口至少 15 分钟。肥皂水冲洗完后再用大量清水冲洗。猫抓伤后只要不是大出血，可不急于止血。如果伤口很深，流血较多，应马上用纱布压住流血处，尽快把血止住。可用碘酒或酒精局部消毒。伤口一般不宜包扎和缝合。为避免伤口感染，应打破伤风针。无论能否确认猫是否感染狂犬病，被猫抓伤后都必须尽快注射疫苗。必要时可能需要高免血清在伤口底部及四周进行分点注射。

4）蚊子

预防方法有：①残茶除蚊：将阴干的艾叶等搓成绳索，点燃后放在室内，其烟味可以驱蚊。②风油精驱蚊：在卧室内放几盒揭开盖的清凉油或风油精，一段时间后清凉油表层会有污垢，要及时刮掉，以免减弱效力。③安装橘红色灯泡：室内安装橘红色灯泡，有很好的驱蚊效果。如果没有橘红色灯泡，也可用透光性强的橘红玻璃纸套在 60 瓦的灯泡上，蚊子会四处逃散。④维生素 B2 可防治蚊虫叮咬：将维生素 B2 片碾成粉末，用医用酒精调和涂在暴露部位即可。此方法既能治疗又能预防。

七十二、如何预防烟花爆竹爆炸事故？

1. 我国烟花爆竹事故情况

近年来，我国烟花爆竹生产储存中事故时有发生，并伴随着人员伤亡和财产损失。烟花爆竹事故多发生于生产、储存、销售等各个环节，如 2019 年 12 月 4 日，湖南省浏阳市碧溪烟花公司包装作业区域发生爆炸事故，造成 13 人死亡，直接经济损失 1944.6 万元；2020 年 4 月 8 日，湖南省浏阳市社港吉利鞭炮厂封口中转间发生燃烧事故，造成 1 人死亡，直接经济损失 135.5 万元；2020 年 7 月 8 日，四川省广汉市金雁花炮公司引火线生产区发生一起燃烧爆炸事故，造成 1 人死亡，引火线区工房及其区域内的机械设备全部损毁。

2. 烟花爆竹的危险性及特点

（1）易燃易爆危险特性。烟花爆竹以烟火药为主要原料制成，燃放时点燃引线，通过燃烧或爆炸，产生光、声、色、烟雾等效果，用于观赏。因此，烟花爆竹均具有易燃易爆危险特性。烟花爆竹事故形态主要有爆炸、火灾、燃烧爆炸等，一般同时伴随化学爆炸和物理爆炸等形式，甚至有可能发生粉尘爆炸。危险因素主要有纸筒生产车间的火灾危险、易燃易爆物料自身的燃烧爆炸危险、生产炸药工序的燃烧爆炸危险、成品（半成品）库房的爆炸危险等。

（2）易燃易爆物料多。烟花爆竹生产中必需的氧化剂、可燃物、有色发光剂和特种效应药剂、黏合剂，主要有高氯酸钾（$KClO_4$）、铝镁银等合金粉、聚氯乙酸、酚醛树脂、硝酸钡、硝酸钾、碳酸锶、氯化铜、硫黄、黑火药等，这些原材料大部分具有燃烧性，有的甚至具有爆炸危险性。

（3）爆炸冲击波危害大。烟花爆竹一旦发生爆炸，能量以冲击波、碎片等形式向外释放，其中冲击波能量占总爆破能量的 85% ~ 97%，会粉碎和抛射周围物体，具有很大的破坏性，能摧毁建（构）筑物，极易造成人员伤亡。

（4）燃烧和爆炸可能多次交替进行。爆炸突发性强，特别是在生产和储存大量烟花爆竹、纸张、药剂、成品库、火药库等易燃易爆物品的厂房、仓库，爆炸产生的强大压力往往会造成相邻火药仓库和厂房的殉爆。连锁反应引发猛烈燃烧，极易形成强烈的空气对流，加之烟花爆竹具有升高、跳动、飞跃、旋转等特点，火种会四处飞散，容易出现多处新的火点，这就导致燃烧、爆炸后在短时间内就能引起大面积燃烧、爆炸事故，甚至反复爆炸，多次交替进行，破坏性极大，严重威胁救援人员安全。

3. 购买烟花爆竹的注意事项

（1）选择正规购买地点。国家对烟花爆竹产品销售有严格的管理措施，采取有证销售。所以，消费者一定要到有销售许可证的专营公司或商店购买，千万不可贪图便宜在地摊购买。

（2）合理选择产品类别。我国烟花爆竹生产历史悠久，加上近年来新产品的不断开发，种类繁多，购买者应根据燃放者的年龄，以及对烟花爆竹知识的了解程度、燃放地点的情况，合理选购烟花爆竹，对爆竹响声切莫无止境追求。《烟花爆竹　安全与质量》（GB 10631—2013）中规定，烟花爆竹按使用的药量及其所能构成的危险性分为 A、B、C、D 四级，并且应显著标注于产品及产品外包装上。其中 A 级产品供有证人员（专业人员）燃放，B、C、D 级产品依次逐渐转为安全。儿童燃放应选用 D 级产品，其他燃放者根据掌握烟花爆竹知识的多少可以选购 B、C 级产品。另外，还应特别注意，各地政府（特别是大城市）对本地区燃放烟花爆竹的类别都有严格规定，大多数地区只允许销售和燃放 C、D 两个级别的烟花爆竹。

（3）查看产品的外观和标识标志。产品外观应整洁、无霉变、完整未变形、无漏药、浮药。产品的标识标志应符合国家规定，要规范、齐全、清晰，即有正规的厂名、厂址，有警示语；燃放说明情况，有燃放方法（如何选择地点、时间、操作方法等）、燃放过程中注意事项等，消费者能根据其说明正确使用烟花爆竹产品。

（4）查看烟花爆竹产品的引火线。烟花爆竹引火线的好坏直接影响燃放者的安全，引火线燃烧速度过快或过慢都会导致意外事故发生，可能伤害燃放者的手和眼睛等。要求引火线无霉变、无损坏、无断节。未成年人燃放最好选用安全引线，因为安全引线能控制燃烧速度，确保燃放者安全。安全引线的标志是：外部裹有一层防水清漆，通常是绿色的。

（5）正确选购爆竹产品。选购结鞭爆竹产品一是注意引火线的长度，二是结鞭牢实、不松垮等。选购单个爆竹，应选购黑药炮（俗称雷鸣或双响），引线为安全引线，绝对不要选购俗称白药的氯酸盐炮或高氯酸盐炮。

（6）正确选购烟花产品。烟花产品分为吐珠类、升空类、小礼花类、线香类、小礼花弹类等 13 类，消费者应根据自身的燃放场地和欣赏目的来选购烟花产品。这几类产品都对燃放场地有要求，要求较空旷的地方，附近无电线及易燃物等。

（7）不买超过保质期的烟花爆竹。根据《烟花爆竹　安全与质量》（GB 10631—2013）中规定，烟花爆竹产品从制造日期起，在正常条件下运输、储存，保质期为 3 年。含铁砂的产品保质期为 1 年。如果过了保质期，安全和质量都可能有问题，消费者应避免购买。

4. 燃放烟花爆竹的注意事项

烟花爆竹的燃放关系千家万户，也事关国家和人民群众的生命财产安全，烟花爆竹的主管机关要积极协助有关部门加强管理，一是要加强安全燃放的宣传工作，可以通过广播、电视、报纸等新闻媒介，也可以通过抖音、微博、小红书等新媒体媒介，宣传烟花爆竹的有关知识和安全燃放常识，使消费者"会识别、能自觉抵制劣质产品，会正确燃放烟花爆竹"；二是根据全国各地经验，地方政府要制定烟花爆竹限放规定，规定限放时间和区域。在大中城市和小城镇，除春节外应禁止燃放；党政机关、风景名胜区、重点文物保护单位、重要电力设施以及存放有大量易燃易爆物品单位周围应禁止燃放。

燃放烟花爆竹时应注意以下几点：

（1）要放在远离火种或取暖器等火种或发热的地方。

（2）要选择安全地点，且平稳放置后燃放。

（3）要按说明书正确燃放；要由成年人燃放；要做到离家时把门窗关好，防止飞来火种引起家中火灾。

（4）要把阳台、平台、屋顶、天井上及建筑物旁的可燃物清理掉，预防可燃物引燃后殃及家中。

（5）要把外墙处布料等可燃遮阳布、空调保护布收起来，以防火星引燃。

（6）要对外墙上任何开口和孔洞采取封堵措施，防止火星飞入室内引起火灾。

七十三、如何预防和面机等小型家用机械伤害？

1. 小型家用机械的特点

小型家用机械一般分为家庭日常生活用机械（如小型的家庭用绞肉机、家用面条机、和面机等）和家庭生产用机械（如农村地区部分小型农用割草机械等)。相较于大型企业用机械,小型家用机械一般具有体积小、重量轻、适用性强、操作方便等特点。部分小型家庭农业用机械,相较于适合平原大范围作业的大型农机而言,由于其自身的灵活性和通用性,更能广泛应用于我国农村地区尤其是山地丘陵地区,能有效减轻农民的劳动力负担。

除了上述优点外,相较于大型企业用机械,现有小型家用机械的生产厂家数量众多,小型机械品种繁多,性能参差不齐,购买时难以辨别具体质量好坏。此外,部分小型家用机械设计简单,缺少必要的安全保护装置和安全连锁装置。家用的小型机械,不像企业用机械一样经常使用和维护,闲置时间长。尤其是农业机械生产受到农作物生长周期的限制,单一作业装置工作时间较短,大部分时间处于闲置状态。机械闲置,不能很大程度发挥出机械的作用,会导致设备浪费,机械设备在闲置期间如果没有得到很好的保养,会生锈、出现故障,来年可能导致无法再次使用,使得一些机械设备变成一次性消耗品。

2. 小型家用机械伤害的主要类型

小型家用机械伤害的类型可以大致分为如下八类:

(1)挤压伤害。这种伤害是在两个零部件之间产生的,其中一个或两个是运动零部件,这时人体或人体的某部分被夹进两个部件的接触处。

(2)碰撞和冲击伤害。这种伤害是比较重的往复部件撞人,伤害程度与运动部件的质量和运动速度的乘积即部件的动量有关,如果动量比较大,则造成冲击伤害。

(3)剪切伤害。两个具有锐利边刃的部件,在一个或两个部件运动时,能产生剪刀作用。当两者靠近且人的四肢伸入时,刀刃能将四肢切断。

(4)卷入伤害。引起这类伤害的主要部件是相互配合的运动副,两个做相对回转运动的辊子之间的夹口引发的引入或卷入,将人的四肢卷进运转中的咬入点。

(5)卷绕和绞缠的伤害。引起这类伤害的是做回转运动的机械部件,如轴类零部件,回转件上的突出形状,旋转运动的机械部件的开口部分。

(6)甩出物打击的伤害。由于发生断裂、松动、脱落或弹性位能等机械能释放,使失控物件飞甩或反弹对人造成伤害。

(7)切割和刺扎的伤害。切削刀具的锋刃、零件表面的毛刺、工件或废屑的锋利飞边等,无论物体的状态是运动还是静止,这些由于形状产生的危险都会构成潜在的危险。

(8)切断的伤害。当人体伸入两个接触部件中间时,人的肢体可能被切断。其中一个是运动部件或两个都是运动部件都能造成切断伤害。

机械伤害造成的受伤部位可以遍及人全身各个部位，有些机械伤害还会造成人体多处受伤，如预防不到位后果非常严重。

3. 小型家用机械伤害的主要预防措施

针对小型家用机械的特点，小型家用机械伤害的预防可以从以下几方面采取措施。

（1）购买家用的小型机械设备时，应购买符合国家标准的使用产品。购买时要检查相关机械产品是否具有对应的检验合格证明。

（2）购买后要认真阅读产品说明书，如有必要可以请相关销售负责人实际讲解演示，认真了解机械设备的使用流程，防止发生误操作。

（3）如发现设备有故障或有冒烟、冒火花、发出焦糊的异味等情况，应立即关掉电源开关。在未切断电源前，不能用水或酸、碱泡沫灭火器灭火。意外紧急情况需要切断电源时，必须使用电工钳剪断电线，不能用手硬拽电线。不能在未切断电源的情况下查看机械是否发生故障。

（4）在对机械设备进行清理时，必须停机进行清理积料、捅卡料、上皮带蜡等作业。

（5）小型家用机械在使用过程中如果突然发生停机等现象，不能直接对机械设备进行检查，尤其不能将手伸入机械设备的作业区和其他禁止在使用过程中触及的区域，应断电后再对机械设备进行检查。

（6）小型家用机械的零部件如果发生损坏，不能私自进行更换，可以联系相关售后部门或者专业维修部门对机械设备进行维修，更换的零件应符合国家相关标准，不得使用伪劣产品。

（7）不得私自对机械设备进行改装，不得拆卸机械设备原有的安全保护装置。

（8）机械设备在长时间未使用后，再次使用前应该对设备进行安全检查，确认正常后再使用。如有必要，可以定期对机械设备进行维护保养，但是在维护保养过程中不得带电运行。

（9）机械设备在使用过程中，严禁用手对其工作区域物品进行调整，也不能在其运行过程中对相关零件进行润滑以及对杂物进行清理。

七十四、如何预防腰背痛？

1. 腰背痛的定义

腰背痛（lowbackpain，LBP）指腰部一侧或两侧，或者腰椎、后背骶椎部位出现以疼痛为主要症状的综合征。腰背痛是一种典型的肌肉骨骼疾患，常导致运动功能障碍。腰背痛已成为世界范围内的公共健康问题，据统计60%～80%的成人会罹患腰背痛。

腰背部由两部分组成：脊柱与腰背部肌肉，背部的肌肉附着在脊柱上面。构成脊柱的骨头称为椎体，椎体之间通过椎间关节相互连接。脊髓位于椎管内，受椎体保护，脊髓将大脑与四肢的神经连接起来，从脊髓分出的神经分布到全身的脏器、肌肉，将大脑的指令传达给肌肉、脏器与四肢，以支配他们的生理活动，全身的周围神经将身体不同部位的感觉如疼痛等传送回大脑。

2. 腰背痛的产生原因

运动医学认为腰痛的原因很多，并且没有特定致病因素，但腰痛的主要诱发因素是腰椎稳定性下降和肌肉力量下降，而患者脊柱稳定性和姿势控制不良又是腰背痛患者症状反复出现的重要病理机制。职场中的腰背痛主要发生原因有：

（1）动作因素：腰部承受过多的动作负荷。

（2）环境因素：人体处于可能导致摔倒的平面上，或腰部遭受过大的振动负荷或低温负荷。

（3）个人因素：年龄、性别、体质、椎间盘突出症、有无基础疾患或骨质疏松症等既往病史。

（4）社会因素：职场压力等。

3. 腰背痛的预防对策

腰背痛除了与多种疾病有关外，更常见的原因是生活劳动中的不良姿势和过度疲劳所致的肌肉软组织劳损。采用正确姿势避免过度劳累，可预防生活中大多数的腰背痛。

1）作业管理

（1）自动化、省力化。尽量避免重物作业和长时间尴尬的作业姿势。全部或部分作业实现自动化，如难以实现，可使用辅助器具减轻负担，如在护理/看护等作业中引进福利设施等。

（2）注意作业姿势及动作。尽量避免采取前屈、半蹲、扭转、后屈扭转等不自然的姿势。此外，作业时应尽量将身体靠近作业对象。如不得不采取不自然的姿势时，尽量降低前屈及扭转程度，同时减少时间与频率。将作业台及座椅调整到合适的高度（作业台的高度应为使肘部弯曲的角度成大约90°，椅座的高度为整个脚心能够着地的高度）。无论是采取站姿、坐姿还是其他姿势，均不要长时间维持同一姿势不变。长时间站立，需提供放置单脚的踏板、高脚椅等。长时间采取坐姿作业，应适当起身站立。腰部负担重的作业调整姿势时，应避免突然扭动腰部等剧烈动作。抬、拉、推等作业时应轻轻弯曲膝盖，调整好呼吸，将力量集中至下腹部。此外，为防止摔倒，还要确认脚下及周围的安全。

（3）作业的实施体制。合理安排作业人数、作业内容、作业时间、操作对象的重量、设备状态、辅助器具等。腰部可能承受过度负担的作业要安排多人同时协作，人员配置方面要考虑作业人员的健康状态（包括有无腰痛病）、个体特征（年龄、性别、体格、体力等）及其技能、经验。

（4）作业标准。制定关于作业动作、作业知识、作业步骤、作业时间等的作业标准，在对每位作业人员健康状态、个体特征、技能水平等加以考虑的基础上，使之成为个体作业内容的普适标准，要定期进行修改完善，同时在引进新的机器设备时重新审定。

（5）作业安排。合理安排作业人员交接班时间，并适当安排工间休息。对于夜班轮班职工，要将其工作量减至少于白班同样作业的工作量，以便作业者能够充分休息。要避免长时间作业，以免引起过劳。不得不采取尴尬作业姿势以及重复动作的情况下，要采取其他作业配套措施，以尽量避免连续从事该类作业。

（6）鞋靴、服装等。作业时，要穿合脚的鞋靴。从事明显对腰部有负担的作业时，不要穿高跟鞋、拖鞋、凉鞋等。作业服装不宜妨碍重物操作和适当的姿势保持。腰部护带则不要求一律使用，在确认针对每个人的效果后，再判断是否适合使用。

2）作业环境管理

（1）温度。受寒会使腰痛恶化或者引发腰痛，如为室内作业场所，要保持合理的室内温度；如为冬季室外等低温作业环境，则应穿棉服保暖，甚至设置暖气设备供热。

（2）照明。保证作业场所、过道、台阶等处照明充足，以便能够确认脚下及周围的安全。

（3）作业地面。防止摔倒、绊倒或滑倒，最好能保证作业地面平整无凹凸，同时具有防滑性、耐冲击性、耐腐蚀等优点。

（4）设备、货物的放置。确保作业空间充足，以避免作业人员肢体无法伸展。要充分考虑机器设备、货物放置台面及座椅的高度等。

（5）振动。操作、驾驶车辆类机械可导致腰部及全身大幅度振动，长时间的振动可能引发腰痛或导致腰痛恶化，应做好座椅的减振措施。

3）健康管理

（1）健康检查。长期从事腰部重负荷作业人员，应在被分配从事该作业时实施健康检查，而且最多每隔六个月实施定期检查。检查内容包括：过去经历及业务经历调查、自觉症状（腰痛、下肢痛、下肢力量减退、知觉障碍等）。从业者要就腰痛的检查结果听取医生的意见，如医生认为有必要进行预防，则要采取改善作业实施体制、作业方法、缩短作业时间等必要措施。

（2）腰痛预防体操。适当实施以恢复肌肉疲劳、提高柔韧性、放松身体为目的的腰痛预防体操，可作业开始前、作业过程中、作业结束后开展。

（3）复岗时的措施。因腰痛的复发性较高，离岗人员复岗时要尊重医生的意见，在作业方法、作业时间等方面采取必要措施。

4）其他措施

（1）劳动卫生教育。要结合从业者所从事业务的内容实施教育，并与员工的经验、知识水平相适应。找出腰痛发生的主要因素及预防危险的方法，尽量避免腰痛发生。

（2）心理社会性因素的相关注意点。为避免与腰痛相关的精神压力不断积累，还要对组织性对策加以完善，如设立上司及同事的支援与咨询渠道。

（3）以保持增进健康为目的的措施。作业者在日常生活中的健康保持十分重要，最好能够针对睡眠、禁烟、运动习惯、规律生活等方面提供健康指导。

 七十五、如何预防农药中毒？

1. 农药和农药中毒的定义

农药主要是指用以消灭和阻止农作物病、虫、鼠、草害的物质或化合物及卫生杀虫剂等的总称。

目前，全世界有农药1200余种，常用的有250余种。根据目的不同，农药有多种分类方法。如按照农药化学结构特点，可分为无机农药和有机农药，有机农药又可分为多种，如有机氯、有机砷、有机硫、有机磷等；按照农药的作用方式可分为内吸剂、触杀剂、胃毒剂、熏蒸剂等；按用途、原料和毒性主要分为杀虫剂、杀菌剂、除草剂、熏蒸剂、杀鼠剂等。这些农药的应用，在农业、畜牧业及公共卫生等各方面都起到了积极的作用。

但农药的长期、广泛和大量使用，造成的环境污染日益严重，由其引起的中毒等事件也逐渐增多，成为目前中毒和意外死亡的主要病因之一。农药中毒是指在接触农药过程中，农药进入机体的量超过了正常人的最大耐受量，使人的正常生理功能受到影响，引起机体生理失调和病理改变，表现出一系列的中毒临床症状。

2. 农药中毒途径

农药中毒年年发生，无论是农药厂的工人还是使用农药的农民都发生过农药中毒事故。由于农药品种的改变和增加，使不少人对其预防的困难也有所增加。虽然目前有一些特效药物能治疗有机磷类农药中毒，但根本措施是预防。历史经验告诉我们，只要抓预防工作，中毒及死亡率就会明显下降。农药中毒的途径主要有以下几种。

（1）经口及消化道进入人体：主要是有意口服或误食。误食者多见于儿童，起因是药物乱装、乱放、乱投。如用装食物的瓶子分装农药，或用盛农药的瓶子装水或其他液体食物等均易导致误食。

（2）经皮肤中毒：多见于生产性农药中毒，即在田间劳动时不注意个人防护。如用手抓药，背药具时漏在背部，下肢在走动时沾染了农药，衣服受污染后仍然穿戴。喷洒农药后对接触部位未清洗干净，也会导致中毒，特别是高毒和剧毒农药接触后中毒后果会更加严重。

（3）经呼吸道中毒：人体肺泡面积为 50～100 平方米，人们在农药厂或田间使用粉剂、乳剂及烟雾剂农药时，均可导致农药在空气中散发，如果在散发农药的空气中生产、劳动、生活就易导致通过人体上呼吸道进入肺泡，并通过肺泡屏障进入血液，导致中毒。这时应注意顺风向喷药，不应逆风打药，并戴好防护口罩。室内喷药时也不应使其浓度过高。

3. 农药中毒的预防措施

农民在购买、使用农药的过程中要注意以下事项，以防发生农药中毒。

（1）购买农药时，首先查看农药包装是否有破漏，看清农药的品名、有效成分、含量、出厂日期、使用说明等，不要购买鉴别不清和过期失效的农药。

（2）运输农药时，应先检查包装是否完整，发现有渗漏、破裂的，应用规定的材料重新包装后运输。

（3）农药不得与粮食、蔬菜、瓜果、食品、日用品等混载、混放，要有专人保管。

（4）配制农药药液时，地点应远离住宅、禽舍和饮用水源。量取农药，要用铁丝夹子去开瓶塞，不能用手抠，更不能用嘴咬。配药只能使用专用器具。操作人员应穿戴防护用品，要用工具搅拌药液，严禁用手搅拌；要站立在上风位置操作，避免吸入中毒。

（5）喷施农药要看风操作。风力大了农药会大量飞散，不仅影响施药效果，而且污染人体和环境，因此应当在风力三级以下时喷药，喷粉时风力应更小。但是超低量喷雾也不能在无风时进行，因为无风时高浓度的雾滴不易漂移出去，对操作者来说很不安全。喷药要顺风打、背风走，且不可顶风操作，否则大量药粉或药雾吹拂到操作者人体上，容易产生吸入中毒。另外，夏季喷药尤其是喷粉，不要在炎热的中午进行，因为此时人体大量出汗，药粉容易黏附在湿润的皮肤上，造成经皮中毒，所以最好在早晚有露水时操作。喷药时必须做好个人防护工作，操作者应穿长袖上衣、长裤和鞋袜，戴口罩、防护镜和宽檐帽；同时严禁作业中间休息时吸烟或进食；喷药作业一结束，应及时用清水冲洗人体与药液接触过的部位，然后用肥皂水洗净。

（6）喷雾作业中，如果发生喷头阻塞，应戴上乳胶手套，首先关闭阀门，再拆开喷片，用细铁丝轻轻疏通喷孔，清除喷头和喷片上的杂质污物；不要用敲打喷头的方法排除故障，这样不仅容易损坏喷雾器械，而且还会使药液飞溅到人体上，造成伤害。为了预防喷头在工作中发生阻塞，使用前应先试喷，发现雾化不正常，应及时检修；配药时应选用净水作为稀释用水，最好用纱布将水过滤一遍，以防杂污混入药液中。

（7）喷药作业结束，应对机具进行彻底清洗。对机具内部，如果使用的是有机农药，应当用肥皂水清洗，如果是有机氯农药，应当用加醋的溶液冲洗；对机器外部，最好先用肥皂水或洗涤剂溶液刷洗，再用清水冲洗。清洗机具时，操作者应穿戴防护用具，防止药液溅到人体上或眼睛内。另外，清洗地点应远离住宅、畜舍和饮用水源；倒出的药物残液及清洗后的污水，应倒入专挖的坑中，用土可靠掩埋；地面上的药液及污水痕迹，也应当彻底清理。

（8）施药人员在每次作业结束后，都应当在作业地点用碱水或肥皂水（农药为敌百虫时除外，敌百虫遇碱会变成毒性更大的敌敌畏）洗涤暴露的皮肤，然后再回家洗澡、换衣、漱口。常用防护用品及衣物，如果沾染了农药稀释液，可用肥皂水或草木灰水清洗；如果沾染了农药原液，则须放入5%的碱水或肥皂水内浸泡1～2小时，再用清水洗。对于被敌百虫农药污染的衣服，可先用清水冲洗几次，然后再用肥皂水或碱水快速冲洗。

七十六、毒蛇咬伤的处理与急救知识有哪些？

1. 毒蛇咬伤的定义

毒蛇咬伤指被蛇牙咬入了肉，特别是指被通过蛇牙或在蛇牙附近分泌毒液的蛇咬入后所造成的一个伤口。以伤处红肿麻木作痛，全身出现寒热、呕吐、头痛、眩晕，甚至出血、神昏抽搐等为主要表现的中毒类疾病。

2. 毒蛇的种类

全世界共有蛇类3340多种，毒蛇超过660种，致命性毒蛇近200种；游蛇

1700 种以上，其中 100 余种含少量毒素或低毒类蛇，极少数可能致命。我国有 210 多种，隶 9 科 66 属，其中毒蛇 60 余种，剧毒类 10 余种。蛇咬伤多发生在 4—10 月，热带、亚热带地区一年四季均可发生。

据考查，我国以长江以南和西南各省（区）蛇的种类与数量较多。我国是世界上产蛇最多的国家之一，有毒蛇约 50 种，其中能致人死亡的剧毒蛇有十几种。我国现知主要使人致命的毒蛇有眼镜王蛇、眼镜蛇、金环蛇、银环蛇、五步蛇、嫂蛇、螃蛇、烙铁头、竹叶青、海蛇等多种。其中以眼镜王蛇的排毒量最大，银环蛇的毒力最强。这些毒蛇夏秋常在南方森林、山区、草地中出现，当人在割草、砍柴、采野果、拔菜、散步、军训时易被毒蛇咬伤。

毒蛇可分成三大类：①以神经毒为主的毒蛇，如金环蛇、银环蛇及海蛇等，毒液主要作用于神经系统，引起肌肉麻痹和呼吸麻痹；②以血液毒为主的毒蛇，如竹叶青、蝰蛇和龟壳花蛇等，毒液主要影响血液及循环系统，引起溶血、出血、凝血及心脏衰竭；③兼有神经毒和血液毒的毒蛇，如蝮蛇、大眼镜蛇和眼镜蛇等，其毒液具有神经毒和血液毒两种特性。

3. 毒蛇咬伤的处理和主要急救措施

毒蛇咬伤的救治总原则是迅速辨明是否为毒蛇咬伤，分类处理。毒蛇头部略呈三角形，身上有色彩鲜明的花纹，上颌长有成对的毒牙，可与无毒蛇相区别。是否为毒蛇咬伤主要靠特殊的牙痕、局部伤情及全身表现来分辨。毒蛇咬伤后，伤口局部常留有一对或 3~4 对毒牙痕迹，且伤口周围明显肿胀及疼痛或麻木感，局部有瘀斑、水泡或血泡，全身症状也较明显。无毒蛇咬伤后，局部可留两排锯齿形牙痕。有毒蛇和无毒蛇的区别如图 3-3 所示。

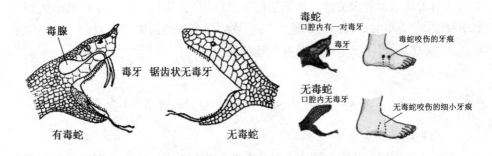

图 3-3　有毒蛇和无毒蛇区别

现场急救的方法是：迅速清除和破坏局部毒液，减缓毒液吸收，尽快送至医院。有条件时迅速负压吸出局部蛇毒，同时使用可破坏局部蛇毒的药物如胰蛋白酶、依地酸二钠（仅用于血液毒）进行伤口内注射，或 1/1000 高锰酸钾溶液冲洗伤口。总之，要尽量实施无伤害处理，避免无效的耗时性措施。不要等待症状发作以确定是否中毒，而应立即送医院急诊处理。

主要的急救措施如下：

（1）脱离：立即远离被蛇咬的地方，如蛇咬住不放，可用棍棒或其他工具促使其离开；在水中被蛇（如海蛇）咬伤应立即将受伤者移送到岸边或船上，以免发生淹溺。

（2）认蛇：尽量记住蛇的基本特征，如蛇形、蛇头、蛇体和颜色，有条件者拍摄致伤蛇照片，避免裸手去捕捉或拾捡蛇，以免二次被咬。

（3）解压：去除受伤部位的各种受限物品，如戒指、手镯/脚链、手表、较紧的衣/裤袖、鞋子等，以免因后续的肿胀导致无法取出，加重局部伤害。

（4）镇定：尽量保持冷静，避免慌张、激动。

（5）制动：尽量全身完全制动，尤其受伤肢体，可用夹板固定伤肢以保持制动，伤口相对低位（保持在心脏水平以下），使用门板等担架替代物将伤者送至可转运的地方，并尽快送医疗机构诊治。

（6）包扎：绷带加压固定是唯一推荐用于神经毒类毒蛇咬伤的急救方法，该方法不会引起局部肿胀，但操作略复杂。其余类型毒蛇咬伤局部可用加压垫法，其操作简单、有效。这两种方法对各种毒蛇咬伤均有较好的效果。

（7）禁忌：除有效的负压吸毒和破坏局部蛇毒的措施外，避免迷信草药和其他未经证实或不安全的急救措施。

（8）呼救：呼叫 120，尽快将伤者送至医院。

（9）止痛：如有条件，可给予对乙酰氨基酚或阿片类口服止痛，避免饮酒止痛。

（10）复苏：急救人员到达现场急救时，原则上应在健侧肢体建立静脉通道，并留取血标本备检，根据情况给予生命体征监测，必要时给予液体复苏。如患者出现恶心、呕吐现象，应将其置于左侧卧位，并密切观察气道和呼吸，随时准备复苏，如意识丧失、呼吸心跳停止，应立即进行心肺复苏。

七十七、地震发生时应如何避险与逃生？

1. 地震的定义

地震，又称地动、地振动，是地壳快速释放能量过程中造成的振动，期间会产生地震波的一种自然现象，是一种特殊的突发灾害，具有突发性强、破坏性大、波及范围广和防御难度大的特点。

2. 地震发生时的避险方式

地震后的观测表明，逃生行为对地震期间人员伤亡的数量有影响。如何在震时做出科学正确的应急避险选择，既取决于平时的应急避险准备，更取决于震时果断正确的应急避险方式。

地震发生时，除了位于地震破裂带上的区域遭受严重灾害外，其他区域的震灾和震感主要与地震波动密切相关。地震波到达地表后，人们首先感觉到的是地震纵波，主要表现为上下颠簸；其次感觉到的是地震横波，主要表现为左右晃动；再次感觉到的是地震面波，主要表现为起伏波动。由于地震横波和地震面波携带的能量大，所以震时应急避险主要是避开地震横波和地震面波造成的地表振动。由于地震波的传播需要时间，并且地震波的能量随着距离的增加而衰减，故距离震中不同的人震感也不同。

通常所说的"小震不用跑，大震跑不了"，是指遭遇地震烈度5度及以下的地震时（大约相当于本区域发生4.0级及以下地震），由于这些地震不会对房屋建筑造成破坏，可以不用惊慌，选择适当的避震方式，躲避室内外悬挂物掉落，保护好自己即可。遭遇地震烈度8度及以上的地震时（大约相当于本区域发生6.0级及以上地震），大多数人感觉摇晃颠簸、行走困难，需要因地制宜地"伏地、遮挡、抓牢"，等待地震波动停止后，再选择合适的逃生路线尽快撤离到室外安全地带。遭遇地震烈度6度、7度的地震时（大约相当于本区域发生5.0级左右的地震），如果所处的场所（住房、工作场所、商场、学校等）安全，则可就近选择更加安全的区域进行避险，避免室内外悬挂物掉落、物品倾倒或移位造成伤亡。

如果身处低层的危旧房屋内，建议尽快撤离到室外，避免房屋倒塌或破坏造成伤亡。如果身处高层楼房或大型商场、高铁站、航站楼等要撤离到室外安全地带，建议就近选择安全的区域应急避险，等地震波动停止后再行撤离。

3. 地震发生时的逃生要点

（1）在室内时，应迅速跑到室外空旷地带躲避。住在高楼上的人千万不要跳楼，不要使用电梯。待地震过后，迅速跑到楼下宽阔地带。如来不及跑出去，可用枕头、书包或被褥等物品顶在头上，暂时到卫生间、厨房、承重墙处躲避。

（2）若在户外，千万不要乱跑，要选择开阔的场地趴下。要远离高大的建筑物及加油站等危险的地方。

（3）若在公共场所，不要随人流拥挤，以免发生踩踏事件。尽快躲到坚实的柱子边、排椅下。

（4）如果你被压在废墟下，千万不要慌张，用衣服捂住口鼻，以防吸入有毒气体。注意保存体力，不要总是大声喊叫、哭泣，可用石头敲击物体发出求救信号，等待救援。

4. 震后注意事项

地震发生后，灾区环境发生巨大改变，饮水、食品供应短缺与污染，生活垃圾、人畜尸体不能得到及时无害化处理都极易引起各种传染病。因此，受灾地区做好卫生防疫以及疾病的预防和控制工作十分重要。

（1）防震棚要搭在安全的地方如空旷、干燥、地势较高的地方；不要搭在高压线下、危楼旁边，也不要妨碍交通安全。

（2）住防震棚要注意安全用火，教育孩子不要玩火；在地上睡觉要防潮；冬天要严防煤气中毒。

（3）避免在危险区域逗留，不要随便回到危房里去，因为余震随时可能发生；尽可能远离废墟，因为环境恶劣、爆炸、毒气泄漏、水灾、火灾等都有可能发生。

（4）注意个人和环境卫生，不要随便喝生水，水可能已被污染；不吃不洁或腐烂变质的食物；按要求接种疫苗。

 七十八、建筑火灾的危害与逃生技巧有哪些？

1. 火灾的定义

《消防词汇　第 1 部分：通用术语》（GB 5907.1—2014）中对火和火灾的定义如下：火是以热量释放并伴有烟或火焰或两者皆有为特征的燃烧现象。火灾是在时间或空间上失去控制的燃烧所造成的灾害。也就是说，凡是失去了控制并造成了人身和财产损害的燃烧现象，均可称为火灾。

2. 建筑火灾的危害

建筑火灾会对人的生命安全构成严重威胁。主要来自以下几个方面：

一是建筑物采用的许多可燃性材料，在起火燃烧时产生高温高热，对人的肌体造成严重伤害，甚至致人休克、死亡。

二是建筑物内可燃材料燃烧可产生一氧化碳和剧毒气体，可导致人体中毒窒息。在一氧化碳浓度达 1.3% 的空气中，人吸上两三口就会失去知觉，呼吸 13 分钟就会导致死亡。而常用的建筑材料燃烧时所产生的烟气中，一氧化碳的含量高达 2.5% 。此外，火灾中的烟气里还含有大量二氧化碳，均会对人体产生中毒窒息作用。另外还有一些材料，如聚氯乙烯、尼龙、羊毛、丝绸等纤维类物品燃烧时能产生剧毒气体，会对人体产生更大威胁。

三是建筑物结构受热后达到承重构件的耐火极限，导致建筑整体或部分构件坍塌，造成人员伤亡。

3. 建筑火灾逃生方法

农村火灾多发生在平房和楼房。如果发生在平房，现场人员沿着火势的反方向迅速逃到安全地带即可，如果有老人、小孩或行动不便的人员，一定要协助这些人先撤离，然后再迅速逃离火灾现场。下面重点介绍楼房火灾逃生方法。

（1）保持镇静，第一时间打电话报警，在短时间内判断出安全出口的准确位置，尽快撤离。

（2）逃离火灾现场时，不要乘坐电梯，一定要走安全通道或楼梯通道。当火势不大时，要尽量往楼层下面跑，若通道被烟火封阻，则应背向烟火方向撤离，逃往天台、阳台处。

（3）缓降逃生，滑绳自救。千万不要盲目跳楼，可利用疏散楼梯、阳台、落水管等逃生自救。也可用身边的绳索、床单、窗帘、衣服自制简易救生绳，并用水打湿，紧拴在窗框、铁栏杆等固定物上，用毛巾、布条等保护手心、顺绳滑下，或下到未着火的楼层脱离险境。

（4）当受到火势威胁时，要当机立断披上浸湿的衣物、被褥等向安全出口方向冲出去，千万不要盲目地跟从人流相互拥挤、乱冲乱撞。

（5）如不能自救，应尽量待在容易被人发现且能够避开烟雾的地方，适时发出声响或有效的求救信号，引起救援人员的注意。

（6）大火袭来，假如用手摸到房门已感发烫，此时开门，火焰和浓烟将扑来，这时可关紧门窗，用湿毛巾、湿布堵塞门缝，或用水浸湿棉被，蒙上门窗，防止烟火渗入，等待救援人员到来。如果门不热，火势可能不大，离开房间后，一定要随手关门。

（7）尽量暴露自己位置。暂时无法逃走时，要立即退回室内，用打手电筒、挥舞衣物、呼叫等方式向外发送求救信号，引起救援人员的注意。此时要关闭所有通往火场的门窗，并且用浸湿的衣服堵住门缝，泼水降温，尽量待在阳台、窗口等易被人发现的地方。

（8）平时留心疏散通道、安全出口及楼梯方位指示等，当大火燃起、浓烟密布时，可以迅速摸清道路，尽快逃离现场。

（9）（适用于工厂楼房）利用消防水带逃生。将消防水带连接在消火栓上或将消防水带固定在其他牢靠的构件上，另一端甩在地面上逃生。

4. 建筑火灾逃生注意事项

（1）及时报警。一旦火灾发生，立即按警铃或拨打电话报警。

（2）保持冷静。身上着火时不可奔跑，可就地打滚或用厚重的衣物压灭火焰。被大火围困时，要保持头脑冷静，设法寻找逃生机会或避难场所。高楼着火不要轻易跳楼，一般二、三层楼的高度跳楼还有生还希望，四楼以上跳楼生还的机会就很小了，所以大楼发生大火时不要惊慌失措，盲目跳楼。

（3）注意风向。根据火灾发生时的风向确定逃生的方向，在火势蔓延开来前，朝逆风方向快速离开火灾区域。如果发生火灾的楼层在自己所处楼层之上时，应迅速往楼下跑。

（4）不恋财物。时间就是生命，不要浪费时间，贪恋财物。一般火灾的最佳逃生时间是90秒，如果是一般的民用住宅，超过三分钟室内温度就会高达400℃，再逃生已经很难了。不要为穿衣服或寻找贵重财物而浪费时间，也不要为带走自己的物品而影响逃离速度。

（5）防避烟毒。火灾死亡人数中80%是由于烟毒引起的。在逃生时应采取屏住呼吸，匍匐式前进方式。如果火势不大，要当机立断披上浸湿的衣服或裹上湿毛毯、湿被褥勇敢地冲出去。在无路可逃的情况下，应积极寻找避难处所。

（6）避免踩踏。在逃生过程中，极容易出现聚堆、拥挤甚至相互踩踏现象，造成通道堵塞和发生不必要的人员伤亡，故在逃生过程中应遵循依次逃离原则。

（7）不乱喊叫。不要在逃生中乱跑乱窜，大喊大叫，这样会消耗大量体力，吸入更多的烟气，还会妨碍正常疏散而发生混乱，造成更大的伤亡。

（8）相互救助。当被困人员较多，特别是有老、弱、病、残、妇女、儿童在场时，要积极主动帮助他们首先逃离危险区，有秩序地进行疏散。

七十九、建筑电气火灾的特点与扑救措施有哪些？

1. 建筑电气火灾的定义

电气火灾一般是指由于电气线路、用电设备、器具以及供配电设备出现故障释放热能，如高温、电弧、电火花以及非故障性释放热能，如电热器具的炽热表面，在具备燃烧条件下引燃本体或其他可燃物而造成的火灾，也包括由雷电和静电引起的火灾。

建筑电气火灾一般是指电气故障所引发的建筑物火灾。建筑电气火灾的致因除突发雷击等自然因素外，绝大多数是由于电气线路短路、接触不良、过载、漏电等原因造成线路过热、电弧、电火花所引起，而且很多是逐渐发生的。

2. 建筑电气火灾的特点

（1）火势迅猛。电气火灾可在短时间内形成大范围热源，快速向周围可燃物扩散，并产生大量烟雾。这些烟雾毒性较高，可对人体构成严重伤害。

（2）带电起火，容易发生触电事故。电气火灾多数发生在电气设备带电使用状态下，这在无形中对扑火救援造成了一定影响。首先，电器或者设备在带电状态下，很容易发生触电事故，救援人员无法靠近灾区灭火。其次，电气火灾应注意水枪的使用，由于水具有导电效果，如果不多加注意，还会造成二次伤害的可能，增加触电的可能性。

（3）电气火灾破坏程度严重，修复难度大。电气火灾发生以后，对于电气设备的影响很大，特别是一些结构复杂、体型庞大的电气设备，修复起来就有一定困难，并且使用性能和安全系数也大大降低。此外，电气火灾不仅会造成周围一定范围内用电设备或者电路系统损坏，其对于整栋建筑的电力系统造成的破坏也是非常大的，比如智能控制线路等如果发生问题，对于整栋建筑物的使用和安全影响都是极大的，对人们日常生活或生产都会造成不可估量的损失。

（4）电气火灾不易察觉及控制。由于电力系统线路老化或者设备过时、接触不良等问题造成的火灾事故是最为多见的。接触不良造成打火，形成火源；线路老化，容易引发短路造成火灾；设备老旧，电能荷载超标引发火灾等都是比较常见的火灾事故因素。火灾多发于电气设备内部，如果没有大量烟雾或者明显着火现象很难被发现，无法及时对火灾进行控制，造成事故扩大化。

3. 建筑电气火灾的扑救措施

发生建筑电气火灾时，必须先切断电源，再进行扑灭。如果不能迅速断电，可使用二氧化碳、四氯化碳、1211 灭火器或干粉等灭火器。使用时，必须保持足够的安全距离，对 10 千伏及以下的设备，该距离不应小于 40 厘米。

在扑救未切断电源的电气火灾时，则需使用以下几种灭火器：

（1）四氯化碳灭火器——对电气设备发生的火灾具有较好的灭火作用，四氯化碳不燃烧，也不导电。

（2）二氧化碳灭火器——最适合扑救电器及电子设备发生的火灾，二氧化碳没有腐蚀作用，不致损坏设备。

（3）干粉灭火器——它综合了四氯化碳和二氧化碳的长处，适用于扑救电气火灾，灭火速度快。

（4）注意绝对不能用酸碱或泡沫灭火器，因其灭火药液有导电性，手持灭火器的人员会触电。并且这种药液会强烈腐蚀电器设备，且事后不易清除。

建筑电器着火中，比较危险的是电视机和电脑着火。如果电视机和电脑着火，切勿向电视机和电脑泼水或使用任何灭火器，因为温度突然降低，会使炽热的屏幕立即发生爆炸。应按照下列方法去做：电视机或电脑冒烟起火时，应马上拔掉总电源插头，然后用湿地毯或湿棉被等盖住它们，这样既能有效阻止烟火蔓延，一旦爆炸，也能挡住荧光屏的玻璃碎片。灭火时，不能正面接近它们，为防止玻璃爆炸伤人，只能从侧面或后面接近电视机或电脑。

八十、如何预防电气火灾？

1. 电气火灾的定义

电气火灾是由于线路的短路、过载或接触电阻过大等原因，产生电火花、电弧或引起电线、电缆过热而造成的火灾。

2. 电气火灾的特点

（1）电气火灾的季节性特点。电气火灾多发生在夏、冬季。一是因夏季风雨多，当风雨侵袭时，架空线路发生断线、短路、倒杆等事故，会引起火灾；露天安装的电气设备（如电动机、闸刀开关、电灯等）淋雨进水，使绝缘受损，在运行中发生短路起火；同时，夏季气温较高，电气设备容易发热，温度升高就容易引起火灾。二是因冬季风大温低，如架空线受风力影响，易发生导线相碰，引起放电起火；使用电炉或大灯泡取暖，人员操作不当，烤燃可燃物而引起火灾；冬季空气干燥，易产生静电而引起火灾。

（2）电气火灾的时间性特点。许多火灾往往发生在节日、假日或夜间，这一时段现场工作人员容易疏忽大意，思想不集中，难以及时发现早期火情，而蔓延扩大成火灾。

（3）电气火灾发生后的分解产物中有毒气，容易蔓延，进而造成人员伤亡。

3. 电气火灾发生的典型隐患

（1）漏电。因年久老化腐蚀或在自然环境下的风吹日晒等原因，电线的绝缘层遭到破坏绝缘能力下降，这时，电线与导电支架（或桥架）或大地之间会有一部分电流通过。电流漏泄途中，在电阻较大的部位产生局部高温，这时周围如果正好有可燃物，即会引起火灾。漏电点周围迸发的漏电火花也会引起火灾。

（2）短路。由于电线的绝缘层遭到破坏或由于电线的质量问题出现了裸导线，那么就会导致火线与邻线或者火线与地线在裸露点相互碰在一起，这时电流突然增大，瞬间局部热量大增，就会在短路点产生足以将绝缘层瞬间化为灰烬的火花和电弧，当温度达到靠近短路点附近的物体的着火点时，即引起燃烧。

（3）过负荷。导线中的电流量超过了安全载流量时，导线的温度就会升高，而且负荷量越大，温度越高，长时间超负荷会加速导线绝缘层的破坏，发生漏电、短路等现象，引发火灾。线路发生过负荷的主要原因是导线截面积选用过小，实际负荷远远超出了导线的安全载流量，或在线路中加入过多或功率过大的设备。

（4）接触电阻过大。电气设备的连接少不了接头，接头的接触面所形成的电阻称为接触电阻。接头质量良好，正常接触时发热量很少，但如果接头质量不过关，接头中含有杂质或者连接不牢靠接头处就会发热，特别是当电流通过时，加剧了接头温度的骤然升高，此高温足以融化接头和与其相互连接的导线绝缘层，发生漏电、短路，引起周围的可燃物质燃烧，造成火灾。

（5）电热用具使用不慎。电炉、电褥子、电烙铁、电热水器、红外线烤炉、电暖风等电热用具使用不当，长时间接触或靠近可燃物，或者用后忘记关闭电源，致使可燃物起火。

4. 电气火灾的预防措施

（1）加强电气火灾安全法规的培训、宣贯和实施，开展形式多样的防止电气火灾知识宣传，普及安全用电知识，制定严格的规章制度和操作规程。电气作业和安全检查人员持证上岗。

（2）合理选用电器和导线，不要超负载运行，不得超过使用年限。选用电线时要考虑用电电流和用电环境。家庭中不要同时使用过多的电器。如出现灯光闪烁、电视图像不稳、电源插座发烫、冒火星等现象，要及时停止使用大功率电器。

（3）电器安装应严格按规范操作，做好线路连接、大功率灯具防火、保护线路绝缘等工作，消除不必要的隐患。安装开关、架线、摆放电器时，应避开易燃物，与易燃物保持必要的防火间距。使用家电时应有完整可靠的电源线插头，对金属外壳的家用电器都要采取接地保护。电路熔断器切勿用铜、铁丝代替，不要私拉乱接电线，不要随便移动带电设备。忌电气线路不穿管保护或沿可燃、易燃物敷设等。不能在地线上和零线上装设开关和保险丝。禁止将接地线接到自来水、煤气管道上。

（4）加强对电器的维护。农户要定期检修、清洁、维护，防止绝缘损坏、电线老化等造成漏电或短路。注意线路或设备连接处的接触保持正常运行状态，以避免因连接不牢或接触不良使设备过热。

（5）保证电器通风良好，确保散热效果。无自动控制的电热器具，人离开时要断开电源。

（6）改造老旧线路，消除电气火灾隐患。对于年代久远的老化线路应使用铜芯电线（电缆）进行更新，彻底消除火灾隐患。家用电器的电源线破损时，要立即更换或用绝缘布包扎好。发现导线经常出现过热现象，必须立即停止用电，并报电工检查是否有局部短路或电线超载。

（7）加强对电器产品的监督管理。基层电工应认真做好巡视、检查和消除隐患的工作，加强对家庭电器使用特别是线路的绝缘情况检查，发现隐患及时消除，对发现的假冒伪劣电气产品及时销毁并加大处罚力度。

 八十一、便携式梯子使用应注意什么？

1. 便携式梯子的分类

梯子是我们日常生活中必不可少的工具，一般使用复合材料制作，由梯框和踏档组成，采用依靠或自立式放置，可供人上下。便携式梯子是指可以用手搬运和架起的梯子，按结构形式可分为直梯、折叠梯等，如图3－4所示。

折叠梯：一种自行支撑的便携式梯子，形状类似人字，长度不能调节。

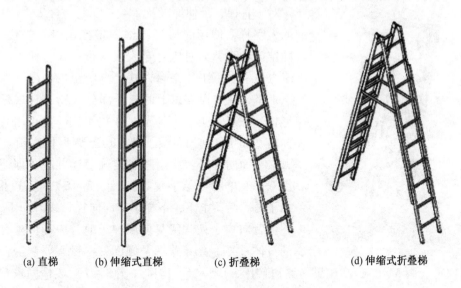

(a) 直梯　　　　(b) 伸缩式直梯　　　　(c) 折叠梯　　　　(d) 伸缩式折叠梯

图3－4　梯具结构示意图

2. 便携式梯子使用的正确方法

（1）使用前安全检查。检查内容应包括但不限于：①梯子的功能是否适合该项工作，应按需要选择恰当的梯子，梯子的高度应能让作业人员轻松工作，并无须站在梯子的顶部；②梯子的安全性如何，如是否缺少踏棍或梯身破损、断裂、腐蚀、变形、有裂缝；③安全止滑脚是否良好；④有无检验合格标识；⑤限位器是否完好；⑥踏棍或踏板的状态如何，是否有泥土、机油或油脂附着；⑦五金件是否完好（拉杆、铆钉、撑杆、螺母、螺栓、底脚）；⑧拉伸绳索和滑轮是否完好。

（2）使用中的要求。①把梯子摆放在稳固及平坦的地面；②架设梯子时，要将梯子放置稳固，在光滑表面上使用的梯子，应采取端部套、绑防滑胶皮等防滑措施；③上梯时应有专人扶梯，扶梯人应戴安全帽；④放置人字梯时，梯子的支撑杆必须充分伸展才可使用；⑤梯子靠在栏杆、管道上使用时，上端必须绑牢，不准用人扶着单梯当高凳用；⑥使用梯子时，超过基准面2米时应采取防坠落措施。

（3）人员作业要求。①严禁有晕眩症或因服用药物等可能影响身体平衡的人员使用梯子；②尽量不穿鞋底光滑的鞋子；③人员在梯子上作业需使用工具

图3-5 三点攀爬示意图

时，可用挎肩工具包携带或用提升设备以及绳索来上下搬运，以确保双手始终可以自由攀爬；④对于直梯、延伸梯以及2.4米以上（含2.4米）的人字梯，使用时应用绑绳固定或由专人扶住，固定或解开绑绳时应有专人扶梯子；⑤若梯子用于人员上、下工作平台，其上端应至少伸出支撑点1米，在支撑点以上的梯子部分（指直梯或延伸梯）只可在上、下梯子时作扶手用，禁止用其挂靠、固定任何设备或工具；⑥当要上下攀梯时，人必须面向梯子，使用三点接触攀爬方法（即使用双手及单脚或单手及双脚，图3-5）；⑦上下梯子要一阶阶上下，下梯子应面向梯子逐阶而下，不可背向梯子；⑧侧身使用梯子时，应确保外移的身体重心不会导致梯子倾倒，尽量不要侧身使用梯子（图3-6）；⑨如果在路边使用，应设置障碍锥（图3-7）或请同事帮忙，避免路人靠近，危及工人安全。

（4）梯子收存。梯子应有专人负责保管、维护及修理，工作结束后，应及时将移动式梯收存。对梯子使用过程中受到污染的部位，可用肥皂水等中性溶剂清洗。移动式梯保存地点应干燥、通风，不得接触强酸、强碱。有故障的梯子应停用，贴上"禁止使用"标签，并及时修理。当梯子发生严重弯曲、变形、阶梯缺失等不可修复的情况时应及时报废。对报废后的梯子应进行破坏处理，以确保其不能再被使用。

图3-6 侧身不安全作业示意图   图3-7 障碍锥使用示意图

3. 其他注意事项

（1）严禁使用无法锁稳的梯子。

（2）严禁在梯子顶部工作。在梯子顶部的不安全作业如图3-8所示。

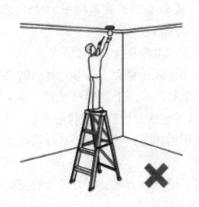

图3-8 不安全作业示意图

（3）梯子上有人时严禁移动梯子。

（4）严禁两人站在同一梯子上工作，梯子不得接长或垫高使用，最高两档不得站人。

（5）严禁将梯子用作支撑架、滑板、跳板或其他用途。

（6）严禁在吊架上架设梯子。

（7）上下梯子时一定要保持三点接触原则，手上不要握任何物件，而妨碍双手抓住梯子。

（8）请勿在窗户或门旁使用梯子。如果无法避免，请将门窗锁紧。门旁不安全用梯作业如图3-9所示。

图3-9　门旁不安全用梯作业示意图

（9）电源线、焊线、皮带等严禁跨越梯子。确认所有移动工具的电线或绳索都放置在梯子内侧，以防绊倒。

（10）梯子作业时离低压电线至少保持2.5米的距离。

（11）在工作前须把梯子放置稳固，不可使其动摇或过度倾斜。

（12）在水泥或光滑坚硬的地面上使用梯子时，须用绳索将梯子下端与固定物缚住（有条件时可在其下端放置橡胶套或橡胶布）。

（13）靠在管子上使用的梯子，其上端须有挂钩或用绳索缚住。禁止在悬吊式的脚手架上搭放梯子。

（14）在电路控制箱、高压动力线、电力焊接等任何有漏电危险的场所应使用专用绝缘梯，严禁使用金属梯子。

 八十二、搬运物体需要哪些安全知识？

1. 搬运伤害类型

人工搬运过程中可能出现重物掉落/滑落砸伤人，重量超过身体负荷对身体尤其是腰部、脊椎、肩颈的损伤，用力不当造成的肌肉拉伤等，甚至可能出现伤及头部、眼部等要害部位的意外情况。

2. 搬运伤害产生的原因

首先是对搬运安全不够重视，搬运过程疏忽大意。其次是搬运作业指示方法不够具体。

3. 搬运的分类与正确做法

物体搬运方法分为人力搬运和机械搬运两类。

1）人力搬运

为了防止人力搬运货物时受伤，需要养成拿起和搬运货物的正确动作习惯。人力搬运时，搬运重量受人体自身能力极限的制约，这一界限为体重的35%～40%。基本上以下列重量为准：男，20～25千克；女，15千克左右。

（1）拿起和放下物体的方法。用勉力而为的姿势拿起重物时，会扭伤腰和手腕。扭伤会使关节产生疼痛，处于弯曲状态的关节承受过大负荷，会发生扭伤且短时间内不易治愈，以后容易复发，继而成为习惯性毛病。仅用手腕或腰部力量持拿重物，关节会承受很大的力量，导致腰、腕疼痛。正确的方法是用身体中心部位持拿重物。

拿起和放下物体正确的操作步骤是：①面向货物正中间，货物重心垂直线与身体中心线平行，尽可能近地站在合理范围内；②单膝支撑并移近身体，手放在货物上，后背挺直；③确认手的状况，然后拿起货物，此时身体重心放在脚上，身体切勿前倾；④拿起货物时并非仅靠手和后背的力量，还有脚和腿的屈伸力量；⑤移动时不是仅用手腕的力量，而是要保持全身支撑的状态。

（2）容易引发扭伤的姿势。扭伤是由于关节弯曲时受到很大的力的作用所导致的，对于关节僵硬的老年人来说，即使是较小的力也容易引起扭伤。即使年轻人，若用尴尬的姿势作业，也会发生扭伤。人力搬运重物时，中途改变身体方向时必须换脚。通过移动身体重心来改变身体方向，需要弯曲后背支撑整个货物，不仅关节部位受力增大容易造成扭伤，还存在货物掉落、摔倒等危险情况。

（3）放下材料、产品等货物时。实际上，与拿起货物相比，放下货物时更要注意。在拿起和放下货物的过程中，拿起时更容易遵守后背挺直站立的原则，但在放下货物时就比较困难。但大家一定要注意，此时后背挺直站立的原则同样重要。

以下是放下货物时的注意事项：①放下货物时，注意姿势平稳地放下，不得抛下货物，否则很可能会被反弹的货物碰伤；②考虑到后一道工序的准备工作，货物的摆放要便于操作，需要事先确定放置场所、放置方法；③堆放货物时不应超高、上下层之间不应有较大的空隙，以免倾倒、坍塌。不要认为是临时的、数量少，就不经意间制造不安全状态；④将过大过重的物品放在台子上时，为了避免货物掉落或手被夹在货物与台子之间，应将物品的一端靠在台子上，用腹部和手腕顶撑；⑤从肩上卸下重物时，要蹲下腰后再卸货，觉得无法做到时可以喊人帮忙。

（4）抱着搬运。抱着货物搬运时，由于货物阻挡看不见自己的脚下，会被伸出的障碍物、地面或脚手架的凹凸不平处绊倒，所以需要事先进行清理。

（5）扛着搬运。扛着搬运货物时很难看到扛着的东西。此外，无法自由变换身体朝向和弯曲身体，因此需要事先检查障碍物和建筑物出入口的情况。扛着的货物刮碰到机械和管道而导致的摔倒事故时有发生。

（6）搬运细长货物。在将细长形货物担在肩上搬运时，身体前方的货物要略高于自己的身高，在拐弯处需注意不要碰到墙壁和设备。放下时要轻轻地放下。抛掷会使货物滚落到意想不到的地方，会导致受伤。在不得不抛下时，要提醒周围的作业人员躲避。

（7）人力共同搬运作业。①共同搬运作业需要由体力、身高等基本相同的人来编组进行，如果体力、身高差异很大，货物重量就会集中到体力较小的人的一侧；②搬运重叠在一起的货物时，要考虑到货物会倾斜，为了防止货物倾斜掉落，须用绳索捆紧货物以防货物散落；③共同作业时，要指定组长，听组长的号令，大家一起有节奏地搬运；④为了在搬运过程中节奏一致，需要喊号子。此外，卸下时必须要喊出号子，统一节拍一起放下。

（8）辅助工具的使用方法。为了高效搬运，可以使用适当的辅助工具。辅助工具要随时检查整理，正确的使用方法是避免发生事故的关键。

鹰嘴钩：使用之前，必须确认是否有损坏的地方；注意鹰嘴钩不得损伤货物和货物的包装物；用鹰嘴钩钩草袋子时，必须钩住结实的绳索部位。如果钩不牢固，在将货物拉近身旁时会导致身体失去平衡。

撬杠：撬杠分为金属和木制两种，需要根据用途和强度的不同，判断使用木制的还是金属的撬杠。另外，对撬杠施力过大且撬杠有损伤时会从损伤处断裂，所以必须检查并使用没有损伤的撬杠。使用撬杠抬起和移动货物时，插入点浅虽然更省力，但容易脱落，需要引起注意。

2）机械搬运

搬运用机械包括动力驱动的起重机、叉车、输送带等，人力驱动的手动叉车、平板车、手推车等。机械搬运的注意事项包括：①依据车辆载重量装载货物，禁止超载；②尽可能放低重心，注意不得半边负重；③对易翻滚货物、易倾倒货物要使用垫子和立柱加以固定，并用绳索捆扎；④不要从前面拉，而要从后面推；⑤叉车应在货叉收回到安全状态后再移动；⑥叉车载物行驶时，不准将货叉升得太高，以免影响叉车的稳定性；⑦使用手动叉车搬运货物时，不应将货物直接放在叉车上，应使用托盘辅助作业。

八十三、如何做好坑、池等有限空间中毒窒息事故的预防与处置？

1. 有限空间的定义

有限空间是指封闭或者部分封闭，与外界相对隔离，出入口较为狭窄，作业人员不能长时间在内工作，自然通风不良，易造成有毒有害、易燃易爆物质积聚或者氧含量不足的空间，农村地区许多的坑、池、窖即属于此类空间。有限空间内存在的有害气体或缺氧状况容易导致作业人员中毒窒息。

2. 中毒窒息事故定义与分类

人体过量或大量接触化学毒物，引发组织结构和功能损害、代谢功能障碍而发生疾病或死亡的现象，称为中毒。

因外界氧气不足或其他气体过多或者呼吸系统发生障碍而呼吸困难甚至呼吸停止的现象，称为窒息。

窒息性气体是指经吸入使人体产生缺氧而直接引起窒息作用的气体。主要致病环节都是引起人体缺氧。依其作用机理可分为两大类：单纯窒息性气体和化学窒息性气体。单纯窒息性气体指本身毒性很低的气体或惰性气体，如氮气、氩气、甲烷、二氧化碳、乙烷、水蒸气等。化学窒息性气体指一旦吸入会对血液或组织产生特殊的化学作用，使血液运送氧的能力或人体组织利用氧的能力发生障碍，引起组织缺氧或细胞内窒息的气体，如一氧化碳、硫化氢、氰化氢等。

【案例】2020 年 6 月 24 日 15 时许，北京怀柔区××镇水岸雁栖施工工地内，1 名工人在暖气井内进行清理作业时晕倒，经抢救无效死亡。

3. 中毒窒息预防措施

有限空间作业应当严格遵守"先通风、再检测、后作业"的原则，检测时间不得早于作业开始前 30 分钟。

（1）进入作业现场前，要详细了解现场环境，准备好检测与防护用品。

（2）通风 10 分钟后，用气体浓度检测仪进行检测，检测出内部氧气、可燃气体、硫化氢、一氧化碳等气体浓度，如果不能满足安全要求，必须再次通风换气，待有限空间内氧气和硫化氢等气体满足安全要求后再进入空间操作，以防因氧气不足而窒息或硫化氢中毒。

（3）氧含量 19.5%～23.5% 为合格，甲烷浓度不大于 1% 为合格，硫化氢最高容许浓度不得大于 10 毫克/立方米。

（4）必须在有人监护（守护）的情况下进行，禁止单人操作。作业过程中监护（守护）人员不得离开作业现场，并与作业人员保持联系。

（5）作业人员需穿好防护鞋、戴好防护手套，有条件的最好佩戴氧气报警器。

（6）作业人员要系好安全绳，绳索另一端系于坚固物上，并有专人看管。作业人员一旦中毒或受伤，监护人员通过绑扎在身上的绳子，能顺利把作业人员拉出。

（7）条件允许的话，有限空间最好架上梯子，如果出现头昏、恶心等不舒服症状，立即爬出通风、救护。

（8）作业过程中，每间隔 2 小时进行 1 次有害气体监测，一旦不满足安全要求，必须先撤离人员、再通风，直至检测结果符合安全要求后再进入有限空间作业。

（9）作业中断超过 30 分钟，作业人员再次进入有限空间作业前，应当重新通风、检测合格后方可进入。

（10）持续开展有限空间作业宣传、培训教育，不断提升农民安全意识和风险辨识能力、风险防控技能和应急技能，遵章守纪作业并制止有限空间作业违法违规行为。

4. 中毒窒息应急处置措施

处置原则：沉着冷静，严禁盲目施救。

（1）自救。当作业人员突然出现头晕、头疼、恶心、无力等症状时，此刻应憋住气，迅速脱离危险区。如有可能，尽快报告监护人协助。

（2）施救。施救人员必须做到"先通风、再检测、后施救"。现场缺乏检测条件时可采取强制通风，也可以使用活体动物进行试验，无危险后再救援。救援人员首先摸清被救者所处的环境，做好安全确认，在做好防护的前提下将中毒者救出至空气新鲜处，严禁盲目进入。

（3）受害者脱离危险现场后，应放在空气新鲜、温度适宜的地方，立即解开妨碍呼吸和血液流通的衣物，如衣服被毒物污染须立即脱去，气温较低时要注意给中毒者保暖。可采用一些简单的方法如人工呼吸等进行抢救，与此同时，尽快将其送往医院抢救。

（4）应急处置注意事项。存在煤气、甲烷等爆炸性混合气体的场所应注意防爆，作业人员应穿防静电服，携带的移动电气设备和通信工具等应防爆；部分有限空间有水，可能会溶解大量硫化氢或沼气，作业时会短时间释放大量有毒气体，并且硫化氢比空气重，一般容易沉于池子底部。因此，在作业前检测或活体动物试验时，可用搅拌棒充分搅动液体，以免影响检测或试验结果的准确性。

 ## 八十四、建筑施工作业不同工种的安全要求有哪些？

1. 建筑施工的定义

建筑施工是指工程建设实施阶段的生产活动，是各类建筑物的建造过程，也可以说是把设计图纸上的各种线条在指定的地点变成实物的过程。它包括基础工程施工、主体结构施工、屋面工程施工、装饰工程施工等。

2. 建筑施工作业的工种类型

通常来说，建筑施工现场的工种类型有瓦工、抹灰工、木工、钢筋工、架子工、防水工、油漆工、电焊工等。

3. 建筑施工作业各工种的安全要求

建筑施工作业人员在施工作业中存在大量安全风险，特别是在进行瓦工作业、抹灰工作业、木工作业、钢筋工作业、架子工作业过程中，要提升安全意识，提高安全技能，防止事故发生。

（1）瓦工作业安全要求。①作业前应先搭设好作业面，在作业面上操作的瓦工不能过于集中。为防止荷载过重及倒塌，堆放材料要分散且不能超高。②砌砖使用的工具应放在稳妥的地方，斩砖应面向墙面，工作完毕应将脚手板和墙上的碎砖、灰浆清扫干净，防止掉落伤人。③山墙砌完后应立即安装桁条或加临时支撑，防止倒塌。④在屋面坡度大于25°时，挂瓦必须使用移动板梯，板梯必须有牢固的挂钩，没有外架子时檐口应搭防护栏杆和防护立网。⑤屋面上瓦应两坡同时进行，保持屋面受力均衡。屋面无望板时，应铺设通道，不准在桁条、瓦条上行走。

（2）抹灰工作业安全要求。①操作前检查架子和高凳是否牢固，架上操作时，同一跨度内作业不应超过两人。②室内抹灰使用的木凳、金属支架应平稳牢固，架子上堆放材料不得过于集中。③不准在门窗、暖气件、洗脸池等器物上搭设脚手架。在阳台部位粉刷，外侧必须挂设安全网，严禁踩踏脚手架的护栏和阳台栏板。④进行机械喷灰喷涂时，应戴防护用品，压力表、安全阀门应灵敏可靠，管路摆放顺直，避免折弯。⑤贴面使用预制件、大理石、瓷砖等，应边用边运，待灌浆凝固后方可拆除临时支撑。⑥使用磨石机，应戴绝缘手套、穿胶靴，电源线不得破皮漏电，且跨度应小于 2 米。

（3）木工作业安全要求。木工在进行支模拆模作业时，应该注意以下安全要求：①模板支撑不得使用腐朽、扭裂、劈裂的材料。顶撑要垂直，低端平整坚实，并加垫木。木楔要钉牢，并用横顺拉杆和剪刀撑拉牢。②采用桁架支模应严格检查，发现严重变形、螺栓松动等应及时修复。③禁止利用拉杆、支撑攀登上下。④支设 4 米以上的立柱模板时，四周必须有支撑。不足 4 米的，可使用马凳操作。⑤拆除模板应按顺序分段进行，严禁猛撬、硬砸或大面积撬落和拉倒。拆下的模板应及时运送到指定地点集中堆放，防止钉子扎脚。⑥拆除薄梁、吊车梁、桁架预制构件模板，应随拆随加顶撑支牢，防止构件倾倒。

（4）钢筋工作业安全要求。①拉直钢筋时，卡头要卡牢，地锚要结实牢固，拉筋沿线 2 米区域内禁止行人，人工绞磨拉直，缓慢松，不得一次松开。②展开盘圆钢筋时，要卡牢一头，防止回弹。③人工断料和打锤要站成斜角，注意甩锤区域内的人和物体。切断小于 30 厘米的短钢筋，应用钳子夹牢，禁止用手扶。④在高处、深坑绑扎钢筋或安装骨架，或绑扎高层建筑的圈梁、挑檐、外墙、边柱钢筋，除应设置安全设施外，绑扎时还要挂好安全带。⑤绑扎立柱、墙体钢筋时，不得站在钢筋骨架上或攀登骨架上下。

（5）架子工作业安全要求。建筑登高架设作业包括的操作项目有建筑脚手架、提升设备、高空吊篮等的拆装以及起重设备拆装。①建筑登高架设作业人员，应熟知本作业的安全技术操作规程，严禁酒后作业和作业中玩笑戏闹，严禁赤脚，严禁穿硬底鞋、拖鞋和带钉鞋等。②必须正确使用个人防护用品及熟知"三宝"（安全帽、安全网、安全带）的正确使用方法。③架子工在高处作业时必须有工具袋，防止工具坠落伤人。④架子工在高处作业时使用的材料、工具，必须由绳索传递，严禁抛掷。

架子工安全操作应遵守的"十二道关"包含以下内容：

一是人员关。有高血压、心脏病、癫痫病、晕高、视力不好等不适合做高处作业的人员，未取得特种作业上岗操作证的人员，均不得从事架子高空作业。

二是材质关。脚手架所需要用的材料、扣件等必须符合国家规定的要求，经过验收合格才能使用，不合格的决不能使用。

三是尺寸关。必须按规定的立杆、横杆、剪刀撑、护身栏等间距尺寸搭设脚手架，上下接头要错开。

四是地基关。土壤必须夯实，立杆再插在底座上，下铺 5 厘米厚的跳板，并加绑扫地杆，要能排出雨水。高层脚手架基础要经过计算，采取加固措施。

五是防护关。作业层内侧脚手板与墙距离不得大于 15 厘米；外侧必须搭设两道护身栏和挡脚板，挡脚板绑扎牢固严密，或立挡安全网下口封牢。10 米以上的脚手架，应在操作层下一部架搭设一层脚手板，以保证安全。如因材料不足不能设安全层时，可在操作层下一部架铺设一层安全网，以防坠落。

六是铺板关。脚手板必须满铺、牢固，不得有空隙、探头板和飞跳板。要经常清除板上杂物，保持清洁平整，操作层有坡度的，脚手板必须和小横拉杆用铅丝绑牢。

七是稳定关。必须按规定设剪刀撑。必须使脚手架与楼层墙体拉接牢固，拉结点设置距离为垂直 4 米以内，水平 6 米以内。

八是承重关。荷载不得超过规定，在脚手架上堆砖，只允许单行侧摆三层。

九是上下关。工人安全上下、安全行走必须走斜道和阶梯，严禁施工人员翻爬脚手架。

十是雷电关。脚手架高于周围避雷设施的必须安装避雷针，接地电阻不得大于 10 欧。在带电设备附近搭拆脚手架时应停电进行。

十一是挑别关。对特殊架子的挑梁、别杆是否符合规定，必须认真检查和把关。

十二是检验关。架子搭好后必须经过有关人员检查验收合格才能上架操作。要加强使用过程中的检查，分层搭设、分层验收和分层使用，发现问题及时加固，大风、大雨、大雪后也要认真检查。

八十五、施工安全常识有哪些？

1. 安全教育

（1）新进场或转场工人必须经过安全教育培训，经考核合格后才能上岗。

（2）每年至少接受一次安全生产教育培训，教育培训及考核情况统一归档管理。

（3）季节性施工，节假日后，复岗和转岗人员也必须接受相关的安全生产教育或培训。

2. 持证上岗

工地电工、焊工、登高架设作业人员、起重指挥信号工、起重机械安装拆卸工、爆破作业人员、塔式起重机司机、施工电梯司机、厂内机动车辆驾驶人员等特种作业人员，必须持有政府主管部门颁发的特种作业人员资格证方可上岗。

3. 安全交底

施工作业人员必须接受工程技术人员书面的安全技术交底，并履行签字手续，同时参加班前安全活动。

4. 防护用品

（1）进入工地必须戴安全帽，并系紧下颌带；女工的发辫要盘在安全帽内。

（2）在2米以上（含2米）有可能坠落的高处作业，必须系好安全带；安全带应高挂低用。

（3）禁止穿高跟鞋、硬底鞋、拖鞋及赤脚、光背进入工地。

（4）作业时应穿"三紧"（袖口紧、下摆紧、裤脚紧）工作服。

5. 设备安全

（1）不得随意拆卸或改变机械设备的防护罩。

（2）施工作业人员无证不得操作特种机械设备。

6. 用电安全

（1）不得私自乱拉乱接电源线，应由专职电工安装操作。

（2）不得随意接长手持、移动电动工具的电源线或更换其插头，施工现场禁止使用明插座或线轴盘。

（3）禁止在电线上挂晒衣服。

（4）发生意外触电，应立即切断电源后进行急救。

 八十六、职业病相关知识有哪些？

1. 职业病的定义

《中华人民共和国职业病防治法》中对职业病的定义为：职业病是指企业、事业单位和个体经济组织的劳动者在职业活动中，因接触粉尘、放射性物质和其他有毒、有害物质等因素而引起的疾病。

2. 职业病的分类、报告及待遇

根据《职业病分类和目录》，职业病分为10类132种：①职业性尘肺病13种及其他呼吸系统疾病6种；②职业性皮肤病9种；③职业性眼病3种；④职业性耳鼻喉口腔病4种；⑤职业性化学中毒60种；⑥物理因素所致职业病7种；⑦放射性职业病11种；⑧职业性传染病5种；⑨职业性肿瘤11种；⑩其他职业病3种。

《中华人民共和国职业病防治法》规定：职业病的诊断须由法定医疗机构承担；用人单位和医疗卫生机构发现职业病病人或者疑似职业病病人时，应当及时向所在地卫生行政部门报告；职业病病人的诊疗、康复费用，伤残以及丧失劳动能力的职业病病人的社会保障，按照国家有关工伤社会保险的规定执行。

3. 职业病的鉴定

劳动者对职业病诊断有异议的，在接到职业病诊断证明书之日起 30 日内，可以向作出诊断的医疗卫生机构所在地设区的市级卫生行政部门申请鉴定。设区的市级卫生行政部门组织的职业病诊断鉴定委员会负责职业病诊断争议的首次鉴定。如对设区的市级职业病诊断鉴定委员会的鉴定结论不服的，在接到职业病诊断鉴定书之日起 15 日内，可以向原鉴定机构所在地省级卫生行政部门申请再鉴定。省级职业病诊断鉴定委员会的鉴定为最终鉴定。

省级卫生行政部门应当设立职业病诊断鉴定专家库，专家库专家任期 4 年，可以连聘连任。

职业病诊断鉴定委员会承担职业病诊断争议的鉴定工作。职业病诊断鉴定委员会由卫生行政部门组织。卫生行政部门可以委托办事机构承担职业病诊断鉴定的组织和日常性工作。

参加职业病诊断鉴定的专家，由申请鉴定的当事人在职业病诊断鉴定办事机构的主持下，从专家库中以随机抽取的方式确定。当事人也可以委托职业病诊断鉴定办事机构抽取专家。职业病诊断鉴定委员会组成人数为 5 人以上单数，鉴定委员会设主任委员 1 名，由鉴定委员会推举产生。在特殊情况下，职业病诊断鉴定专业机构根据鉴定工作的需要，可以组织在本地区以外的专家库中随机抽取相关专业的专家参加鉴定或者函件咨询。职业病诊断鉴定委员会专家有下列情形之一的，应当回避：是职业病诊断鉴定当事人或者当事人近亲属的；与职业病诊断鉴定有利害关系的；与职业病诊断鉴定当事人有其他关系，可能影响公正鉴定的。

当事人申请职业病诊断鉴定时，应当提供以下材料：职业病诊断鉴定申请书；职业病诊断证明书；职业史、既往史；职业健康监护档案复印件；职业健康检查结果；工作场所历年职业病危害因素检测、评价资料；其他有关资料。职业病诊断鉴定办事机构应当自收到申请资料之日起 10 日内完成材料审核，对材料齐全的发给受理通知书；材料不全的，通知当事人补充。职业病诊断鉴定办事机构应当在受理鉴定之日起 60 日内组织鉴定。

鉴定委员会应当认真审查当事人提供的材料，必要时可以听取当事人的陈述和申辩，对被鉴定人进行医学检查，对场所进行现场调查取证。鉴定委员会根据需要可以向原职业病诊断机构调阅有关的诊断资料。鉴定委员会根据需要可以向用人单位索取与鉴定有关的资料，用人单位应当如实提供。对被鉴定人进行医学检查，对被鉴定人的工作场所进行现场调查取证等工作由职业病诊断鉴定办事机构安排、组织。职业病诊断鉴定委员会可以根据需要邀请其他专家参加职业病诊断鉴定。邀请的专家可以提出技术意见、提供有关资料，但不参与鉴定结论的表决。

职业病诊断鉴定委员会应当认真审阅有关资料，按照有关规定和职业病诊断标准，运用科学原理和专业知识，独立进行鉴定。在事实清楚的基础上，进行综合分析，做出鉴定结论，并制作鉴定书。鉴定结论以鉴定委员会成员的过半数通过。鉴定过程应当如实记载。职业病诊断鉴定书应当包括以下内容：劳动者、用人单位的基本情况及鉴定事由；参加鉴定的专家情况；鉴定结论及其依据，如果为职业病，应当注明职业病和名称、程度（期别），鉴定时间。

参加鉴定的专家应当在鉴定书上签字，鉴定书加盖职业病诊断鉴定委员会印章。职业病诊断鉴定书应当于鉴定结束之日起20日内由职业病诊断鉴定办事机构发送当事人。

鉴定结束后，鉴定记录应当随同职业病诊断鉴定书一并由职业病诊断鉴定办事机构存档。职业病诊断、鉴定的费用由用人单位承担。

八十七、职业病危害因素有哪些种类？

1. 职业病危害因素的定义

职业病危害因素指职业活动中影响劳动者健康的、存在于生产工艺过程以及劳动过程和生产环境中的各种危害因素的统称。

2. 职业病危害因素按来源的分类

（1）工作过程中产生的有害因素。工作过程中产生的有害因素主要有化学因素、物理因素和生物因素等。①化学因素主要有生产性毒物、生产性粉尘。生产性毒物主要包括铅、锰、铬、汞、有机氯农药、有机磷农药、一氧化碳、二氧化碳、硫化氢、甲烷、氨、氮氧化物等。接触或在这些毒物的环境中作业，可能引起多种职业中毒，如汞中毒、苯中毒等。生产性粉尘主要包括滑石粉尘、铅粉尘、木质粉尘、骨质粉尘、合成纤维粉尘。长期在这类生产性粉尘的环境中作业，可能引起各种尘肺，如石棉肺、煤肺、金属肺等。②物理因素主要包括异常气候条件、异常气压、噪声和振动等。异常气候条件主要是指生产场所的气温、湿度、气流及热辐射。在高温和强烈热辐射条件下作业，可能引发热射病、热痉挛、日射病等。高气压和低气压，潜水作业在高压下进行，可能引发减压病；高山和航空作业，可能引发高山病或航空病。噪声和振动强烈的噪声作用于听觉器官，可引起职业性耳聋等疾病；长期在强烈振动环境中作业，会引起振动病。辐射线是指在工作环境中存在的红外线、紫外线、X射线、无线电波，可能引发放射性疾病。③生物因素，主要包括附着于皮毛上的炭疽杆菌、蔗渣上的霉菌等。

（2）工作组织中的有害因素。工作组织中的有害因素主要包括：①工作组织和制度不合理，如不合理的作息制度等；②精神（心理）性职业紧张；③工作强度过大或生产定额不当，如安排的作业或任务与劳动者生理状况或体力不相适应；④个别器官或系统过度紧张，如视力紧张等；⑤长时间处于不良体位或使用不合理的工具等。

（3）生产环境中的有害因素。生产环境中的有害因素主要包括：①自然环境中的因素，如炎热季节的太阳辐射；②厂房建筑或布局不合理，如有毒与无毒的工段安排在同一个车间；③工作过程不合理或管理不当所致环境污染。

3. 职业病危害因素按职业病的分类

（1）尘肺类。①硅尘：游离二氧化硅含量超过 10% 的无机性粉尘，导致硅肺；②煤尘（煤硅尘）：煤工尘肺；③石墨尘：石墨尘肺；④炭黑尘：炭黑尘肺；⑤石棉尘：石棉肺、肺癌、胸膜间皮瘤；⑥滑石尘：滑石尘肺；⑦水泥尘：水泥尘肺；⑧云母尘：云母尘肺；⑨陶瓷尘：陶工尘肺；⑩铝尘：铝尘肺；⑪电焊烟尘：电焊工尘肺；⑫铸造粉尘：铸工尘肺。

（2）化学中毒窒息类。①金属与类金属：包括铅、汞、锰、镉、铍、钡、铊、钒等及其他化合物，主要产生于矿山开采、冶炼、金属加工以及金属应用等；②刺激性气体：常见的有氯气、氨气、光气、氮氧化物、二氧化硫等，对眼呼吸道黏膜和皮肤具有刺激作用，且多具有腐蚀性；③窒息性气体：常见的有一氧化碳、硫化氢、氰化物等，经吸入使机体缺氧而引起窒息；④有机化合物：包括有机溶剂、苯的氨基和硝基化合物以及高分子化合物等；⑤农药：常见的有有机磷农药、氨基甲酸酯类农药、拟除虫菊酯类杀虫剂等。

（3）职业性肿瘤类。①角闪石石棉：肺癌、间皮瘤；②联苯胺：膀胱癌；③氯甲甲醚：肺癌；④苯：白血病；⑤砷化物：肺癌、皮肤癌；⑥氯乙烯：肝内血管癌；⑦焦炉烟气：肺癌；⑧铬酸盐：肺癌。

八十八、个体防护相关知识有哪些？

1. 个体防护用品或装备的定义

个体防护用品或装备，指作业人员在生产活动中，为确保安全和健康，以及为防御物理、化学、生物等外界因素伤害人体或职业性毒害而穿戴和配备的各种物品的总称，亦称为个人劳动防护用品或个体劳动保护用品。

2. 个体防护用品或装备的分类

个体防护用品按防护部位分为以下几类。

（1）头部防护用品：防尘帽、防寒帽、防高温帽、防电磁辐射帽等。

（2）呼吸器官防护用品：防尘口罩和防毒口罩（面具）。

（3）眼（面）部防护用品：防尘、防高温、防电磁辐射、防射线、防化学飞溅、防强光等用品。

（4）听觉器官防护用品：耳塞、耳罩和防噪声耳帽等。

（5）手部防护用品：防寒手套、防毒手套、防高温手套、防 X 射线手套、防酸碱手套、防震手套等。

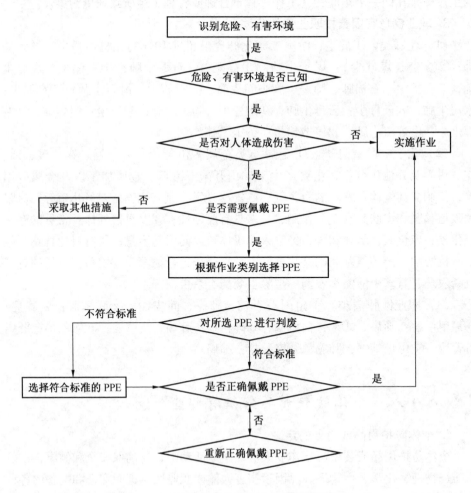

图 3-10　个体防护装备选用程序和判废程序

（6）足部防护用品：防寒鞋、防高温鞋、防酸碱鞋、防震鞋等。

（7）躯体防护用品：防寒服、防毒服、防高温服、防电磁辐射服、耐酸碱服等。

（8）护肤用品：防毒、防腐、防射线等用品。

（9）其他防护用品。

3. 个体防护用品的选用原则

（1）按作业类别和工种选用。

（2）根据工作场所有害因素选用。

（3）根据作业现场职业危害浓度或强度选用。

（4）按国家规定和标准选择配备类型合适和质量合格的产品。

4. 个体防护用品或装备的选用和判废程序

个体防护用品的科学选用和判废程序如图 3 – 10 所示。

八十九、职业健康知识有哪些？

1. 职业健康法律法规规定

（1）《中华人民共和国职业病防治法》是保护劳动者健康及其相关权益的基本法律。

（2）国家加强职业健康保护，县级以上人民政府应当制定职业病防治规划，提高职业病综合防治能力和水平。

（3）用人单位是职业病防治的责任主体，应当为职工创造有益于健康的环境和条件；劳动者应当学习和掌握相关职业健康知识，提高职业健康素养水平，保持和促进自身健康。

（4）女职工依法享有月经期、孕期、产期、哺乳期等特殊生理时期的职业健康保护。

（5）用人单位应当积极组织职工开展健身活动，保护职工健康；国家鼓励用人单位开展职工健康指导工作，提倡用人单位为职工定期开展健康检查。

（6）劳动合同应写明工作过程中可能产生的职业病危害及其后果、职业病防护措施和待遇等。

（7）工作场所职业病危害因素的强度或浓度应符合国家职业卫生标准和卫生要求。

（8）劳动者有权拒绝违章指挥和强令冒险作业，女职工有权拒绝矿山井下、高强度体力劳动等禁忌作业。

（9）职业健康检查是早期发现劳动者健康损害与职业禁忌证，减轻职业病危害后果的重要措施，职业健康检查费用由用人单位承担。

（10）职业健康检查不能由一般健康体检替代。

（11）对遭受或者可能遭受急性职业病危害的劳动者，应及时进行应急健康检查和医学观察。

（12）劳动者离开用人单位时，有权索取本人职业健康监护档案复印件。

（13）疑似职业病应依法进入职业病诊断程序，所需费用由用人单位承担。

（14）职业病诊断可以在单位所在地、本人户籍所在地或经常居住地的职业病诊断机构进行。

（15）当事人对职业病诊断有异议的，可以向作出诊断的医疗卫生机构所在地设区的市级以上地方卫生健康主管部门申请鉴定。

（16）职业病诊断鉴定实行两级鉴定制，设区的市级职业病诊断鉴定委员会负责职业病诊断争议的首次鉴定，省级鉴定为最终鉴定。

（17）国家对职业病实行分类管理，制定并发布《职业病分类和目录》。

（18）职业病病人依法享受国家规定的职业病待遇。确诊为职业病后，应及时申请工伤认定以便享受工伤待遇。

（19）职工应当参加工伤保险，由用人单位缴纳工伤保险费，用人单位未缴纳工伤保险的，职业病病人相关的医疗和生活保障由该用人单位承担。

（20）职业病病人除依法享有工伤保险外，依照有关民事法律，尚有获得赔偿权利的，有权向用人单位提出赔偿要求。用人单位不存在或无法确定劳动关系的职业病病人，可以向地方人民政府民政部门申请医疗和生活方面的救助。

2. 职业健康防护知识

（1）职业病是可以预防的疾病，通过采取有效的控制措施可以预防职业病的发生。

（2）职业病危害因素导致不良健康效应的严重程度与接触危害因素的水平有关。

（3）长期吸入矿物性粉尘导致的尘肺病是不可逆的疾病。生产性粉尘的控制应采取综合防控措施，遵循"革、水、密、风、护、管、教、查"八字方针。不能用棉纱口罩和医用口罩代替防尘口罩。

（4）工作中接触化学有害因素应注意预防化学中毒，严格执行操作规程，加强工作场所通风，规范佩戴个体防护用品，定期参加职业健康检查。

（5）劳动者在工作中接触硫化氢、一氧化碳等有害气体时，应注意预防窒息和刺激性气体中毒，严格执行操作规程，定期检修设备，防止生产过程中的

"跑、冒、滴、漏"，加强通风和日常监测，作业场所设置警示标识，装置自动报警设备，正确佩戴供氧式防毒面具。

（6）工作场所长期接触高强度噪声可导致听力损伤甚至耳聋，应做好噪声源和噪声传播的控制，规范佩戴防噪声耳塞或耳罩，并定期进行职业健康检查。

（7）长时间在高温高湿环境中工作要注意预防中暑，严重中暑可致死亡，应合理设计工艺流程，采取通风降温、隔热等技术措施，供给清凉含盐饮品、补充营养，特殊高温作业劳动者须佩戴隔热面罩和穿着隔热、阻燃、通风防热服。

（8）工作中接触放射线可能导致急慢性放射性疾病、癌症或遗传疾患。从事放射工作作业时，应正确使用放射防护用品，正确佩戴个人剂量计。进入可能存在大剂量的放射工作场所时，需携带报警式剂量仪。

（9）长期伏案低头作业、固定体位作业或前倾坐姿工作要通过伸展活动、间歇性休息等方式，避免颈椎病、肩周炎和腰背痛的发生。

（10）长期站姿作业要通过适当走动等方式保持腰部、膝盖放松，防止静脉曲张。

（11）工作压力过大或暴露于极端场景可能会损害身心健康，要积极学习心理健康知识，或寻求专业帮助予以缓解。

3. 职业健康防护技能

（1）知晓获取职业健康信息和服务的途径。

（2）知晓本岗位职业病防治规章制度和操作规程。

（3）理解本岗位职业病危害警示标识和说明。

（4）理解本岗位有关的职业病危害因素检测结果和建议。

（5）遇到急性职业伤害时，能够正确自救、互救并及时报告。

（6）需要紧急医疗救助时，能拨打120或合作医疗机构联系电话。

（7）体表被放射性核素污染时，能够立即实施去污洗消；放射性核素进入体内时，能够尽快寻医进行阻吸收和促排。

（8）出现心理问题，懂得向心理健康热线或医疗机构寻求专业帮助。

（9）发生工作场所暴力或骚扰时，能主动报告或报警。

4. 健康工作方式和行为

（1）遵守职业健康相关法律法规、规章制度和操作规程。

（2）积极参与用人单位的职业健康管理，对职业病防治工作提出意见和建议。

（3）积极参加职业健康教育与培训，主动学习和掌握职业健康知识和防护技能。

（4）正确使用和维护职业病防护设备并能判断其运行状态。

（5）正确选用和规范佩戴个体防护用品。

（6）正确识别有机溶剂有毒成分。

（7）正确使用工作场所冲洗和喷淋设备。

（8）进入受限空间作业要做到一通风、二检测、三监护。

（9）发现职业病危害事故隐患应当及时报告。

（10）从事接触职业病危害作业应积极参加上岗前、在岗期间和离岗时的职业健康检查，关注检查结论，并遵循医学建议，需要复查的要及时复查。

（11）发现所患疾病可能与工作有关，及时到职业病防治专业机构进行咨询、诊断、治疗和康复。

（12）避免长时间连续工作或不良姿势作业，合理安排工间休息和锻炼。

（13）了解身心健康状况，懂得自我健康管理。

（14）积极学习心理健康知识，增强维护心理健康的能力。

（15）用科学的方法缓解压力，不逃避，不消极。

九十、纺织行业从业人员的职业病风险及其防护措施有哪些？

1. 纺织工人职业病危害因素及来源

纺织行业是将纺织纤维加工成各种纱、丝、线、绳、织物及其染整制品的行业，主要有棉纺织、毛纺织、麻纺织、丝纺织、合成纤维纺织及针纺织、纺织复制等生产种类。纺织行业作业场所存在不良气象条件、粉尘、噪声、不良照明等多种职业病危害因素。

（1）纺织尘埃。纺织尘埃是在对各种纤维材料进行采集、分级、机械加工和运输时所产生。其中包括有机尘埃和矿物尘埃。有机尘埃主要包括植物、动物和合成尘埃，茸毛、真菌、麻屑等。矿物尘埃由细小的矿物类颗粒组成，在纤维原料储藏和运输时落到纤维上，有时还带有染料颗粒。

（2）噪声。噪声是棉纺织行业主要的职业病危害因素，长期从事纺织作业的工人可能发生听力损伤。

（3）高温、高湿。纺织和印染车间是典型的高温、高湿作业环境。因产品质量需要，夏季纺织车间温度常达35℃以上，相对湿度在60%左右。尤其是浆纱车间，夏季相对湿度可达80%以上。印染为湿态加工过程，水洗、气蒸、煮漂、烘燥等工艺温度参数均在100℃，焙烘、热熔、染色等温度参数在200℃，车间密布以蒸汽和燃油为主的供热导管、网管和设备。

（4）化学毒物。纺织品加工中常常使用各种染料和助剂。染料按性能分为直接染料、活性染料、酸性染料、阳离子染料、不溶性偶氮染料、分散染料、还原染料、硫化染料、缩聚染料和荧光增白剂等；按化学结构分为偶氮染料、蒽醌染料、靛族染料、芳甲烷染料等。

助剂是除染料之外的另一大类化学物质，共29个大门类，近1000个品种，其中80%是表面活性助剂，20%是功能性助剂。某些助剂含有铅化合物、锰化合物、氨、甲苯、二甲苯、四氯化碳、二甲基甲酰胺、硫酸、乙醇、醋酸乙酯、环氧树脂等；有些助剂是强酸、强碱。

（5）特殊工作体位。长时间站立劳动是纺织工人工作的主要特点，双腿活动相对处于"静止"状态。这种特殊的工作体位，容易造成下肢静脉曲张、双脚水肿等。长期站立工作还可能由于双足的负荷过重，足部韧带容易受到损伤并逐渐拉长，使跗骨发生移位，足弓下沉，形成扁平足，引起足部疾患。另外，女工保健应该是纺织工业特别值得关注的职业健康问题。

（6）其他危害。原毛中可能含有炭疽杆菌和布鲁斯杆菌。原棉在贮存过程中发生霉变后，都沾有黑曲霉菌、桔青霉菌等有害毒菌。

2. 纺织人员职业病防护措施

（1）加快纺织设备的更新改造，应用全封闭清梳联机组，使作业场所的粉尘浓度明显降低。此外，也可应用无梭织机降低作业场所的噪声声级。

（2）用无毒和低毒染化料代替高毒染化料，如应用新型环保染化料和助剂，用无毒或低毒的代替高毒的物质，限制使用或禁用具有致癌作用和对人体产生有害作用的染料和助剂。

（3）加强作业场所通风，工业通风是作业场所通风、防尘、排毒、防暑降温以及控制车间粉尘有害气体和改善劳动环境微小气候的重要技术措施。

（4）正确使用个人防护用品是防护的关键，包括正确使用护耳器，佩戴合适的防护口罩，穿防止静脉曲张的裤子预防下肢静脉曲张等。

九十一、外出务工人员应了解的法律法规有哪些？

1. 劳动保障综合法律法规

（1）《中华人民共和国劳动法》。

（2）《中华人民共和国劳动合同法》。

（3）《中华人民共和国社会保险法》。

（4）《中华人民共和国就业促进法》。

（5）《中华人民共和国劳动争议调解仲裁法》。

（6）《中华人民共和国工会法》。

（7）《中华人民共和国职业病防治法》。

（8）《工伤保险条例》（国务院令第 586 号）。

（9）《国务院关于职工工作时间的规定》（国务院令第 146 号）。

（10）《城镇企业职工基本养老保险关系转移接续暂行办法》（国办发〔2009〕66 号）。

2. 医疗保险法律法规

（1）《城镇职工基本医疗保险定点零售药店管理暂行办法》（劳社部发〔1999〕16 号）。

（2）《基本医疗保险用药管理暂行办法》（国家医疗保障局令第 1 号）。

（3）《关于城镇职工基本医疗保险诊疗项目管理的意见》（劳社部发〔1999〕22 号）。

（4）《关于确定城镇职工基本医疗保险医疗服务设施范围和支付标准的意见》（劳社部发〔1999〕22 号）。

（5）《关于城镇居民基本医疗保险医疗服务管理的意见》（劳社部发〔2007〕40 号）。

（6）《关于城镇灵活就业人员参加基本医疗保险的指导意见》（劳社厅发〔2003〕10 号）。

（7）《国家医保局办公室　财政部办公厅关于印发〈基本医疗保险关系转移接续暂行办法〉的通知》（医保办发〔2021〕43 号）。

（8）《关于印发医疗机构检查检验结果互认管理办法的通知》（国卫医发〔2022〕6 号）。

3. 特殊群体保护专项法规

（1）《女职工劳动保护特别规定》（国务院令第 619 号）。

（2）《禁止使用童工规定》（国务院令第 364 号）。

（3）《残疾人就业条例》（国务院令第 488 号）。

4. 外出务工人员签订劳动合同时的注意事项

外出务工人员在上岗前应和用人单位依法签订劳动合同，建立明确的劳动关系，确定双方的权利和义务。在签订劳动合同时应注意两方面问题：第一，在合同中要载明保障职工劳动安全、防止职业危害的事项；第二，在合同中要载明依法为职工办理工伤保险的事项。当遇有下列情况时，不能签订。

（1）"生死合同"：在危险性较高的行业，用人单位往往在合同中写上一些逃避责任的条款，典型的如"发生伤亡事故，单位概不负责"。

（2）"暗箱合同"：这类合同隐瞒工作过程中的职业危害，或者采取欺骗手段剥夺职工的合法权利。

（3）"霸王合同"：有的用人单位与外来务工人员签订劳动合同时，只强调单位自身利益，无视务工人员依法应当享有的权益，不容许务工人员提出意见。

（4）"卖身合同"：这类合同要求务工人员无条件听从用人单位安排，用人单位可以任意安排加班加点，强迫劳动，使务工人员完全失去自由。

（5）"阴阳合同"：一些用人单位在与务工人员签订合同时准备了两份合同，一份合同用来应付有关部门的检查，另一份合同用来约束务工人员。

 九十二、预防粮食粉尘爆炸需要具备哪些知识？

1. 粉尘爆炸的定义

粉尘爆炸指可燃粉尘在受限空间内与空气混合形成的粉尘云，在点火源作用下，形成的粉尘空气混合物快速燃烧，并引起温度压力急剧升高的化学反应。

2. 农业领域的粉尘爆炸危险物质及典型案例

粉尘爆炸不仅发生在工业领域，农业领域的粮食加工行业也时有发生。发生爆炸的粮食粉尘包括加工成粉状的粮食产品及粮食加工与储运过程产生的伴生粉尘。其中，加工成粉状的粮食产品包括玉米淀粉、面粉、大豆粉、黄豆粉、绿豆粉；粮食深加工产品包括奶粉、食糖、葡萄糖粉、蛋白粉、藕粉、豆奶粉等；饲料包括混合营养饲料、鱼骨粉等；粮食伴生粉尘包括玉米粉尘、小麦粉尘、大麦粉尘、麦芽粉尘、燕麦粉尘、大豆粉尘等。

1976 年美国大陆粮食公司的 1 个 20 万吨筒仓发生粉尘爆炸，死亡 35 人，筒仓全部被摧毁，造成了极大的损失。在我国，2010 年 2 月，河北省秦皇岛骊骅淀粉股份有限公司发生一起玉米淀粉粉尘爆炸事故，造成 19 人死亡、49 人受伤。2011 年 12 月，中储粮沈阳直属库发生粮食粉尘爆炸事故，导致 1 人受伤，设备及设施严重损坏。

3. 粮食加工过程中粉尘爆炸的原因及特点

粉尘爆炸是由于悬浮在空气中的可燃性粉尘刚好处在爆炸极限范围内，当遇到点火源被点燃后，使得火焰瞬间传播到整个混合粉尘空间，从而发生了反应速度极快的化学反应。

粉尘爆炸的发生需要 5 个要素：①氧化剂，一般是空气中的氧气，其含量直接决定粉尘云爆炸的敏感度；②点火源，包括导线短路和开关闭合等产生的电火花、明火及自燃着火、物体冲击摩擦产生火花，以及高温热表面辐射导致的点火；③可燃粉尘；④可燃粉尘悬浮于空气中形成的粉尘云；⑤相对封闭的环境，如设备和建筑物。

粮食粉尘主要是指粮食在收获、储藏、加工和运输过程中所产生的颗粒物，它是一种不导电的可燃性粉尘，以粉尘云或粉尘层的形式存在。当满足上述粉尘爆炸所需的五个条件时，就会产生威力巨大的粮食粉尘爆炸，这些往往主要发生在粮食的收储和面粉加工环节。

粮食粉尘爆炸的特点为：①粮食粉尘爆炸后燃烧时间长，产生的能量大，造成的破坏力巨大；②粉尘爆炸具有多次爆炸的特点，被初始爆炸冲击波扬起粉尘发生的爆炸称为"二次爆炸"；③粮食粉尘爆炸后，往往燃烧不充分，容易产生一氧化碳，造成人员中毒，并危及生命。

4. 粉尘爆炸预防措施

（1）建筑设计与设备布置。①有粉尘爆炸危险的建筑采用框架结构，墙体采用轻质材料；②宜采用单层建筑；③立筒库、仓库和打包车间、粉碎车间留出足够的防火间距；④人员集中的办公区域远离有爆炸危险的场所；⑤斗式提升机、除尘器设置在建筑外或靠墙布置，以便于泄爆，湿式除尘器可布置在室内；⑥除尘器在建筑高处布置。

（2）防止出现点火源的措施。①防止机械火花与摩擦的措施：安装斗式提升机跑偏、打滑、断链监控，安装除铁器，安装轴温监控。②防止静电积累的措施：设备跨接与接地，除尘器使用防静电滤袋。③使用粉尘防爆型电气设备。④防止粉尘自燃。⑤防止明火，严格执行动火制度。

（3）粉尘控制措施。①防止物料与粉尘泄漏：及时维修出现物料泄漏的设备，工艺设备的检查孔密封良好。②通风除尘系统的设计与维护：除尘系统的设计应防止粉尘在风管中沉积；进行风速测定和压力平衡调节，保证风量与风速符合设计要求；除尘器防爆设计涉及的内容包括使用防静电滤袋、泄压装置、隔离装置；风机采用防爆风机；经常检查除尘管道风速、管道堵塞情况、除尘器滤袋，及时发现管道、滤袋的损伤和损坏等情况。③定期清扫沉积的粉尘，清洗部位包括地面、设备、建筑的梁与支架、建筑内壁等。粉尘爆炸危险场所除尘器应在负压状态下工作；若采用正压吹送粉尘，则应采取可靠的防范点燃源的措施。

（4）爆炸泄压。泄爆装置的作用是在爆炸压力尚未达到除尘器和风管的抗爆强度之前，采用泄爆装置排出爆炸产物，使除尘器及风管不致被破坏。应采取爆炸泄压的设备和建（构）筑物有：①筒仓、料仓、除尘器等有容积的设备；

②筒仓顶的工作间、筒仓仓底以下的空间；③提升机、刮板输送机、封闭式皮带机等输送设备管道。

（5）爆炸隔离装置。在风管上设置隔爆装置，将火焰及爆炸波阻断在一定范围内。常用的爆炸隔离装置有火花隔离装置、闸板阀。

（6）抑爆装置。在风管和（或）除尘器上设置抑爆装置，爆炸发生瞬间，向风管和（或）除尘器内充入用于扑灭火焰的物理、化学灭火介质，抑制爆炸发展或传播。

（7）惰化装置。向除尘器充入惰性气体或粉体，使可燃性粉尘失去爆炸性。

九十三、山区切坡建房诱发的地质灾害风险及其对策措施？

1. 切坡建房定义及其可能引发的地质灾害

切坡建房是指因地理位置受限，可利用的建房平坦场地较少，人们不得不靠山而建，将山坡切割，以便整平场地进行建房的一种建房方式。切坡建房的原因，除了地理上受限外，还有一种是居家讲究"风水"，房子要"靠山"，但连续强降雨，山体土壤水分饱和过高，极易发生山体滑坡、崩塌和泥石流等地质灾害，毁坏切坡房屋。

山体滑坡是指山体斜坡上某一部分岩土在重力（包括岩土本身重力及地下水的动静压力）作用下，沿一定的软弱结构面（带）产生剪切位移而整体向斜坡下方移动的作用和现象。

泥石流是指在山区或者其他沟谷深壑，地形险峻的地区，因为暴雨、暴雪或其他自然灾害引发的山体滑坡并携带有大量泥沙以及石块的特殊洪流。泥石流具有突然性以及流速快，流量大，物质容量大和破坏力强等特点。发生泥石流常常会冲毁公路、铁路等交通设施甚至村镇等，造成巨大损失。

2. 切坡建房诱发地质灾害的地质条件与激发条件

（1）特殊地质条件。有利于贮集、运动和停淤的地形地貌条件是形成滑坡泥石流灾害的必要条件。山区村民通常把房屋建在溪谷沟口，建房时，依山就势，挖掘山体，形成了高切坡。当高切坡土质疏松、土层较厚时，在吸收水分后，降低了坡体强度，极易发生滑坡、崩塌和泥石流等灾害。

（2）极端气候条件。长时间降雨是地质灾害的激发条件。我国南方有些地方汛期时间长，表土在长时间降雨的充分浸泡后，自重加大，进一步破坏了边坡的稳定性，加快了滑坡、崩塌孕育的过程。这是该区发生泥石流、山体滑坡最重要的激发因素，也是造成泥石流灾害的主要原因。

3. 预防切坡诱发泥石流灾害的管理与服务措施

（1）科学选址，合理规划。在极易触发地质灾害的脆弱区应限制工程活动。具有切坡条件的，房屋前后的削坡面坡度尽量放缓，一般不要大于 45°。削坡面最好削成台阶形，台阶面要有足够的宽度；房前屋后的山坡坡脚砌好挡土墙，挡土墙上一定要留多个排水孔，以随时疏排挡土墙内的地下水；房子与前、后坡之间应有足够的距离；房屋后坡坡顶及两侧要修筑排水沟，排水沟最好能"三面光"，以减少雨水对坡面表土的冲刷；坡面栽种根系比较发达的植物以起到固土的作用，增强山坡的稳定性。对于因历史原因尚处于滑坡体之上或滑坡体下方的村庄，要着手做好整体搬迁的前期准备，鼓励村民早日搬迁，远离灾害易发区。

（2）加大宣传力度，落实防治措施。要进村入户，用身边、村旁、屋后的真实事例对群众进行宣传，以切实增强山区农民建房时的防灾意识。

（3）加强相关人员的培训与演练。加大相关工作人员的培训管理工作力度，定期组织开展地质灾害应急演练，提高基层工作人员和地质灾害勘测工作人员的安全防护意识，提高监测预警和临灾避险等相关应急处理工作能力。

（4）建立防控体系，完善工作机制。建立完善地质灾害监测、预警工作系统，各乡镇配齐专职管理工作人员，落实工作经费。各乡镇地区需要结合防汛工作巡查农村地区住房建设管理等各项工作的开展，对切坡建房展开全面的网格化管理，进一步落实安全防控工作职责，对新增存在安全隐患的农村村民切坡建房做到及时发现及时处理，避免在后续的居住过程中产生较大的安全隐患。灾害性天气来临时，要密切关注强降水的动态情况，及时发布预警信息。对确定为地质灾害的隐患点，在及时采取排险、加固措施的基础上，要建立防治预案，落实责任人，明确应急撤离路线，进行日常监测和巡查。

（5）加强房建工程项目监管工作。进一步落实乡镇审批以及监管农村村民建房工作的主体责任，有效指导村民选择一些自然环境更好，更加安全以及适宜房屋建设的区域开展建房工作，尽可能避免在一些地质灾害容易产生的地带修建房屋。严格控制村民建房审批工作流程，从源头上加强管控，避免村民自主在一些危险性较高的地区切坡建房。同时全面加强对农村地区建筑工程施工人员的专项技能培训工作，有效引导村民选择一些经过专业培训的工作人员来进行房屋工程项目建设施工，有效防止和避免因为高切坡深开挖等相关工作误差造成严重的地质灾害问题。

（6）将地质灾害防治工作内容有效纳入村镇规划编制工作内容中，结合当地的区域地质条件和地质灾害防治工作现状，对规划范围内的建设用地展开适宜性评价工作。强化综合防灾内容的相关技术审查工作，有效做好村镇规划与编制工作。

（7）建立起科学合理的奖补机制。各农村地区需要有效结合新农村建设工作、城乡环境整治工作等，积极统筹相关投入资金，有效建立起奖补工作机制，对于村民自治的零散型农村村民切坡建房、地质灾害频发区域建房，可以通过政府进行适当补助等方法，有效引导受到生命威胁的群众展开积极自治工作。通过主动避灾防灾、激励群众、自觉参与到各项安全整治工作中，建立起政府引导自投公助的地质灾害防护工作机制。

 九十四、温室大棚风雪灾害预防知识有哪些？

1. 风雪天气对温室大棚的危害

风灾和雪灾是我国常见自然灾害，对农业的生产生活影响较大。

每年因大风对日光温室等生产设施造成的破坏损失很大，同时因大风从温室顶部风口处落入的尘土，严重影响风口下面蔬菜叶片正常的呼吸作用和光合作用，从而造成蔬菜大幅度减产和品质下降。

雪灾是我国北方地区冬季常见的自然灾害。大雪载荷会对温室结构产生安全威胁，同时还会因为阳光遮挡而影响植物的正常生长。由于温室顶部结构不同，大雪会在温室顶部的不同区域形成不同厚度的积雪。受温室顶部结构影响，积雪在温室顶部形成的雪压分布很不均，极易造成温室局部区域压力过大，导致温室顶部结构局部受损或垮塌，进而导致整座温室坍塌。

2. 温室大棚防风的对策措施

（1）增强温室大棚的稳定性。①及时更换破损的压膜线，及时修理损坏的大棚骨架；②抻平松弛的棚膜，在温室大棚四周覆盖较多的压膜土；③深埋地锚，紧固压膜线，固定棚头处的棚膜，使棚膜牢牢地贴附在大棚骨架上；④利用三角形稳定原理在大棚骨架与骨架、骨架与地面之间增设临时的或永久的拉线、支柱或骨架材料；⑤大风天气要随时检查温室大棚的压膜土、压膜线等固定棚膜物的状况，发现问题及时处理。

（2）建设温室大棚时要充分考虑防风问题。①在温室大棚选址上，尽量避开风口，在保证光照的情况下，尽量将大棚建在具有风障作用的建筑物附近；②购买专业厂家生产的大棚设备；③建造抗风性能强的大棚，设计工作由专业技术人员承担，必须进行风荷载计算。温室大棚的抗风能力与大棚的稳固性有关，大棚的稳固性与建筑质量、骨架材质、棚面弧度、大棚跨度有密切关系。其中，流线型温室大棚的抗风能力最强。

（3）提高防风意识，积累抗风灾的经验。①充分认识大风对温室大棚的破坏作用，提高防风意识；②注意收听、收看广播、电视中有关大风的气象预报，做到提前预防；③估测大棚的防风能力，尤其在大风天气要经常估测，以便采取适当的防风措施；④收集防风方法，不断从工作中总结防风经验。

（4）降低大风造成的灾害风险。①春季刮风 4~5 级以上时，起风前要把草帘卷起 2/3 停放在棚膜上并压住风口，这样可缩小风载面积，增强抗风灾能力；②及时除掉被风掀起又不能及时固定的棚膜，目的是不增加大风对大棚骨架的作用力；③当发现温室大棚骨架岌岌可危时，可马上除掉整个大棚的塑料薄膜，目的是确保大棚骨架的完整，当然不可避免的是整个大棚的棚膜受到损坏；④通常大棚内外气体交换的结果使大棚内的温度和湿度逐渐接近于大棚外的温度和湿度，甚至有时在大风过后发生棚温逆转现象，要注意防止由于低温低湿引起的灾害。

（5）降低作用于温室大棚的风速。建造永久性的或临时性的风障，风障应坚固耐用，防止大风吹倒风障，压坏温室大棚。建造大棚背风侧的风障，可明显减弱大风对大棚背风侧的负压掀膜作用。

（6）重点部位要重点看护。①温室大棚腰部骨架：由于此部位支撑点密度小于棚头处，稳定性稍差，大棚骨架容易被大风刮断；②温室大棚的棚头处：此部位的顶部和底部与大棚的其他部位相比风速较大，棚膜容易被大风掀起；③温室大棚的下部通风口：由于该处棚膜经常卷起和放下，压膜线的压膜作用也相应减弱；④在棚膜区，位于周边区域的大棚是重点防护的大棚，其中位于迎风侧和背风侧的大棚是重中之重；⑤高跨比大的温室大棚：此种大棚由于受大风的正向压力大，大棚的稳固性差，大棚骨架容易发生折损；⑥高跨比小的温室大棚：此种大棚由于顶部平坦，受大风的负压作用大，容易发生大风掀膜现象。

（7）防止大风从温室大棚迎风侧吹入内部。①及时修理破损的棚膜、通风口和棚门等，尤其在大风天气，要勤检查温室大棚状况，发现破损的棚膜要及时修补，防止破损程度加大；②及时更换陈旧老化的塑料薄膜；③关闭迎风侧的棚门和通风口。

3. 应对大雪灾害的对策

（1）为了减少雪灾的发生，应该在充分调研的基础上，根据当地自然环境和气候规律，对温室的地址、朝向、结构等进行合理规划。在降雪多且雪量大的地区，连栋温室要避免与高大的建筑物相连接。如果在生产中要经常进行人工清雪，则连栋温室的开间不宜过长；在寒冷地区，其温室加温系统要保证在温度骤降的情况下仍然能够将温室内的温度维持在 10 ℃左右。

（2）温室应严格按照《建筑结构荷载规范》（GB 50009—2012）设计。温室设计中应注意设计雪荷载、设计化雪管、加大热负荷、拉大温室距、增大屋面角、验算净截面、校核连接件等。

（3）及时清除棚体积雪。管理中应注意及时清理陈旧积雪、加大温室供热量、开启供热管化雪、观察处理积雪兜、摘除结构吊挂物等。必要时在大雪来临时，要及时进行人工清雪作业。

（4）加盖保温材料。雪后必有低温，在原有保温被（草帘）外再加一层废旧棚膜，加强保温；雪后放晴，清扫棚膜，增加日照，把温室大棚膜上面的灰尘、污物及积雪及时清除干净，尽可能增加大棚内太阳光的日照，提高棚温。

（5）棚内增温技术措施。①人工临时增温：在极冷低温日，运用暖气、热风炉、电热丝等增加棚内温度。注意：使用炉火加温时，应安装烟囱将煤气排出棚外，不要在棚内点燃柴草增温，因为柴草燃烧时放出的烟雾对作物危害极大。②棚内加膜：晚上应在大棚内套小棚，两膜之间形成隔绝，减少热量散失。加盖地膜，对棚内作物行间裸露土地临时进行地膜覆盖，可提高土温。③中耕防寒：对于大棚地面板结，出现裂缝，趁通风时进行浅中耕可破除表土，既可控制地下水蒸腾带走热量，又可保温防寒。④喷施叶面肥：遇到低温，作物根系吸收能力下降，可向叶面喷磷酸二氢钾液，可增加叶肉含糖量及硬度，提高植株抗寒性，缓解冻害程度。

4. 新旧温室大棚设施维护重点

1）老棚维护

（1）墙体部分：经过风吹雨淋，大棚后墙多出现泥土流失或断痕，假若不及时维护，势必会缩短大棚使用寿命，同时也影响棚室保温性能。建议采取机械或人工"护坡"措施，将流失的泥土重新堆砌到墙体上。护坡工作结束后，为避免以后类似情况发生，建议用塑料薄膜或无纺布覆盖整个墙体，并东西向拉设铁丝加以固定。

（2）后屋面部分：一般来讲，因为棚内的湿气易造成其霉烂坏掉，后屋面的保温材料最多使用5年。建议一定要注意观察自家大棚后屋面的安全。假若受损严重，必须加以更换。有条件的，可在更换时用塑料薄膜将保温材料加以包裹，以延长其使用寿命。

（3）立柱、竹竿：对于受今春暴雪影响轻微，但没有压塌的棚室，若立柱已经出现断裂，建议利用该期加以更换。若竹竿有被压劈的或断裂的，也要借机更换新竹竿，或直接全部换掉，采用镀锌钢管作骨架。

（4）棚面钢丝：生产中，虽说更换棚面钢丝难度系数较大，但若发现有断裂的钢丝，为保证安全，提高棚面承载力，建议不要再去连接，而是直接更换新的，包括棚东西两侧的地锚一并更换为宜。

（5）棚膜部分：建议菜农选择抗拉性强，且适宜于蔬菜生长的棚膜。此外，防风膜也要注意更换。

2）新棚维护

一般来讲，新建棚室或经过翻新的棚室，在定植下茬前一般不覆盖棚膜，这就要求菜农重点做好蔬菜大棚建设的以下三点：

（1）要避免雨水冲刷墙体。建议广大棚户在棚体建成后就要做好墙体防雨准备。简单的方法是用完好无破损的聚乙烯塑料膜覆盖。

（2）防止骨架材料（镀锌钢管）生锈，可在钢管的焊接处提前涂抹防锈油漆。

（3）做好棚内排涝工作。可先采用混凝土将棚前脸处理一下，以避免该处土壤出现塌陷或冲刷。然后在棚前半米处挖设 1 米宽、半米深的排水沟，有条件者可用水泥抹平。

 九十五、农田走行机械安全驾驶操作常识有哪些？

1. 道路安全驾驶注意事项

农田耕作机械与运输机械是适用于农田地形且具备特定用途的车辆。由于带有特殊的装置，道路行车时需要注意以下几点。

（1）拖拉机及自走式农业机械驾驶操作人员应综合权衡自己的车型、道路、气候、装载情况以及过往车辆、行人情况，确定合适的车速，尽量保持车速均匀。通过居民区、路口、桥梁、铁路、隧道以及会车时，均需提前减速，注意限速、限高、限宽标志，提高警惕。

（2）拖拉机与前车必须保持一定的间距。间距的大小与当时的气候、道路条件和车速等因素有关。一般平路行驶保持 30 米以上，坡路、雨雪天气车距应在 50 米以上。

（3）转弯驾驶要减速，鸣喇叭，打开转向指示灯，靠右行。严禁加速、急转弯、紧急制动。

（4）会车应减速、靠右行。注意两交会车之间的间距，应保持车辆最小安全间距，侧向间距不可小于 1 米。雨、雪、雾天、路滑、视野不清时，会车间距应适当加大。同时要注意过往非机动车辆和行人，并随时准备制动停车。在有障碍物的路段会车时，正前方有障碍物的一方应先让对方通行。在狭窄的坡路会车时，下坡车应让上坡车先行。夜间会车，在距对方来车 150 米以外应互闭远光灯，改用近光灯。在窄路、窄桥与非机动车会车时，不准持续使用远光灯。如果拖拉机带有拖车时，应提前靠右行驶，并注意保持拖拉机与拖车在一条直线上。

（5）下陡坡不空挡滑行，由于在坡道上空挡行驶时发动机额定转速与驱动轮新产生的约束制动力消失，拖拉机在本身重量的作用下，导致车速越来越快，容易引发事故。

（6）拖车严禁载人和客货混载，行驶中遇有紧急情况制动时货物在惯性力作用下继续向前移动，极易把人挤伤甚至挤死。另外，人坐在货物上面，遇到坑包时易把人颠下，而且货物有时会把人压在下面，造成事故。

（7）牵引架上不站人，挡泥板上不坐人。

（8）驾车通过盲区时，要减速慢行，随时准备采取应变措施，防止事故。

（9）严格遵守装载规定，大型拖拉机拖车载物，长度前部不准超出车厢，后部不准超出车厢1米，左右宽度不准超出车厢20厘米。小型拖拉机拖车载物，长度前部不准超出车厢，后部不准超出车厢50厘米，左右宽度不准超出车厢板20厘米。高度从地面算起不准超过2米。

2. 田间作业安全驾驶注意事项

拖拉机田间作业时，除掌握前面所述"一般道路驾驶注意事项"的内容外，要特别强调以下内容。

（1）根据地块情况和农艺要求，选择合适的田间作业行走方法，以提高工作效率。

（2）作业中转弯或倒车之前，一定要使已经入土的农具工作部件升出地面，然后再转弯，以免损坏农具或造成人员伤亡事故。

（3）在地面起伏较大的地块上作业时，要检查农具与拖拉机连接处是否有松动或脱落。

（4）如果农具需要有农具手配合工作时，在拖拉机驾驶员和农具手之间要有联络信号的装置，以免因动作失调而出现事故。

（5）绝对不许在悬挂机具升起而又无保护措施的情况下，爬到悬挂机具的下面进行清理杂草、调整或检修工作。

（6）有两名驾驶员交替驾驶拖拉机作业时，在田头处休息的那名驾驶员不允许睡觉，尤其是夜晚更不能如此。

（7）带悬挂农具的拖拉机，如暂停时间较长，应将悬挂农具降落到地面，这样可以保护液压悬挂系统和防止意外事故发生。

3. 恶劣气候条件下的安全驾驶注意事项

恶劣气候条件驾驶操作要求较高，必须了解恶劣气候特点，掌握操作方法，方能安全运行。

（1）酷暑高温条件下驾驶技术。夏季昼长夜短、气温高，长时间行驶，会引起发动机、制动毂和轮胎温度升高。当轮胎温度过高时，应选择阴凉处休息自然降温，严禁采用泼浇冷水的方法来降低轮胎温度。在轮胎温度升高的同时，轮胎气压也会升高，但不能采用放气的方法来降低气压。

行驶中应经常观察水温表，如水温过高时，应及时停车休息，利用发动机风扇使机身逐渐降温，但不可马上使发动机熄火，更不能用冷水直浇使发动机降温。停车后添加冷却水时，不能把发动机内的冷却水（热水）全部放出，否则汽缸体汽缸盖易出现爆裂。

炎热气候下行驶时，应控制好车速，适当增加尾随距离。遇有情况应提前做好准备，尽量少用制动。

（2）风沙、雾、雨、雪天气道路驾驶技术。出现风沙和雾天时，主要是能见度低，视线不良。应注意降低车速行驶，一般速度不要超过 20 千米/时；打开示宽灯，并多鸣喇叭。遇有障碍物或会车时，均应提前减速避让。转弯要缓打方向盘，禁止急刹车，行车时要随时准备减速停车。

（3）冰雪路面驾驶技术。由于冰雪路面使拖拉机很容易滑行或侧滑，驾驶起来难以控制，极易产生事故，因此驾驶员要格外小心。①必须低速行驶，一般速度不准超过 40 千米/时。必要时，要采取防滑措施，如安装防滑链等。②遇有障碍物，要提前缓打方向盘，避过障碍物后，慢慢回正方向盘，绝不允许猛打方向盘。会车时，也要提前打方向盘。③行车间距比一般路面上行驶时的间距应更大，一般不得小于 50 米。④遇情况可利用点刹使拖拉机减速，绝对不允许急刹车。⑤任何时候都不允许空挡滑行。

（4）拖拉机过渡口。拖拉机驶抵渡口时，应按顺序排队待渡，如在上下坡道上停车，应与前车拉长距离，驾驶员不得离车，在渡轮未靠岸停妥前，不得急于上渡，以免滑入水中，上、下渡船应用低挡缓行，使前后轮胎均正对跳板，前轮接触跳板时，应缓踏油门，平稳上下。上船后，缓行至指定位置停车，锁紧制动，熄火，将变速杆推入低挡，必要时用三角木将车轮塞好。下船后爬坡时，如坡陡或码头路面泥泞时应特别小心，与前车拉开距离，以防前车发生倒退撞车事故。

九十六、农机走行机械应急驾驶措施有哪些？

1. 应急驾驶原则

交通事故的发生，往往是因突发情况所致。这就要求驾驶员应具备良好的心理素质和掌握一定的应急技术措施，以便在遇到险情时能临危不慌，冷静地采取行之有效的方法，从而化解或减轻事故的危害程度。

（1）无论遇到何种紧急情况，应沉着镇定，在短暂的瞬间，做出正确判断，采取措施。

（2）减速并控制好行驶方向、避让障碍物。若发生紧急情况时车速较低，要以调整方向为主、减速为辅；若发生紧急情况时车速较高，要以减速为主、调整方向为辅。

（3）就轻处置。危急关头，损失大小的选择应以避重就轻为原则。

2. 爆胎应急驾驶措施

拖拉机行驶中可能发生爆胎，伴有爆破声，出现明显的振动，方向盘随之以极大的力量自行向爆胎一侧急转，很容易发生碰撞事故，此时应采取以下应急措施。

（1）意识到爆胎时，双手紧握方向盘，尽力抵住方向盘的自行转动，极力控制拖拉机直线行驶方向，若已有转向，也不要过度校正。

（2）在控制住方向的情况下，轻踩制动踏板（绝不要紧急制动），使拖拉机缓慢减速，待车速降至适当时，平稳地将拖拉机停住，可能情况下将拖拉机逐渐停于路边停妥。

（3）切忌慌乱中向相反方向急转方向盘或急踩制动踏板，否则将发生蛇行或侧滑，导致翻车或撞车重大事故。

3. 侧滑应急驾驶措施

当拖拉机在泥泞、溜滑路面上紧急制动或猛转方向时，由于车轮抱死或轮胎受力失衡，拖拉机失去横向摩擦阻力，易产生侧滑、行驶方向失控，以致向路边翻车、坠车或与其他车辆、行人相撞。此时应采取以下应急措施。

（1）当制动引起侧滑时，立即松抬制动踏板，并迅速向侧滑同方向转动方向盘，又及时回转方向，即可制止侧滑，修正方向后继续行驶。

（2）当转向或擦撞引起侧滑时，不可踩制动踏板，而应依上法利用方向盘制止侧滑。应特别牢记：往哪边侧滑，就往哪边转方向，决不可转错方向，否则不但无助于制止侧滑，反而使侧滑更厉害。

4. 转向失控应急驾驶措施

拖拉机行驶中，往往由于横、直拉杆球销脱落或转向杆断裂等原因，突然转向失效，情况十万火急，此时，应以尽量减轻损伤为原则，采取以下应急措施。

（1）拖拉机若仍能保持直线行驶状态，前方道路情况也允许保持直线行驶时，切勿惊慌失措、随意紧急制动，而应轻踩制动踏板，轻拉驻车制动操纵杆，缓慢平稳地停下来。

（2）当拖拉机已偏离直线行驶方向时，事故已经无可避免，则应果断地连续踩制动踏板，使拖拉机尽快减速停车，至少可以缩短停车距离，减轻撞车力度。

5. 制动失灵、失效应急驾驶措施

拖拉机行驶中，往往由于制动管路破裂或制动液、气压力不足等原因，突然出现制动失灵、失效现象，对行车安全构成极大威胁。此时，应采取以下应急措施。

（1）当出现制动失灵、失效时，立即松抬加速踏板，实施发动机牵阻制动，尽可能利用转向避让障碍物，这是最简单、快捷、有效的办法（装载重心高或牵引挂车则不可取）。

（2）若驾驶的是液压制动拖拉机，可连续多次踩制动踏板，以期产生制动效果。

（3）在前段发动机牵阻制动的基础上，车速有所下降，这时可以利用抢挡或拉动驻车制动操纵杆，进一步减速，最终将拖拉机驶向路边停车。当出现制动失效时，无论车速降低与否，操纵方向盘、控制行驶方向、规避撞车是第一位的应急措施，只有当暂时不会发生撞车事故时才可进行抢挡、拉驻车制动操纵杆。

6. 途中突然熄火应急驾驶措施

拖拉机行驶时，往往由于供油中断或断火，使发动机停止工作，一时无法再次启动，可能使拖拉机停在行车道上而发生撞车事故。此时应采取以下应急措施。

（1）连续踩 2~3 次加速踏板，扭转点火开关，试图再次启动。

（2）若启动成功，不应立即继续行驶，而应将拖拉机驶向路边停车检查，查明原因并排除隐患后再继续行驶。若再次启动失败，不能再存侥幸心理，坐失应急良机。而应打开右转向灯，利用惯性，操纵转向盘，使拖拉机缓慢驶向路边停车，打开停车警示灯，检查熄火原因，及时排除。

7. 下坡制动无效应急驾驶措施

拖拉机在下长坡时，往往因长时间使用制动器而发热，使制动效能衰退，或气压不足，制动减弱，使车速越来越快，无法控制车速。此时应采取以下应急措施。

（1）察看路边有无障碍物可助减速或宽阔地带可迂回减速、停车。最好利用道路边专设的紧急停车道、避险车道停车。

（2）若无可利用的地形和时机，则应迅速抬起加速踏板，从高速挡越级降到低速挡，利用变速器速比的突然增大，发动机牵阻作用加大，遏制车速，利于控制车速和操纵行驶方向。

（3）若感觉拖拉机速度仍然较快，可逐渐拉紧驻车制动器操纵杆，逐步阻止传动机件旋转。拉动时注意不可一次紧拉不放，以免将驻车制动盘"抱死"而丧失全部制动能力。

（4）若采取上述种种措施仍无法有效控制车速，事故已到无法避免时，则应果断将车靠向山坡一侧，利用车厢一侧与山坡靠拢碰擦。若山坡无法与车厢碰擦，在迫不得已的情况下，利用车前保险杠斜向撞击山坡，迫使拖拉机停住，以求大事化小，减小损失。

 九十七、渔业船舶水上安全事故有哪些类型？

1. 渔业船舶水上安全事故的定义

渔业船舶从事渔业生产，自离开码头至作业返港（包括停泊期间）的整个活动过程中，所发生的一切事故均称为渔业船舶水上安全事故。如渔业船舶在航行、作业、锚泊及停靠等过程中因受到热带气旋、大雾、海啸等气象灾害或者海洋灾害的影响，或者发生火灾、碰撞、触损、自沉、浪损、机械伤害、触电等而造成船舶损害或者人员伤亡的事故。而海上抢劫、斗殴、走私、偷渡等违法行为所引发的事件，由公安、海关和边防等机构负责处理，不归为渔业船舶水上安全事故。

2. 渔业船舶水上安全事故的分类与等级

根据渔业船舶生产的特点和《渔业船舶水上安全事故报告和调查处理规定》，渔业船舶水上安全事故主要分为生产安全事故和自然灾害事故两大类。

（1）生产安全事故。①碰撞：指船舶与船舶（包括排筏、水上浮动装置）相互间碰撞造成船舶损坏或沉没，造成人员伤亡，以及船舶航行产生的浪涌冲击他船致他船受损或人员伤亡失踪。②风损：指船舶遭受大风袭击造成船舶损坏或沉没以及人员伤亡失踪。③触损：指船舶触碰岸壁、码头、航标、桥墩、钻井平台等水上固定物或沉船、木桩、渔栅、潜堤等水下障碍物，以及触礁、搁浅等，造成船舶损坏或沉没以及人员伤亡失踪。④自沉：指船舶因超载、装载不当、船体漏水等原因或不明原因，造成船舶沉没以及人员伤亡失踪。⑤火灾：指船舶因非自然因素失火或爆炸，造成船舶损坏或沉没以及人员伤亡失踪。⑥机械损伤：指在航行中发生影响适航性能的机件或重要属具的损坏或灭失，以及操作和使用机械或网具等生产设备时造成人员伤亡失踪。⑦触电：指不慎接触电流导致人员伤亡。⑧急性工业中毒：指船上人员因接触生产中所使用或产生的有毒物质，使人体在短时间内发生病变，导致人员立即中断工作。⑨溺水：指因不慎落入水中导致人员伤亡失踪。⑩其他引起财产损失或人身伤亡的渔业水上生产安全事故。

（2）自然灾害事故。主要指热带气旋、风暴潮、龙卷风、海啸、雷击等所引起的灾害事故，其范围的界定如下：①准许航行作业区为沿海航区（Ⅲ类）的渔业船舶遭遇 8 级以上风力袭击造成的渔业船舶损坏、沉没或人员伤亡失踪；②准许航行作业区为近海航区（Ⅱ类）的渔业船舶遭遇 10 级以上风力袭击造成的渔业船舶损坏、沉没或人员伤亡失踪；③准许航行作业区为远海航区（Ⅰ类）的渔业船舶遭遇 12 级以上风力袭击造成的渔业船舶损坏、沉没或人员伤亡失踪；④因龙卷风、海啸（海啸亚级预警标准以上）、海冰（海冰预警标准以上）造成的渔业船舶损坏、沉没或人员伤亡失踪；⑤因雷击引起的渔业船舶火灾、爆炸或人员伤亡失踪；⑥渔业船舶在港口、锚地遇到超过港口规定避风等级的风力、风暴潮Ⅰ级以上警报、海浪Ⅰ级以上警报，造成的渔业船舶损坏、沉没或人员伤亡失踪；⑦气象机构或海洋气象机构证明或有关主管机关认定的其他自然灾害事故。

 ## 九十八、渔业船舶事故的预防和应急措施有哪些？

1. 渔船航行时的注意事项

渔船在平常的航行中应注意以下几点：①渔船航行时必须派专人值班瞭望，值班人员不得擅离岗位，交接班应履行交接手续；②渔船不得超航区、超抗风等级航行，不得在禁航区航行；③航行作业应避开商船习惯航路；④应按规定正确显示号灯、号型，按规定鸣放声号，准确表明自己船舶的动态；⑤必须严格遵守《1977 年国际渔船安全公约》和《1972 年国际海上避碰规则公约》。

当渔船航行于事故多发水域应注意：船长必须亲自值班，并安排人员加强瞭望，准确测定船位，要根据当时的风力、风向、浪高和流向等情况，谨慎驾驶，保持安全航速。

渔船在雾中行驶的注意事项包括：①开启雷达，使用安全航速，增派瞭望人员；②当对本船船位无把握或有疑问时，应选择就近抛锚；③根据船舶动态鸣放相应的声号，并显示号灯、号型；④保持安静，以便收听其他船只雾中声号和甚高频无线电话；⑤运用良好的航海技术保持准确的航行和转向；⑥必要时，船长应下令关闭全部或部分水密门、窗；⑦雾航期间，驾驶、轮机等职务船员均应坚守岗位，严格履行各自的职责。

2. 渔船捕捞时的注意事项

在海上作业期间，编队出海的渔船之间要保持经常联络，必须定时收听天气预报，在恶劣天气到来之前采取好防风、防冻等有效的安全措施。船员要求做到以下几点：①船员在甲板作业时应穿好救生衣、戴好安全帽，不得穿拖鞋等；②不得在吊杆下站立和没有安全防护装置的船舷边站立、逗留；③严禁从事捕捞许可证或国外入渔许可证规定内容以外的任何生产；④禁止捕捞受国家或国际保护的水生野生动物，若意外捕捞应立即释放；⑤船员在进入渔舱时，应防止因鱼货变质所造成的有毒物质中毒。

在下网作业时，网机操作人员应穿戴安全防护用品并对工作服衣口、袖口等处进行安全清理，防止下网操作时被网具或钢丝绳（绠索）带入水中，要严格按规程进行操作，避免被网机绞伤。

起网作业时应注意：①起吊网包保持安全重量，不得强行起吊，防止钢丝绳（绠索）崩断伤人及造成船舶大角度倾斜；②在起绞网过程中，应随时保持水中网具与船艉或船舷的间距及角度，防止发生网具缠绕螺旋桨事故；③大风浪中起网时，网机绞网速度应适当放慢，防止风浪冲击造成绳索断裂；④鱼货、网具装载正确，保持船舶稳定。

3. 渔船火灾应对注意事项

这时候千万别慌张，先减速并调整方向，使失火部位处于下风；指挥人员迅速撤离现场，关闭通往火场的所有通道；移走火场附近可燃物，用水冷却火场周围舱壁和甲板；根据火源不同，选择灭火器材的种类；火灾扑灭后，应认真清理现场，彻底扑灭余火，防止复燃；若船员身上衣服着火，应迅速脱下着火的衣服，就地打滚灭火，或跳进就近水源中灭火。

船舶厨房起火后，如果是使用燃油的厨房，首先要切断油路。如果是使用燃气的厨房，首先要切断气源。如果是电器着火，首先要切断电源；然后根据现场情况采取适当措施，锅内着火的可迅速用锅盖罩住，锅外着火可用泡沫灭火器、干粉灭火器等扑灭。

机舱起火后，应迅速关闭油料的进出阀门和通风系统，切断燃料和空气的来源；根据现场情况，采取适当的灭火方法，对初起小火，可使用就近的灭火器进行扑救。如果火势较大，灭火器不能扑灭时，则可使用喷雾水枪，同时关闭机舱所有的水密门、窗，用水枪对可能蔓延到的设备、油柜、舱壁等进行冷却。如果压缩空气瓶等压力容器受到火势威胁，应立即采取排气降压措施，以防爆炸；如果具备封舱条件，则应通知所有人员撤离机舱，关闭通风口及入口，快速施放二氧化碳或干粉灭火剂。但不是所有的东西都能用水来进行扑灭的，如轻金属、电、硫酸、油类、未切断电源的电气设备等引起的火灾是绝对不能用水扑灭，否则结果将更糟糕。

4. 海上风浪的应对方法

在大风浪天气来临之前，应及时收听气象预报，注意风情变化，及时归港避风。如果因某些原因来不及避风，应做好以下准备工作。

（1）保持船舶水密。应尽快把所有水密门、舷窗、舱口、通风口、天窗、出水口及锚链筒等加固或加盖，以保持水密。

（2）保证排水畅通。所有排水机械、管路、阀门及甲板排水门等都应处于良好状态。

（3）固定网具、锚等活动物件。调整渔获物、油等舱内外物资，以降低重心，提高船舶稳定性。

（4）检查舵装置及锚设备，确保其处于良好状态。

（5）机舱应确保主机处于良好状态。

5. 海上救生常识

按照规定，渔船必须配备救生筏、救生浮具、救生圈、救生衣、救生浮索。

救生筏上应备有简单的航行设备、照明工具、求救信号工具、海水电池、补漏工具、水瓢、钓具、药品及一定数量的食品、淡水。

救生衣是船上最常用的救生用具，平常要注意保养。平常我们应把救生衣存放在居住处或易于取用处。要保持清洁，避免受潮或高温烘烤，并定期检查包布是否完整，缚带有无腐蚀损坏；救生衣不能当枕头使用，以免把材料压实后减少浮力。受潮后应及时晾干，严禁用火烤干，以免材料变质而失去浮力；救生衣应定期检测浮力，及时更换损坏的救生衣。

救生圈也是船上常用的救生用具，抛投救生圈时，应注意系上抛绳，以抛在落水者上风、上游为佳，不能直接抛到落水者身上，以免伤及落水者。落水者拿到救生圈后，用手压救生圈的一边使它竖起，另一只手抱住救生圈的另一边把它套进脖子，或者在救生圈竖立时手和头趁势套入救生圈中，然后把救生圈置于腋下，落水者在水中应保持身体直立。

 九十九、人畜共患病的防控措施有哪些？

1. 人畜共患病的定义与分类

人畜共患病是指由同一种病原体引起，流行病学上相互关联，在人类和动物之间自然传播的疫病。

　　人畜共患病的种类高达200多种，有几十种是在全世界范围内肆虐的，其中就包括我们熟悉的禽流感、布鲁氏杆菌病、包虫病、狂犬病、冠状病毒等。人畜共患病根据其贮存宿主和传播方向可分为动物源患病、人源患病、互源性患病。根据病原体的生活史可分为直传类、循环类、超级类、腐生类；按病原体分为细菌、病毒、真菌、支原体、螺旋体、立克次氏体、衣原体、寄生虫等患病。

2. 人畜共患病的传播特点

　　（1）没有任何预见性，传播速度极快。常见的SARS病毒、冠状病毒和禽流感等，都是非常典型的例子。这些病毒的出现都是没有任何先兆的，而且传播速度非常快。更严重的是，有些病毒的致死率还非常高，不但给人们的生命带来了威胁，还给国家乃至整个世界都带来了非常严重的经济损失。

　　（2）在临床上的表现非常相似，给初期预防控制提高了难度。对于人畜共患病来说，主要是由一种病原体引发的，而且动物和人体在临床上的反应非常相似。例如，动物感染乙型脑炎时，会出现体温异常、食欲不振、精神萎靡等症状，而人感染乙型脑炎时也会出现以上相似的症状，如高烧、肌肉酸痛、恶心等，给初期预防控制提高了难度。

　　（3）疫病的种类呈现多样化，变异速度非常快。最典型的例子是艾滋病，对于艾滋病来说，它最开始是从猩猩身上传播而来的，但是在潜入人体以后，会因为基因突变形成致死率非常高的病毒，给人们带来很大的生命威胁。此外，很多人畜共患病的病原体有很强的抗药能力，给临床上的研究带来了很大困难。

　　（4）隐形感染的风险比较高。目前，动物疫病的隐形感染风险越来越多，我们常见的狂犬病就是一种，因为狂犬病的潜伏期比较长，如果被狗咬伤后未及时清洗、消毒和注射狂犬病疫苗，病死率达100%，后果极其严重。

3. 人畜共患病的传播途径

　　（1）消化道传播。主要是食入各种感染动物组织、肉类和昆虫，以及病原体从患者和动物排出后污染的食物、水和土壤，进入人的消化道而感染。比如我们常说的包虫病、人的猪肉绦虫、旋毛虫、沙门氏菌病等。

　　（2）呼吸道传播。生存在人和动物呼吸道表面的病原体，当呼出气流强度较大时，如咳嗽、打喷嚏等，病原体可随同黏液或渗出物的小滴而喷出体外，并以飞沫或气溶胶的形式较长时间悬浮于空气中。当人和动物吸气时，就可能把含有病原体的飞沫吸入体内而感染，如禽流感等。

　　（3）经皮肤接触传播。经皮肤接触传播有直接和间接两种，如被狂犬病犬咬伤，被猫、狗舔、抓伤而感染等。

　　（4）经节肢动物传播。蚊、蝇、蟑螂、螨、蜱、虻、虱、蚤等在人畜共患病的传播中起重要作用，其传播方式分机械性传播和生物性传播两类。前者当它叮咬人和动物时，会把病原体带入皮肤内。生物性传播是指病原体进入节肢动物体内后，经过一定时间的发育繁殖，再感染人或动物。

4. 人畜共患病的防控措施

（1）针对我国落后农村地区人畜混住带来的疾病交叉感染风险，需提升养殖规模，逐步由家庭散养向规模化转变，做到养殖场远离生活区。加强养殖场环境卫生的清洗消毒工作，从饲养源头避免人畜共患病发病概率。

（2）养殖户应建立良好的卫生和饮食习惯，如做好个人的卫生防护，饭前便后要洗手、生熟餐具要分开。如当身上皮肤有破损时更要小心，防止病毒和细菌从伤口侵入。

（3）实施科学饲养管理，加强动物疫病的预防注射，提高动物抗体水平，减少畜禽发病概率。

（4）禽畜养殖者要及时了解所养动物的健康状况，并对发生疾病的禽畜进行及时治疗，对因疾病死去的禽畜，应进行科学化处理，以此加强对环境的管理。

（5）减少捕猎行为，避免给未知病菌提供传播途径。

（6）养殖户发现疫情，应及时报告。

 **一百、食物中毒的急救措施有哪些？**

1. 食物中毒的定义

食物中毒是指摄入了含有生物性、化学性有毒有害物质的食品或者把有毒有害的物质当作食品摄入后出现的非传染性急性、亚急性疾病，属于食源性疾病范畴。一般食物中毒都是急性的，比如呕吐、腹泻，严重的甚至会导致死亡。

2. 食物中毒的原因

（1）气候。多雨潮湿的时节是食物中毒的高发季节。已泡发的黑木耳、湿面、河粉、发酵玉米面、糯米汤圆、马铃薯粉制品与高粱米面制品等，存放时间如果过长，可能会被环境中的椰毒假单胞菌污染，导致材料含有米酵菌酸毒素。这种毒素会损害人体的肝、脑、肾等重要器官，从而导致食物中毒。在流行病学调查中，米酵菌酸细菌性食物中毒极为凶险，死亡率在50%以上，临床表现为恶心呕吐、腹痛腹胀等，重者可能出现黄疸、腹水、皮下出血、惊厥、抽搐、血尿与血便等肝脑肾实质性多脏器损害症状。

（2）加工方式。食物加工方式不正确也有可能导致食物中毒，不同的菜品需要用不同的温度去烹制，要合理把握熟制时间，未煮熟的食物也是一大祸源。例如，食用未加工熟透的四季豆会引发食物中毒，半生的四季豆中含有皂苷和胰蛋白酶抑制物，这种皂苷毒素会强烈刺激消化道，且豆中的凝血素具有凝血作用。此外，其还含有亚硝酸盐和胰蛋白酶，会刺激人体肠胃，引发中毒，出现胃肠炎并发症状。

鸡蛋是人们最常食用的食品之一，如果鸡蛋未完全熟透，可能含有沙门氏菌，导致食物中毒。

（3）加热温度。隔夜的熟制菜品需充分加热后食用，以有效杀死细菌，降低食品安全风险。

（4）保存温度。将新鲜散装即食食物储存在不适当的温度下，很容易滋生细菌，细菌在温暖潮湿的条件下能迅速繁殖并产生毒素，从而导致食品腐败变质。主要感官现象是发黏、变色、产生异味，这种食物被消费者食用后，便会导致食物中毒。

（5）交叉污染。交叉污染是指在加工、运输和贮藏过程中，不同原料或产品之间发生的相互污染。在食品加工企业、集体食堂、饮食行业的从业人员中，痢疾患者或者带菌者的手均是造成食品污染的主要因素。熟食品被污染后，若长期存放在较高温度的环境下，志贺菌就会大量繁殖，食用后便会引起中毒。

3. 预防食物中毒的措施

（1）不吃霉变的粮食、甘蔗、花生米等，因为其中的霉菌毒素会引起中毒。在烹饪时如果发现食物已经变质，应该废弃相关食材。

（2）烹饪时要把产品加工熟透，不要一味追求口感而食用一些半生的食品。餐饮店厨师在烹饪时也需要把控好时间，尽量避免菜品夹生。

（3）加强农村预防食物中毒宣传，印发宣传手册，定期进行科普教育，普及预防食物中毒和食物中毒应急救治基本常识。

（4）配置冷藏设备，低温储存食品，并尽可能缩短储存时间。应注意生熟食品分开储存。

（5）养成良好的卫生习惯，饭前便后要洗手。不良的个人卫生习惯会把致病菌从人体带到食物上去。比如，手上沾有致病菌，再去拿食物，污染了的食物就会进入消化道，从而引发细菌性食物中毒。

（6）选择新鲜和安全的食品。购买食品时，要注意查看其外观，是否有腐败变质。尤其是对小食品，不要只看其花花绿绿的外表诱人，要查看其生产日期、保质期、是否有厂名、厂址、生产许可证号、QS 标识等。不能购买过期食品和没有厂名厂址的产品。否则，一旦出现质量问题无法追究。

（7）食品在食用前要彻底清洗。特别是生吃瓜果要洗净，瓜果蔬菜在生产过程中不仅会沾染病菌、病毒、寄生虫卵等，还有残留的农药、杀虫剂等，如果不清洗干净，不仅可能染上疾病，还可能造成农药中毒。

（8）尽量不吃剩饭菜。如需食用，应彻底加热。剩饭菜，剩的甜点心、牛奶等都是细菌的良好培养基，不彻底加热会引起细菌性食物中毒。

（9）饮用符合卫生要求的饮用水。不喝生水或不洁净的水，最好喝白开水。

（10）提倡体育锻炼，增强机体免疫力，抵御细菌侵袭。

4. 食物中毒的急救措施

（1）催吐。这是一个非常简单但很有效的方法。用干净的手指放到喉咙深处轻轻划动催吐，也可用筷子、汤匙等。然后可以喝些淡盐水，有补充水分和洗胃的作用。特别是在野外误吃了有毒的蘑菇，要第一时间催吐。要注意的是，催吐要在吃完食物2小时内效果才明显。中毒者若昏迷不能催吐，以免呕吐物堵塞气道。

（2）导泻。进食2小时后，食物已到小肠、大肠里，这时催吐是没什么效果的，要考虑导泻。可以将中药大黄用开水泡服，也可用元明粉，也就是无水硫酸钠。但注意导泻一般用于体质较好的年轻人，小孩和老人要慎用，以免引起脱水或电解质紊乱。

此外，食醋具有一定的杀菌抑菌能力，对腹泻也有一定的防治功效，所以在家里吃了过期变质的食物时，可先用食醋加开水冲服。牛奶或蛋清中含有蛋白质，可以缓解重金属中毒。但如果情况严重，要及时到医院就医。

参 考 文 献

[1] 尚勇，张勇．中华人民共和国安全生产法释义［M］．北京：中国法制出版社，2021.

[2] 《安全科学技术百科全书》编委会．安全科学技术百科全书［M］．北京：中国劳动社会保障出版社，2001.

[3] 林冰锋．基层森林防火工作中存在问题和对策的探讨［J］．花卉，2019（24）：173 - 174.

[4] 郑宏，吴占杰，王炜烨．黑龙江省森林火灾风险评估与防控建议［J］．林业科技，2022，47（1）：43 - 46.

[5] 黄应邦，吴洽儿．渔业安全生产管理［M］．北京：中国农业出版社，2020.

[6] 尤建军．电动车安全隐患分析及预防措施［J］．消防界：电子版，2021，7（4）：124 - 125.

[7] 邵悦，田鑫，潘凤明．提升内河渡运安全水平的思考［J］．中国水运：下半月，2019，19（11）：29 - 30.

[8] 张素丽．农村公路交通安全隐患与治理［J］．山东农业工程学院学报，2022，39（1）：28 - 32.

[9] 张吉光，周南金，欧舟．农村公路交通安全设施规划设计［J］．长沙大学学报，2011，25（5）：64 - 66.

[10] 李均进，李波，袁博，等．山区公路桥梁常见危桥病害及其防治对策研究［J］．交通科技与管理，2021（18）：169 - 172.

[11] 闵芳．冬季行车我们应该注意些什么［J］．生命与灾害，2018（2）：10 - 11.

[12] 春运安全乘船知多少［J］．珠江水运，2018（3）：20 - 21.

[13] 农业部农业机械化管理司．农机安全生产管理概论［M］．北京：中国农业出版社，2015.

[14] 董丽娜，连尉平，陈为涛，等．防震减灾公共服务现状与需求全国公众调查结果分析［J］．地震地质，2020，42（3）：762 - 771.

[15] 什么是洪水灾害［J］．生命与灾害，2009（8）：47.

[16] 王建跃．认识洪水——问题与解答之二 洪水产生的原因［J］．中国防汛抗旱，2011，21（6）：75.

[17] 侯卫杰，史超群，边司．洪水成因及减灾措施探讨［J］．水科学与工程技术，2013（1）：27 - 29.

[18] 牟宇．辽宁省洪涝灾害特征成因及防洪减灾措施探究［J］．地下水，2022，44（1）：241 - 242 + 290.

[19] 遇到洪水险情如何自救？［J］．湖南安全与防灾，2020（6）：61.

[20] 高雪梅. 当代中国农村集市研究 [D]. 哈尔滨：黑龙江大学，2021.

[21] 林祥. 农村庙会游乐设施安全隐患不容忽视 [N]. 吕梁日报，2010 - 01 - 11 （003）.

[22] 黄颖. 浅析人员密集场所群死群伤火灾事故的预防 [J]. 江西化工，2012，（2）：221 - 222.

[23] 冯志斌，佟瑞鹏. 安全社区创建中人员密集场所事故易发性分析 [J]. 安全，2009，30 （10）：26 - 29.

[24] 费丽娅. 无人机"黑飞"的社会风险和法律规制 [J]. 铁道警察学院学报，2017，27 （6）：32 - 37.

[25] 史校川，金镭，王春生，等. 美国军民用无人机系统事故案例分析 [J]. 航空标准化与质量，2017 （3）：46 - 49.

[26] 袁鹏歌. 公共安全新挑战——轻小型无人机管理对策研究 [J]. 中国民航飞行学院学报，2018，29 （3）：63 - 67.

[27] 黄志敏，熊纬辉. 轻微型无人机广泛应用带来的安全隐患及其管控策略 [J]. 河北公安警察职业学院学报，2015，15 （3）：32 - 38.

[28] 国家卫生和计划生育委员会. 中国卫生和计划生育统计年鉴 [M]. 北京：中国协和医科大学出版社，2016.

[29] 田五六，万红，吴郁，等. 长江干线江苏段船舶碰撞事故统计规律研究 [J]. 北部湾大学学报，2019，34 （10）：8 - 13.

[30] 冯雯雯，曹巍. 内河水域危险货物运输事故特征分析及安全监管对策 [J]. 中国水运（下半月），2017，17 （11）：38 - 40.

[31] 张可嘉，王文斌. 大气环境因子与雷电产生的关系 [J]. 南方农业，2015，9 （18）：183 - 184.

[32] 范振涛. 企业机械伤害的原因及对策研究 [D]. 北京：北京交通大学，2010.

[33] 张惠. 浅谈机械伤害的安全防护 [J]. 建筑安全，2002 （3）：40 - 41.

[34] 刘国信. 家用电器安全使用常识 [J]. 农村电工，2019，27 （9）：61.

[35] 龚伟胜，常胜. 车辆伤害和机械伤害易发事故的防治 [J]. 设备管理与维修，2019 （2）：5 - 6.

[36] 戴力扬. 腰背痛的流行病学 [J]. 颈腰痛杂志，2000 （2）：162 - 164.

[37] 邹建鹏，毕鸿雁，彭伟，等. 从呼吸角度防治慢性非特异性腰背痛理论初探 [J]. 按摩与康复医学，2018，9 （22）：1 - 4.

[38] 李满珠，黄小函，徐自强. 毒蛇咬伤的护理及对策 [J]. 全科护理，2010，8 （21）：1928 - 1929.

[39] 李良. 大型自然灾害紧急救援伦理决策行为研究 [M]. 成都：西南交通大学出版社，2017.

[40] 邓起东，张培震，冉勇康，杨晓平，闵伟，陈立春. 中国活动构造与地震活动 [J]. 地学前缘，2003 （S1）：66 - 73.

图书在版编目（CIP）数据

农村安全知识百问百答／张兴凯，徐志刚，张英喆
主编 . -- 北京：应急管理出版社，2023
ISBN 978 - 7 - 5020 - 9203 - 0

Ⅰ.①农… Ⅱ.①张… ②徐… ③张… Ⅲ.①农村—
安全生产—问题解答 Ⅳ.①X954 - 44

中国版本图书馆 CIP 数据核字（2021）第 254000 号

农村安全知识百问百答

主　　编	张兴凯　　徐志刚　　张英喆	
责任编辑	郭玉娟	
编　　辑	孟　琪	
责任校对	张艳蕾	
封面设计	于春颖	

出版发行　应急管理出版社（北京市朝阳区芍药居 35 号　100029）
电　　话　010 - 84657898（总编室）　010 - 84657880（读者服务部）
网　　址　www. cciph. com. cn
印　　刷　天津嘉恒印务有限公司
经　　销　全国新华书店

开　　本　710mm×1000mm$^1/_{16}$　印张　15　字数　274 千字
版　　次　2023 年 11 月第 1 版　2023 年 11 月第 1 次印刷
社内编号　20211438　　　　　　　定价　39.00 元